工程量清单计价编制与典型实例应用图解

园林绿化工程

（第2版）

主　编　姜　宁
副主编　张胜利

中国建材工业出版社

图书在版编目(CIP)数据

工程量清单计价编制与典型实例应用图解．园林绿化工程/姜宁主编．—2版．—北京：中国建材工业出版社，2014.2

ISBN 978-7-5160-0718-1

Ⅰ.①工… Ⅱ.①姜… Ⅲ.①建筑工程－工程造价－图解 ②园林－绿化－工程造价－中国－图解 Ⅳ.①TU723.3-64 ②TU986.3-64

中国版本图书馆CIP数据核字(2014)第000363号

工程量清单计价编制与典型实例应用图解

园林绿化工程(第2版)

姜 宁 主编

中国建材工业出版社 出版

(北京市西城区车公庄大街6号 邮政编码 100044)

全国各地新华书店经销

北京紫瑞利印刷有限公司印刷

开本：880毫米×1230毫米 横1/32 印张：16 字数：612千字

2014年2月第2版 2014年2月第1次印刷

定价：46.00元

本社网址：www.jccbs.com.cn **微信公众号**：zgjcgycbs

本书如出现印装质量问题，由我社营销部负责调换。电话：(010)88386906

对本书内容有任何疑问及建议，请与本书责编联系。邮箱：dayi51@sina.com

内容提要

本书第 2 版依据《建设工程工程量清单计价规范》(GB 50500—2013)和《园林绿化工程工程量计算规范》(GB 50858—2013)进行编写,通过园林绿化工程工程量清单计价典型实例,采用以表格为主的形式详细阐述了园林绿化工程工程量清单及其计价编制的方法及注意事项。全书共分为 11 部分,依次介绍了园林绿化工程造价基础知识,园林绿化工程计价方法,园林绿化工程,园路、园桥工程,园林景观工程,措施项目等内容。

本书内容由浅入深,从理论到案例,集全面与实务于一体,兼顾工程发包单位的清单编制和工程承包单位的投标报价,是进行园林绿化工程招标文件编写、工程量清单及计价文件编制、工程造价文件审查的实用参考用书,也可供园林绿化工程造价从业人员参加短期培训和继续再教育使用,并可作为高等院校相关专业师生学习时的参考资料。

第2版出版说明

本系列丛书自依据《建设工程工程量清单计价规范》(GB 50500—2008)修订以来，对指导广大建设工程造价人员理解清单计价规范的相关内容，掌握工程量清单计价的方法发挥了重要的作用。

随着我国工程建设市场的快速发展，工程计价的相关法律法规也发生了较多的变化，为规范建设市场计价行为，维护建设市场秩序，促进建设市场有序竞争，控制建设项目投资，合理利用资源，从而进一步适应建设市场发展的需要，住房和城乡建设部标准定额司组织有关单位对《建设工程工程量清单计价规范》(GB 50500—2008)进行了修订，并于2012年12月25日正式颁布了《建设工程工程量清单计价规范》(GB 50500—2013)及《房屋建筑与装饰工程工程量计算规范》(GB 50854—2013)、《通用安装工程工程量计算规范》(GB 50856—2013)等9本工程量计算规范。

2013版清单计价规范是在全面总结2003版清单计价规范实施十年来的经验的基础上，针对存在的问题，以原建设部发布的工程基础定额、消耗量定额、预算定额以及各省、自治区、直辖市或行业建设主管部门发布的工程计价定额为参考，以工程计价相关国家或行业的技术标准、规范、规程为依据，对2008版清单计价规范进行全面修订而成。2013版清单计价规范进一步确立了工程计价标准体系的形成，为下一步工程计价标准的制订打下了坚实的基础。较之以前的版本，2013版清单计价规范扩大了计价计量规范的适用范围，深化了工程造价运行机制的改革，强化了工程计价计量的强制性规定，注重了与施工合同的衔接，明确了工程计价风险分担的范围，完善了招标控制价制度，规范了不同合同形式的计量与价款支付，统一了合同价款调整的分类内容，确立了施工全过程计价控制与工程结算的原则，提供了合同价款争议解决的方法，增加了工程造价鉴定的专门规定，细化了措施项目计价的规定，增强了规范的可操作性和保持了规范的先进性。

为使广大建设工程造价工作者能更好地理解2013版清单计价规范和相关专业工程国家计量规范的内容，更好地掌握建标〔2013〕44号文件的精神，使丛书能够符合当前建设工程造价编制与管理的实际情况，保证丛书内容的先进性与实用性，我们在保持丛书编写体例及编写风格的基础上对丛书进行了全面修订。本次修订主要按遵循以下原则进行：

(1)严格按照《建设工程工程量清单计价规范》(GB 50500—2013)及相关专业工程国家计量规范进行修订。修订时重点对清单计价体系方面的内容进行了调整、修改与补充，并补充了工程合同签订、工程计量与价款支付、合同价款调整、索赔和竣工结算等内容，从而使丛书结构体系更加完整。

(2)具备一定的工程施工图识读能力，是做好建设工程造价工作编制与管理工作的基础。本次修订时遵循最新建设工程制图标准规范对丛书中工程施工图识读的相关内容进行了修订，以期能正确指导广大建设工程造价工作者快速读懂工程施工图，从而更好地开展工作。

(3)根据《建设工程工程量清单计价规范》(GB 50500—2013)对工程量清单与工程量清单计价表格的样式进行了修订。为强化图书的实用性，本次修订时还依据相关专业工程国家计量规范中有关清单项目设置、清单项目特征描述及工程量计算规则等方面的规定，结合最新工程计价表格，对书中的工程清单计价实例进行了修改。

(4)依据广大读者在丛书使用过程中反馈的意见和建议，对丛书中错误及不当之处进行了修订。

丛书修订过程中参阅了大量建设工程造价编制与管理方面的书籍与资料，并得到了有关单位与专家学者的大力支持与指导，在此表示衷心的感谢。尽管编者已尽最大努力，但限于编者水平，丛书中难免还存在错误及疏漏之处，敬请广大读者及业内专家批评指正。

编 者

第 1 版出版说明

2003 年 2 月 17 日，建设部发布了《建设工程工程量清单计价规范》(GB 50500—2003)，自 2003 年 7 月 1 日起开始实施。工程量清单计价是建设工程招标投标工作中，由招标人按照国家统一的工程量计算规则提供工程数量，由投标人自主报价，并按照经评审低价中标的工程造价计价模式。

《建设工程工程量清单计价规范》(GB 50500—2003)的颁布实施，是我国建立新的工程造价管理机制的一件大事，是我国工程造价计价工作向逐步实现“政府宏观调控、企业自主报价、市场形成价格”的目标迈出的坚实一步。它改变了过去以固定“量”、“价”、“费”定额为主导的静态管理模式，提出了“控制量、指导价、竞争费”的改革措施，逐步过渡到了工程计价主要依据市场变化动态管理的体制；是工程造价管理工作面向我国建设市场，进行工程造价管理的一个新的里程碑，必将推动工程造价管理改革的深入和管理体制的创新，最终建立由政府宏观调控、市场有序竞争形成工程造价的新机制。

推行工程量清单计价，有利于我国工程造价管理政府职能的转变；有利于规范市场计价行为，规范建设市场秩序，促进建设市场有序竞争；有利于控制建设项目投资，合理利用资源，促进技术进步，提高劳动生产率；有利于提高造价工程师素质，使其必须成为懂技术、懂经济、懂管理的全面复合型人才；有利于适应我国加入世界贸易组织和与国际惯例接轨的要求，提高国内建设各方主体参与竞争的能力，全面提高我国工程造价管理水平。

为加大《建设工程工程量清单计价规范》的宣传力度，指导广大建设单位和工程施工企业在工程量清单计价体系下进行工程量清单编制和投标报价，并使广大工程造价工作者和有关方面的工程技术人员深入理解和应用计价规范，我们特组织有关方面的专家编写了这套《工程量清单计价编制与典型实例应用图解》丛书。

本套丛书主要具有以下特点：

1. 深入阐述工程量清单计价体系，指导施工企业如何进行自主报价快速投标

丛书围绕工程量清单计价确定，企业自主报价快速投标这一主题，从工程量清单概述、工程量清单下价格的构成、工程量清单的计价依据、实行工程量清单下的招标投标的价格、实行工程量清单下的如何快速进行投标报价等几个方面，阐述具有实际操作指导意义的工程量清单计价及快速投标编制的理论、思路、技巧和方法。

2. 突出实际操作能力的培养

丛书在编写过程中，重视对读者实际操作能力的培养，力争使读者阅读本丛书后，能够独立完成一套完整的工程量清单和投标报价书的编制。

3. 采用大量实例进行说明

本着使丛书具有实用性的目的，丛书在对清单计价规范内容进行全面详细介绍的同时，用大量的实例，对招标人如何编制工程量清单、投标人如何响应工程量清单进行投标报价以及工程量清单在工程招标投标活动中的作用，详细举例并加以阐述说明。

4. 适用范围广

丛书适用于初、中级工程造价（预算）人员。

《工程量清单计价编制与典型实例应用图解》丛书共分 9 个分册。各分册名称如下：

1.《工程量清单计价基础知识与投标报价》

2.《建筑工程》

3.《装饰装修工程》

4.《安装工程》

5.《市政与园林绿化工程》

6.《公路工程》

7.《水利水电工程》

8.《园林绿化工程》

9.《电力工程》

本系列丛书在编写过程中得到了有关领导和专家的大力支持与帮助，并参阅和引用了有关部门、单位和个人书刊、资料，在此一并表示深切的感谢！由于我们的水平有限，加之编写的时间紧迫，书中难免出现肤浅或不妥之处，恳请广大读者和专家批评指正。

编　者

目 录

1 园林绿化工程造价基础知识 ………………………… (1)
1-1 园林绿化工程造价的概念 ……………… (3)
1-2 园林绿化工程造价的作用 ……………… (4)
1-3 园林绿化工程造价的职能 ……………… (5)
1-4 园林绿化工程造价的特点 ……………… (6)
1-5 园林绿化工程造价的计价特征 …………… (7)
1-6 园林绿化工程工程量计算原则 …………… (8)
1-7 园林绿化工程工程量计算步骤 …………… (9)
1-8 园林绿化工程分部分项工程划分 ……… (10)

2 园林绿化工程计价方法 ……………………… (11)
2-1 园林绿化工程定额的概念 ……………… (13)
2-2 园林绿化工程定额的作用 ……………… (14)
2-3 园林绿化工程定额的性质 ……………… (15)
2-4 园林绿化工程设计概算的编制 ………… (16)
2-5 园林绿化工程施工图预算的编制 ……… (37)
2-6 园林绿化工程竣工决算的编制 ………… (46)
2-7 园林绿化工程工程量清单的编制 ……… (48)
2-8 园林绿化工程工程量清单计价相关概念 … (55)
2-9 工程量清单计价术语 …………………… (56)
2-10 园林绿化工程工程量清单计价基本原理 … (62)
2-11 园林绿化工程工程量清单计价的特点 … (63)
2-12 园林绿化工程工程量清单计价与定额计价的差别 ……………………………… (64)
2-13 园林绿化工程工程量清单计价的影响因素 ……………………………………… (67)
2-14 园林绿化工程工程量清单计价的作用 … (70)
2-15 园林绿化工程工程量清单计价相关规定 ……………………………………… (71)
2-16 园林绿化工程招标控制价编制 ………… (76)

2-17 园林绿化工程投标报价编制 ……………… (80)
2-18 园林绿化工程合同价款约定 ……………… (83)
2-19 园林绿化工程工程计量 ……………… (84)
2-20 园林绿化工程合同价款调整 ……………… (86)
2-21 园林绿化工程合同价款期中支付 ……… (96)
2-22 园林绿化工程竣工结算与支付 ………… (99)
2-23 园林绿化工程合同解除的价款结算与支付 …………………………………… (104)
2-24 园林绿化工程合同价款争议的解决 …… (105)
2-25 园林绿化工程工程造价鉴定 ………… (108)
2-26 园林绿化工程工程计价资料与档案管理 …………………………………… (111)
2-27 工程量清单及计价表格 ……………… (113)
2-28 工程计价文件封面 …………………… (117)
2-29 工程计价文件扉页 …………………… (122)
2-30 工程计价总说明 ……………………… (127)
2-31 工程计价汇总表 ……………………… (128)
2-32 分部分项工程和措施项目计价表 …… (134)
2-33 其他项目计价表 ……………………… (138)
2-34 规费、税金项目计价表 ……………… (147)
2-35 工程计量申请(核准)表 ……………… (148)
2-36 合同价款支付申请(核准)表 ………… (149)
2-37 主要材料、工程设备一览表 …………… (158)
2-38 填表须知 ……………………………… (161)

3 园林绿化工程 …………………………… (175)
3-1 园林绿地规划设计图例 ……………… (177)
3-2 城市绿地系统规划图例 ……………… (182)
3-3 种植工程常用图例 …………………… (189)
3-4 枝干形态常用图例 …………………… (195)
3-5 绿地喷灌工程图例 …………………… (196)
3-6 园林绿地的分类 ……………………… (202)
3-7 绿地整理工程施工简介 ……………… (203)
3-8 栽植花木工程施工简介 ……………… (205)
3-9 花坛工程施工简介 …………………… (213)
3-10 绿地喷灌工程施工简介 ……………… (215)
3-11 绿地整理工程工程量清单项目设置及工程量计算规则 ……………………… (219)
3-12 栽植花木工程工程量清单项目设置及工程量计算规则 ……………………… (222)

3－13　绿地喷灌工程工程量清单项目设置及工程量计算规则 ……………………………（227）
3－14　土(石)方工程工程量计算 ………（228）
3－15　土(石)方工程工程量计算实例 ………（238）
3－16　喷灌系统计算 ……………………（244）
3－17　绿化工程工程量清单计价编制实例……（251）

4　园路、园桥工程 ……………………（295）
4－1　园路及地面工程图例 ……………（297）
4－2　驳岸挡土墙工程图例 ……………（298）
4－3　园路工程施工简介 ………………（302）
4－4　园桥工程施工简介 ………………（312）
4－5　驳岸工程施工简介 ………………（320）
4－6　园路、园桥工程工程量清单项目设置及工程量计算规则 ……………………………（331）
4－7　驳岸工程工程量清单项目设置及工程量计算规则 ……………………………（335）
4－8　园路、园桥工程工程量清单计价编制实例 ……………………………………（337）

5　园林景观工程 ……………………（371）
5－1　水池、花架及小品工程图例 ………（373）
5－2　喷泉工程图例 ……………………（374）
5－3　堆塑假山工程施工简介 …………（383）
5－4　原木、竹构件工程施工简介 ………（391）
5－5　景亭工程施工简介 ………………（392）
5－6　游廊工程施工简介 ………………（394）
5－7　花架及小品工程施工简介 ………（395）
5－8　喷泉工程施工简介 ………………（398）
5－9　水池工程施工简介 ………………（406）
5－10　园林其他工程施工简介 …………（410）
5－11　堆塑假山工程工程量清单项目设置及工程量计算规则 ……………………………（413）
5－12　原木、竹构件工程工程量清单项目设置及工程量计算规则 …………………………（415）
5－13　亭廊屋面工程工程量清单项目设置及工程量计算规则 ……………………………（416）
5－14　花架工程工程量清单项目设置及工程量计算规则 ……………………………（418）

5-15 园林桌椅工程工程量清单项目设置及工程量计算规则 …………………… (420)
5-16 喷泉安装工程工程量清单项目设置及工程量计算规则 …………………… (423)
5-17 杂项工程工程量清单项目设置及工程量计算规则 …………………… (424)
5-18 园林景观工程工程量计算常用资料 …… (429)
5-19 园林砌筑工程工程量计算实例 ……… (431)
5-20 园林木结构工程工程量计算实例 …… (433)
5-21 园林屋面及防水工程工程量计算实例 ……………………………… (439)
5-22 园林景观工程工程量清单计价编制实例 ……………………………… (442)

6 措施项目 ……………………………… (489)
6-1 脚手架工程工程量清单项目设置及工程量计算规则 …………………… (491)
6-2 模板工程工程量清单项目设置及工程量计算规则 …………………… (493)
6-3 树木支撑架、草绳绕树干、搭设遮阴(防寒)棚工程工程量清单项目设置及工程量计算规则 ………………………… (494)
6-4 围堰、排水工程工程量清单项目设置及工程量计算规则 …………………… (495)
6-5 安全文明施工及其他措施项目工程量清单项目设置及工程量计算规则 ………… (496)

参考文献 ……………………………… (499)

1　园林绿化工程造价基础知识

园林绿化工程造价的概念

工程造价，是指进行一个工程项目的建造所需要花费的全部费用，即从工程项目确定建设意向直至建成、竣工验收为止的整个建设期间所支出的总费用，这是保证工程项目建造正常进行的基础，是建设项目投资中最主要的部分。

对于任何一项园林绿化工程，我们都可以根据设计图纸在施工前确定工程所需要的人工、机械和材料的数量，规格和费用，预先计算出该项工程的全部造价。

园林绿化工程属于艺术范畴，它不同于一般的工业、民用建筑等工程，由于每项工程各具特色，风格各异，工艺要求不尽相同，且项目零星，地点分散，工程量小，工作面大，花样繁多，形式各异，又受气候条件的影响较大，因此，不可能用简单、统一的价格对园林绿化产品进行精确的核算，必须根据设计文件的要求和园林绿化产品的特点，对园林绿化工程事先从经济上加以计算，以便获得合理的工程造价，保证工程质量

图名	园林绿化工程造价的概念	图号	1-1

园林绿化工程造价的作用

(1)园林工程造价是项目决策的依据。园林工程投资大、生产和使用周期长等特点决定了项目决策的各个环节。工程造价决定着项目的一次投资费用。投资者是否有足够的财务能力支付这笔费用,是否认为值得支付这项费用,是项目决策中要考虑的主要问题。财务能力是一个独立的投资主体,是必须首先解决的问题。如果建设工程的价格超过投资者的支付能力,就会迫使他放弃拟建的项目;如果项目投资的效果达不到预期目标,他也会自动放弃拟建的工程。因此,在项目决策阶段,工程造价就成为项目财务分析和经济评价的重要依据。

(2)园林工程造价是制定投资计划和控制投资的依据。工程造价在控制投资方面的作用非常明显。工程造价是通过多次性预估,最终通过竣工决算确定下来的。每一次估算的过程就是对造价的控制过程,而每一次估算对下一次估算又都是对造价严格的控制,具体讲,每一次估算都不能超过前一次估算的一定幅度。这种控制是在投资者财务能力的限度内为取得既定的投资效益所必需的。园林工程造价对投资的控制也表现在利用制定各类定额、标准和参数,对园林工程造价的计算依据进行控制。在市场经济利益风险机制的作用下,造价对投资控制的作用成为投资的内部约束机制。

(3)园林工程造价是筹集建设资金的依据。投资体制的改革和市场经济的建立,要求项目的投资者必须有很强的筹资能力,以保证工程建设有充足的资金供应。工程造价基本决定了建设资金的需要量,从而为筹集资金提供了比较准确的依据。当建设资金来源于金融机构的贷款时,金融机构在对项目的偿贷能力进行评估的基础上,也需要依据工程造价来确定给予投资者的贷款数额。

(4)园林工程造价是评价投资效果的重要指标。园林工程造价是一个包含着多层次工程造价的体系,就一个园林工程项目来说,它既是建设项目的总造价,又包含单项工程的造价和单位工程的造价,同时也包含单位生产能力的造价,或每平方米建筑面积的造价。所有这些,使工程造价自身形成了一个指标体系。园林工程造价能够为评价投资效果提供出多种评价指标,并能够形成新的价格信息,为今后类似项目投资提供参照系。

(5)园林工程造价是合理利益分配和调节产业结构的手段。园林工程造价的高低,涉及国民经济各部门和企业间的利益分配。在计划经济体制下,政府为了用有限的财政资金建成更多的工程项目,总是趋向于压低建设工程造价,使建设中的劳动消耗得不到完全补偿,价值不能得到完全实现。而未被实现的部分价值则被重新分配到各个投资部门,为项目投资者所占有

图名	园林绿化工程造价的作用	图号	1-2

园林绿化工程造价的职能

序号	项目	说明
1	预测职能	工程造价的大额性和多变性,使得无论是投资者还是承包商都要对拟建工程进行预先测算。投资者预先测算工程造价不仅可作为项目决策依据,同时也是筹集资金、控制造价的依据。承包商对工程造价的测算,既为投标决策提供依据,也为投标报价和成本管理提供依据
2	控制职能	工程造价的控制职能表现在两方面:一方面是它对投资的控制,即在投资的各个阶段,根据对造价的多次性预估,对造价进行全过程、多层次的控制;另一方面,是对以承包商为代表的商品和劳务供应企业的成本控制。在价格一定的条件下,企业实际成本开支决定企业的盈利水平。成本越高,盈利越低,成本高于价格,就会危及企业的生存。所以,企业要以工程造价来控制成本,利用工程造价提供的信息资料作为控制成本的依据
3	评价职能	工程造价是评价总投资和分项投资合理性和投资效益的主要依据之一。评价土地价格、建筑安装产品和设备价格的合理性时,就必须利用工程造价资料。在评价建设项目偿贷能力、获利能力和宏观效益时,也要依据工程造价。工程造价也是评价建筑安装企业管理水平和经营成果的重要依据
4	调节职能	工程建设直接关系到经济增长,也直接关系到国家重要资源分配和资金流向,对国计民生都产生重大影响。所以,国家对建设规模、结构进行宏观调节是在任何条件下都不可缺少的,对政府投资项目进行直接调控和管理也是非常必需的。这些都要通过工程造价来对工程建设中的物质消耗水平、建设规模、投资方向等进行调节

图名	园林绿化工程造价的职能	图号	1-3

园林绿化工程造价的特点

序号	项　目	说　　明
1	大额性	能够发挥投资作用的任何一项工程，不仅实物形体庞大，而且造价高昂，动辄数百万、数千万、数亿、十几亿，特大型工程项目的造价可达百亿、千亿元人民币。工程造价的大额性使其关系到有关各方面的重大经济利益，同时也会对宏观经济产生重大影响。这就决定了工程造价的特殊地位，也说明了造价管理的重要意义
2	个别性、差异性	任何一项工程都有特定的用途、功能、规模。因此，对每一项工程的结构、造型、空间分割、设备配置和内外装饰都有具体的要求，因而使工程内容和实物形态都具有个别性、差异性。产品的差异性决定了工程造价的个别性差异。同时，每项工程所处地区、地段都不相同，使这一特点得到强化
3	动态性	任何一项工程从决策到竣工交付使用，都有一个较长的建设期间，而且由于不可控制因素的影响，在预计工期内，许多影响工程造价的动态因素，如工程变更，设备材料价格，工资标准以及费率、利率、汇率会发生变化。这种变化必然会影响到造价的变动。所以，工程造价在整个建设期中处于不确定状态，直至竣工决算后才能最终确定工程的实际造价
4	层次性	造价的层次性取决于工程的层次性。一个建设项目往往含有多个能够独立发挥设计功能的单项工程（车间、写字楼、住宅楼等）。一个单项工程又是由能够各自发挥专业功能的多个单位工程（土建工程、电气安装工程等）组成。与此相适应，工程造价有 3 个层次：建设项目总造价、单项工程造价和单位工程造价。专业分工更细，单位工程（如土建工程）的组成部分——分部分项工程也可以成为交换对象，如大型土方工程、基础工程、装饰工程等，这样工程造价的层次就增加分部工程和分项工程而成为 5 个层次。即使从造价的计算和工程管理的角度看，工程造价的层次性也是非常突出的
5	兼容性	工程造价的兼容性，首先表现在它具有两种含义；其次表现在工程造价构成因素的广泛性和复杂性。在工程造价中，首先成本因素非常复杂；其次为获得建设工程用地支出的费用、项目可行性研究和规划设计费用、与政府一定时期政策（特别是产业政策和税收政策）相关的费用占有相当的份额；再次，盈利的构成也较为复杂，资金成本较大

图名	园林绿化工程造价的特点	图号	1-4

园林绿化工程造价的计价特征

序号	项　目	说　明
1	计价的单件性	目标工程在生产上的单件性决定了在造价计算上的单件性，它不能像一般工业产品那样，可以按品种、规格成批地生产、统一定价，而只能按照单件计价。国家或地区有关部门不能按各个工程逐件控制价格，只能就工程造价中各项费用项目的划分，对工程造价构成的一般程序，概预算的编制方法，各种概预算定额和费用标准等，做出统一的规定，据此作宏观性的价格控制
2	计价的多次性	目标工程的生产过程是一个周期长、数量大的生产消费过程，它要经过可行性研究、设计、施工、竣工验收等多个阶段，并分段进行，逐步接近实际。为了适应工程建设过程中各方经济关系的建立，适应项目管理，适应工程造价控制与管理的要求，需要按照设计和建设阶段进行多次性计价
3	计价的组合性	一个目标项目的总造价是由各个单项工程造价组成，而各个单项工程造价又是由各个单位工程造价所组成。各单位工程造价又是按分部工程、分项工程、相应定额、费用标准等进行计算得出的。可见为确定一个建设项目的总造价，应首先计算各单位工程造价，再计算各单项工程造价（一般称为综合概预算造价），然后汇总成总造价（又称为总概预算造价）。显然，这个计价过程充分体现了分部组合计价的特点
4	计价方法的多样性	工程造价多次性计价有各不相同的计价依据，对造价的精确度要求也不相同，这就决定了计价方法有多样性特征。计算概、预算造价的方法有单价法和实物法等。计算投资估算的方法有设备系数法、生产能力指数估算法等。不同的方法利弊不同，适应条件也不同，计价时要根据具体情况加以选择
5	计价依据的复杂性	由于影响造价的因素多、计价依据复杂，种类繁多。主要可分为以下7类： (1)计算设备和工程量的依据。包括项目建议书、可行性研究报告、设计文件等。 (2)计算人工、材料、机械等实物消耗量的依据。包括投资估算指标、概算定额、预算定额等。 (3)计算工程单价的价格依据。包括人工单价、材料价格、材料运杂费、机械台班费等。 (4)计算设备单价的依据。包括设备原价、设备运杂费、进口设备关税等。 (5)计算措施费、间接费和工程建设其他费用的依据，主要是相关的费用定额和指标。 (6)政府规定的税费。 (7)物价指数和工程造价指数

图名	园林绿化工程造价的计价特征	图号	1-5

园林绿化工程工程量计算原则

园林绿化工程工程量的计算，一般要遵循以下原则：

(1)计算口径要一致，避免重复和遗漏。计算工程量时，根据施工图列出分项工程的口径(指分项工程包括的工作内容和范围)，必须与预算定额中相应分项工程的口径(结合层)一致，计算该项工程量时，不应另列刷素水泥浆项目，以免造成重复计算。相反，分项工程设计中有的工作内容，而相应预算定额中没有包括时，应另列项目计算。

(2)工程量计算规则要一致，避免错算。工程量计算必须与预算定额中规定的工程量计算规则(或工程量计算方法)相一致，保证计算结果准确。例如，砌砖工程中，一砖半砖墙的厚度，无论施工图中标注的尺寸是“360”或“370”，都应以预算定额计算规则规定的“365”进行计算。

(3)计量单位要一致。各分项工程量的计量单位，必须与预算定额中相应项目的计量单位一致。例如，预算定额中，栽植绿篱分项工程的计量单位是“10 延长米”，而不是“株数”，则工程量单位也是“10 延长米”。

(4)按顺序进行计算。计算工程量时要按照一定的顺序(自定)逐一进行计算，避免重算和漏算。

(5)计算精度要统一。为了计算方便，工程量的计算结果统一要求为除钢材(以 t 为单位)、木材(以 m^3 为单位)取三位小数外，其余项目一般取两位小数，以下四舍五入

图名	园林绿化工程工程量计算原则	图号	1-6

园林绿化工程工程量计算步骤

园林绿化工程工程量计算一般应按下列步骤进行：

(1)列出分项工程项目名称。根据施工图纸，并结合施工方案的有关内容，按照一定的计算顺序，逐一列出单位工程施工图预算的分项工程项目名称。所列的分项工程项目名称必须与预算定额中的相应项目名称一致。

(2)列出工程量计算式。分项工程项目名称列出后，根据施工图纸所示的部位、尺寸和数量，按照工程量计算规则，分别列出工程量计算公式。

(3)调整计量单位。通常计算的工程量都是以“米(m)”、“平方米(m^2)”、“立方米(m^3)”等为单位，但预算定额中往往以“10 米(m)”、“10 平方米(m^2)”、“10 立方米(m^3)”、“100 平方米(m^2)”、“100 立方米(m^3)”等为计量单位，因此，还须将计算的工程量单位按预算定额中相应项目规定的计量单位进行调整，使计量单位一致，以便于以后的计算。

(4)套用预算定额进行计算。各项工程量计算完毕经校核后，就可以编制单位工程施工图预算书

图名	园林绿化工程工程量计算步骤	图号	1-7

园林绿化工程分部分项工程划分

园林绿化工程分为三个分部工程：绿化工程；园路、园桥工程；园林景观工程。每个分部工程又分为若干个子分部工程，每个子分部工程中又分为若干个分项工程，每个分项工程有一个项目编码。

园林绿化工程的分部工程名称、子分部工程名称、分项工程名称列于表1。

园林绿化工程分部分项工程名称　**表1**

分部工程	子分部工程	分项工程
绿化工程	绿地管理	砍伐乔木；挖树根（蔸）；砍挖灌木丛及根；砍挖竹及根；砍挖芦苇（或其他水生植物）及根；清除草皮；清除地被植物；屋面清理；种植土回（换）填；整理绿化用地；绿地起坡造型；屋顶花园基底处理
	栽植花木	栽植乔木；栽植灌木；栽植竹类；栽植棕榈类；栽植绿篱；栽植攀缘植物；栽植色带；栽植花卉；栽植水生植物；垂直墙体绿化种植；花卉立体布置；铺种草皮；喷播植草（灌木）籽；植草砖内植草；挂网；箱/钵栽植
	绿地喷灌	喷灌管线安装；喷灌配件安装
园路、园桥工程	园路、园桥工程	园路；踏（蹬）道；路牙铺设；树池围牙、盖板（箅子）；嵌草砖（格）铺装；桥基础；石桥墩、石桥台；拱券石；石券脸；金刚墙砌筑；石桥面铺筑；石桥面檐板；石汀步（步石、飞石）；木制步桥；栈道
	驳岸、护岸	石砌（卵石）驳岸；原木桩驳岸；满（散）铺砂卵石护岸（自然护岸）；点（散）布大卵石；框格花木护岸
园林景观工程	堆塑假山	堆砌土山丘；堆砌石假山；塑假山；石笋；点风景石；池、盆景置石；山（卵）石护角；山坡（卵）石台阶
	原木、竹构件	原木（带树皮）柱、梁、檩、椽；原木（带树皮）墙；树枝吊挂楣子；竹柱、梁、檩、椽；竹编墙；竹吊挂楣子
	亭廊屋面	草屋面；竹屋面树皮屋面；油毡瓦屋面；预制混凝土穹顶；彩色压型钢板（夹芯板）攒尖亭屋面板；彩色压型钢板（夹芯板）穹顶；玻璃屋面；木（防腐木）屋面
	花　架	现浇混凝土花架柱、梁；预制混凝土花架柱、梁；金属花架柱、梁；木花架柱、梁；竹花架柱、梁
	园林桌椅	预制钢筋混凝土飞来椅；水磨石飞来椅；竹制飞来椅；现浇混凝土桌凳；预制混凝土桌凳；石桌石凳；水磨石桌凳；塑树根桌凳；塑树节椅；塑料、铁艺、金属椅
	喷泉安装	喷泉管道；喷泉电缆；水下艺术装饰灯具；电气控制柜；喷泉设备
	杂　项	石灯；石球；塑仿石音箱；塑树皮梁、柱；塑竹梁、柱；铁艺栏杆；塑料栏杆；钢筋混凝土艺术围栏；标志牌；景墙；景窗；花饰；博古架；花盆（坛、箱）；摆花；花池；垃圾箱；砖石砌小摆设；其他景观小摆设；柔性水池

图名	园林绿化工程分部分项工程划分	图号	1-8

2　园林绿化工程计价方法

园林绿化工程定额的概念

所谓定额，就是规定的额度或限额，它是一种标准，是一种对事、物活动在时间和空间上的数量规定或数量尺度，它反映着生产与生产消费之间的客观数量关系。定额不是某种社会经济形态的产物，不受社会政治、经济、意识形态的影响，不为某种社会制度所专有，它随着生产力水平的提高自然地发生、发展、变化，是生产和劳动社会化的客观要求。

在园林工程施工过程中，为了完成每一单位产品的施工（生产）过程，就必须消耗一定数量的人力、物力（材料、工机具）和资金，但这些资源的消耗是随着生产因素及生产条件的变化而变化的。定额是在正常的施工生产条件下，完成单位合格产品所必需的人工、材料、施工机械设备及资金消耗的数量标准。不同的产品有不同的质量要求，因此，不能把定额看成是单纯的数量关系，而应看成是质和量的统一体。考察个别生产过程中的因素能不能形成定额，只有从考察总体生产过程中的各生产因素，归结出社会平均必需的数量标准，才能形成定额。同时，定额反映一定时期的社会生产力水平。

尽管管理科学在不断发展，但是它仍然离不开定额。因为，如果没有定额提供可靠的基本管理数据，即使使用电子计算机也是不能取得什么结果的。虽然定额是科学管理发展初期的产物，但是它在企业管理中一直占有重要地位。无论是在研究工作中还是在实际工作中，都要重视工作时间的研究和操作方法的研究，都要重视定额的制定。定额是企业管理科学化的产物，也是科学管理的基础。

园林绿化工程定额，按照传统意义上的定义，是指在正常施工条件下，完成园林绿化工程中各分项工程单位合格产品或完成一定量的工作所必需的，而且是额定的人工、材料、机械设备的数量及其资金消耗（或额度）。

园林绿化工程概预算定额是园林绿化工程建设造价管理的技术标准和依据，也是园林绿化工程施工中的标准和尺度

图名	园林绿化工程定额的概念	图号	2-1

园林绿化工程定额的作用

(1)定额是编制计划的基础。园林绿化工程建设活动需要编制各种计划来组织与指导生产，而计划编制中又需要各种定额来作为计算人力、物力、财力等资源需要量的依据。

(2)定额是确定工程造价的依据和评价设计方案经济合理性的尺度。工程造价是根据由设计规定的工程规模、工程数量及相应需要的劳动力、材料、机械设备消耗量及其他必须消耗的资金确定的。其中劳动力、材料、机械设备的消耗量又是根据定额计算出来的，定额是确定工程造价的依据。同时，园林绿化项目投资的大小又反映了各种不同设计方案技术经济水平的高低。因此，定额又是比较和评价设计方案经济合理性的尺度。

(3)定额是组织和管理施工的工具。施工企业要计算、平衡资源需要量、组织材料供应、调配劳动力、签发任务单、组织劳动竞赛、调动人的积极因素、考核工程消耗、劳动生产率、贯彻按劳分配工资制度和计算工人报酬等，都要利用定额。因此，从组织施工和管理生产的角度来说，企业定额又是施工企业组织和管理施工的工具。

(4)定额是总结先进生产方法的手段。定额是在平均先进的条件下，通过对生产流程的观察、分析、综合等过程制定的，它可以最严格地反映出生产技术和劳动组织的先进合理程度。因此，我们就可以以定额方法为手段，对同一产品在同一操作条件下的不同生产方法进行观察、分析和总结，从而得到一套比较完整的、优良的生产方法，作为生产中推广的范例

图名	园林绿化工程定额的作用	图号	2-2

园林绿化工程定额的性质

序号	项　目	说　　　明
1	相对稳定性与时效性	定额中所规定的各项指标的多少，是由一定时期的社会生产力水平所决定的。随着科技水平的提高，社会生产力水平必然会有所增长，但社会生产力的发展是一个由量变到质变的过程，即应有一个周期，而且定额的执行也有个实践过程。只有当生产条件发生变化、技术水平有较大的提高，原有定额不能适应生产需要时，授权部门才会根据新的情况制定出新的定额或补充定额。所以，每一次制定的定额必须具有相对稳定性，决不可朝定夕改，否则会伤害群众的积极性，但也不可一直不改，长期使用，以防定额脱离实际而失去意义
2	权威性	工程建设定额具有很大的权威性，这种权威性在一些情况下具有经济法规性质。权威性反映统一的意志和要求，也反映信誉和信赖程度以及定额的严肃性。 工程建设定额权威性的客观基础是定额的科学性，只有科学的定额才具有权威性。但是在社会主义市场经济条件下，它必然涉及各种有关方面的经济关系和利益关系。赋予工程建设定额以一定的权威性，就意味着在规定的范围内，对于定额的使用者和执行者来说，不论主观上愿意与否，都必须按定额的规定执行。在当前市场不规范的情况下，赋予工程建设定额权威性是十分重要的。但是在竞争机制引入工程建设的情况下，定额的水平必然会受市场供求状况的影响，从而在执行中可能产生定额水平的浮动
3	统一性	定额的统一性，主要是由国家对经济发展的宏观调控职能决定的。工程建设定额的统一性按照其影响力和执行范围来看，有全国定额、地区定额和行业定额等；按照定额的制定和贯彻使用来看，有统一的程序、原则、要求和用途
4	科学性与群众性	各类定额的制定基础是所在地域的、当时实际的生产力水平，是在认真分析研究并总结广大工人生产实践经验的基础上，实事求是地广泛收集资料，大量测定、综合实际生产中的成千上万个数据，经过科学的方法制定出来的。另外，当定额一旦颁发执行，少不了群众的参与和使用，同时就成为广大群众共同奋斗的目标，定额水平既反映了国家和人民的整体利益，也符合群众的要求，并能为群众所接受。因此，定额不仅具有严密的科学性，也具有广泛的群众基础
5	针对性与地域性	生产领域中，由于所生产的产品形形色色，成千上万，并且每种产品的质量标准、安全要求、操作方法及完成该产品的工作内容各不相同，因此，针对每种不同产品（或工序）为对象的资源消耗量的标准，一般来说是不能到相袭用的。在园林绿化工程中这一点尤为突出

图名	园林绿化工程定额的性质	图号	2-3

园林绿化工程设计概算的编制(1)

序号	项　目	说　　明
1	概念	设计概算是初步设计概算的简称，是指在初步设计或扩大初步设计阶段，由设计单位根据初步设计图纸、定额、指标、其他工程费用定额等，对工程投资进行的概略计算，这是初步设计文件的重要组成部分，是确定工程设计阶段的投资的依据，经过批准的设计概算是控制工程建设投资的最高限额
2	内容	设计概算分为三级概算，即单位工程概算、单项工程综合概算、建设项目总概算，其编制内容及相互关系如图1所示。 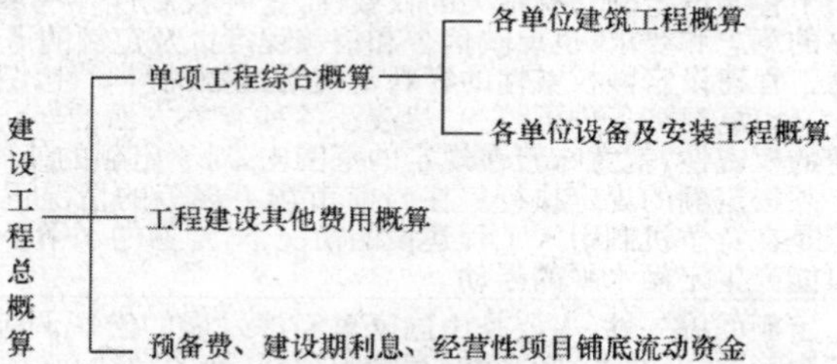 图1　设计概算的编制内容及相互关系 (1)单位工程概算。单位工程概算是确定各单位工程建设费用的文件，是编制单项工程综合概算的依据，是单项工程综合概算的组成部分。单位工程概算按其工程性质分为建筑工程概算和设备及安装工程概算两大类。 (2)单项工程综合概算。单项工程综合概算是确定一个单项工程所需建设费用的文件，它是由单项工程中的各单位工程概算汇总编制而成的，是建设项目总概算的组成部分。 (3)建设项目总概算。建设项目总概算是确定整个建设项目从筹建到竣工验收所需全部费用的文件，由各个单项工程综合概算以及工程建设其他费用和预备费用概算汇总编制而成的

图名	园林绿化工程设计概算的编制(1)	图号	2-4

园林绿化工程设计概算的编制(2)

序号	项　目	说　　明
3	作用	(1)设计概算是确定建设项目、各单项工程及各单位工程投资的依据。按照规定报请有关部门或单位批准的初步设计及总概算,一经批准即作为建设项目静态总投资的最高限额,不得任意突破,必须突破时需报原审批部门(单位)批准。 (2)设计概算是编制投资计划的依据。计划部门根据批准的设计概算编制建设项目年固定资产投资计划,并严格控制投资计划的实施。若建设项目实际投资数额超过了总概算,那么必须在原设计单位和建设单位共同提出追加投资的申请报告基础上,经上级计划部门审核批准后,方能追加投资。 (3)设计概算是进行拨款和贷款的依据。建设银行根据批准的设计概算和年度投资计划,进行拨款和贷款,并严格实行监督控制。对超出概算的部分,未经计划部门批准,建行不得追加拨款和贷款。 (4)设计概算是实行投资包干的依据。在进行设计概算时,单项工程综合概算及建设项目总概算是投资包干指标商定和确定的基础,尤其经上级主管部门批准的设计概算或修正概算,是主管单位和包干单位签订包干合同,控制包干数额的依据。 (5)设计概算是考核设计方案的经济合理性和控制施工图预算的依据。设计单位根据设计概算进行技术经济分析和多方案评价,以提高设计质量和经济效果。同时,保证施工图预算在设计概算的范围内。 (6)设计概算是进行各种施工准备、设备供应指标、加工订货及落实各项技术经济责任制的依据。 (7)设计概算是控制项目投资,考核建设成本,提高项目实施阶段工程管理和经济核算水平的必要手段

图名	园林绿化工程设计概算的编制(2)	图号	2-4

园林绿化工程设计概算的编制(3)

序号	项 目	说 明
4	编制依据	(1)批准的可行性研究报告。 (2)设计工程量。 (3)项目涉及的概算指标或定额。 (4)国家、行业和地方政府有关法律、法规或规定。 (5)资金筹措方式。 (6)正常的施工组织设计。 (7)项目涉及的设备、材料供应及价格。 (8)项目的管理(含监理)、施工条件。 (9)项目所在地区有关的气候、水文、地质地貌等自然条件。 (10)项目所在地区有关的经济、人文等社会条件。 (11)项目的技术复杂程度,以及新技术、专利使用情况等。 (12)有关文件、合同、协议等
5	文件组成	(1)三级编制(总概算、综合概算、单位工程概算)形式设计概算文件的组成: 1)封面、签署页及目录; 2)编制说明; 3)总概算表; 4)其他费用表; 5)综合概算表; 6)单位工程概算表; 7)附件:补充单位估价表。 (2)二级编制(总概算、单位工程概算)形式设计概算文件的组成。 1)封面、签署页及目录; 2)编制说明

图名	园林绿化工程设计概算的编制(3)	图号	2-4

园林绿化工程设计概算的编制(4)

序号	项目	说明
5	文件组成	3)总概算表； 4)其他费用表； 5)单位工程概算表； 6)附件：补充单位估价表
6	常用表格	(1)设计概算封面、签署页、目录、编制说明。 (2)概算表格。 1)总概算表为采用三级编制形式的总概算的表格； 2)总概算表为采用二级编制形式的总概算的表格； 3)其他费用表； 4)其他费用计算表； 5)综合概算表为单项工程综合概算的表格； 6)建筑工程概算表为单位工程概算的表格； 7)设备及安装工程概算表为单位工程概算的表格； 8)补充单位估价表； 9)主要设备、材料数量及价格表； 10)进口设备、材料货价及从属费用计算表； 11)工程费用计算程序表。 (3)调整概算对比表。 1)总概算对比表； 2)综合概算对比表

图名	园林绿化工程设计概算的编制(4)	图号	2-4

园林绿化工程设计概算的编制(5)

设计概算封面样式

（工程名称）

设计概算

档　案　号:

共　册　第　册

（编制单位名称）

(工程造价咨询单位执业章)

年　　月　　日

图名	园林绿化工程设计概算的编制(5)	图号	2-4

园林绿化工程设计概算的编制(6)

设计概算签署页式样

（工程名称）

设计概算

档 案 号:

共 册 第 册

编 制 人:________________ [执业(从业)印章]________________

审 核 人:________________ [执业(从业)印章]________________

审 定 人:________________ [执业(从业)印章]________________

法定负责人:________________

图名	园林绿化工程设计概算的编制(6)	图号	2-4

园林绿化工程设计概算的编制(7)

设计概算目录式样

序　号	编　号	名　称	页码
1		编制说明	
2		总概算表	
3		其他费用表	
4		预备费计算表	
5		专项费用计算表	
6		×××综合概算表	
7		×××综合概算表	
		……	
9		×××单项工程概算表	
10		×××单项工程概算表	
		……	
11		补充单位估价表	
12		主要设备材料数量及价格表	
13		概算相关资料	

图名	园林绿化工程设计概算的编制(7)	图号	2-4

园林绿化工程设计概算的编制(8)

编制说明式样

编制说明

1　工程概况

2　主要技术经济指标

3　编制依据

4　工程费用计算表

4.1　建筑工程工程费用计算表

4.2　工艺安装工程工程费用计算表

4.3　配套工程工程费用计算表

4.4　其他工程工程费计算表

5　引进设备、材料有关费率取定及依据：国外运输费、国外运输保险费、海关税费、增值税、国内运杂费、其他有关税费

6　其他有关说明的问题

7　引进设备、材料从属费用计算表

图名	园林绿化工程设计概算的编制(8)	图号	2-4

园林绿化工程设计概算的编制(9)

总概算表(三级编制形式)

总概算编号：　　　　工程名称：　　　　（单位：万元）　　　　共　页第　页

序号	概算编号	工程项目或费用名称	建筑工程费	设备购置费	安装工程费	其他费用	合计	其中:引进部分		占总投资比例(%)
								美元	折合人民币	
一		工程费用								
1		主要工程								
		××××××								
		××××××								
2		辅助工程								
		××××××								
3		配套工程								
		××××××								

编制人：　　　　审核人：　　　　审定人：

图名	园林绿化工程设计概算的编制(9)	图号	2-4

园林绿化工程设计概算的编制(10)

总概算表(三级编制形式)

总概算编号： 工程名称： （单位： 万元） 共 页第 页

序号	概算编号	工程项目或费用名称	建筑工程费	设备购置费	安装工程费	其他费用	合计	其中:引进部分		占总投资比例(%)
								美元	折合人民币	
二		其他费用								
1		××××××								
2		××××××								
三		预备费								
四		专项费用								
1		××××××								
2		××××××								
		建设项目概算总投资								

编制人： 审核人： 审定人：

图名	园林绿化工程设计概算的编制(10)	图号	2-4

园林绿化工程设计概算的编制(11)

其他费用表

工程名称：　(单位：万元)　共 页 第 页

序号	费用项目编号	费用项目名称	费用计算基数	费率(%)	金额	计算公式	备注
1							
2							

编制人：　审核人：

其他费用计算表

其他费用编号：　费用名称：　(单位：万元)　共 页 第 页

序号	费用项目编号	费用项目名称	费用计算基数	费率(%)	金额	计算公式	备注

编制人：　审核人：

图名	园林绿化工程设计概算的编制(11)	图号	2-4

园林绿化工程设计概算的编制(12)

综合概算表

综合概算编号： 工程名称(单项工程)： (单位： 万元) 共 页第 页

序号	概算编号	工程项目或费用名称	设计规模或主要工程量	建筑工程费	设备购置费	安装工程费	其他费用	合计	其中:引进部分	
									美元	折合人民币
一		主要工程								
1	×××	××××××								
2	×××	××××××								
二		辅助工程								
1	×××	××××××								
2	×××	××××××								
三		配套工程								
1	×××	××××××								
2	×××	××××××								
		单项工程概算费用合计								

编制人： 审核人： 审定人：

图名	园林绿化工程设计概算的编制(12)	图号	2-4

园林绿化工程设计概算的编制(13)

建筑工程概算表

单位工程概算编号：　　工程名称(单项工程)：　　共　页第　页

序号	定额编号	工程项目或费用名称	单位	数量	单价(元)				合价(元)			
					定额基价	人工费	材料费	机械费	金额	人工费	材料费	机械费
一		土石方工程										
1	××	×××××										
2	××	×××××										
二		砌筑工程										
1	××	×××××										
三		楼地面工程										
1	××	×××××										
		小计										
		工程综合取费										
		单位工程概算费用合计										

编制人：　　审核人：

图名	园林绿化工程设计概算的编制(13)	图号	2-4

园林绿化工程设计概算的编制(14)

设备及安装工程概算表

单位工程概算编号：　　　　工程名称(单项工程)：　　　　共　页第　页

序号	定额编号	工程项目或费用名称	单位	数量	单价(元)					合价(元)				
					设备费	主材费	定额基价	其中：人工费	其中：机械费	设备费	主材费	定额费	其中：人工费	其中：机械费
一		设备安装												
1	××	×××××												
2	××	×××××												
二		管道安装												
1	××	×××××												
三		防腐保温												
1		×××××												
		小计												
		工程综合取费												
		合计(单位工程概算费用)												

图名	园林绿化工程设计概算的编制(14)	图号	2-4

园林绿化工程设计概算的编制(15)

补充单位估价表

子目名称：　　　　　　　　　　　　　工作内容：　　　　　　　　　　　　　　共　页第　页

补充单位估价表编号							
定额基价							
人工费							
材料费							
机械费							
名称		单位	单价	数量			
综合工日							
材料							
	其他材料费						
机械							

编制人：　　　　　　　　　　　　　　　　　　　　审核人：

图名	园林绿化工程设计概算的编制(15)	图号	2-4

园林绿化工程设计概算的编制(16)

主要设备、材料数量及价格表

序号	设备、材料	规格型号及材质	单位	数量	单价(元)	价格来源	备注

编制人: 审核人:

图名	园林绿化工程设计概算的编制(16)	图号	2-4

园林绿化工程设计概算的编制(17)

进口设备、材料货价及从属费用计算表

序号	设备、材料规格、名称及费用	单位	数量	单价(美元)	外币金额(美元)					折合人民币(元)							合计(元)
					货价	运输费	保险费	其他费用	合计		关税	增值税	银行财务费	外贸手续费	国内运杂费	合计	

编制人： 审核人：

图名	园林绿化工程设计概算的编制(17)	图号	2-4

园林绿化工程设计概算的编制(18)

工程费用计算程序表

序号	费用名称	取费基础	费率	计算公式

图名	园林绿化工程设计概算的编制(18)	图号	2-4

园林绿化工程设计概算的编制(19)

总概算对比表

总概算编号：　工程名称：　(单位：　万元)　共　页第　页

序号	工程项目或费用名称	原批准概算					调整概算					差额(调整概算—原批准概算)	备注
		建筑工程费	设备购置费	安装工程费	其他费用	合计	建筑工程费	设备购置费	安装工程费	其他费用	合计		
一	工程费用												
1	主要工程												
(1)	××××××												
(2)	××××××												
2	辅助工程												
(1)	××××××												
3	配套工程												
(1)	××××××												

图名	园林绿化工程设计概算的编制(19)	图号	2-4

园林绿化工程设计概算的编制(20)

总概算对比表

总概算编号： 工程名称： （单位： 万元） 共 页 第 页

序号	工程项目或费用名称	原批准概算					调整概算					差额(调整概算—原批准概算)	备注
		建筑工程费	设备购置费	安装工程费	其他费用	合计	建筑工程费	设备购置费	安装工程费	其他费用	合计		
二	其他费用												
1	××××××												
2	××××××												
三	预备费												
四	专项费用												
1	××××××												
2	××××××												
	建设项目概算总投资												

编制人： 审核人：

图名	园林绿化工程设计概算的编制(20)	图号	2-4

园林绿化工程设计概算的编制(21)

综合概算对比表

综合概算编号： 工程名称： (单位： 万元) 共 页 第 页

序号	工程项目或费用名称	原批准概算					调整概算					差额(调整概算一原批准概算)	调整的主要原因
		建筑工程费	设备购置费	安装工程费	其他费用	合计	建筑工程费	设备购置费	安装工程费	其他费用	合计		
一	主要工程												
1	××××××												
2	××××××												
二	辅助工程												
1	××××××												
三	配套工程												
1	××××××												
2	××××××												
	单项工程概算费用合计												

编制人： 审核人：

图名	园林绿化工程设计概算的编制(21)	图号	2-4

园林绿化工程施工图预算的编制(1)

序号	项目	说明
1	概念及一般规定	(1)施工图预算是在设计的施工图完成以后,以施工图为依据,根据预算定额、费用标准以及工程所在地区的人工、材料、施工机械设备台班的预算价格编制的确定工程预算造价的文件。 (2)建设项目施工图预算是施工图设计阶段合理确定和有效控制工程造价的重要依据。 (3)建设项目施工图预算的编制应由相应专业资质的单位和造价专业人员完成。编制单位应在施工图预算成果文件上加盖公章和资质专用章,对成果文件质量承担相应责任。注册造价工程师和造价员应在施工图预算文件上签署执业(从业)印章,并承担相应责任。 (4)对于大型或复杂的建设项目,委托多个单位共同承担其施工图预算文件编制时,委托单位应指定主体承担单位;由主体承担单位负责具体编制时,委托单位应指定主体承担单位;由主体承担单位负责具体编制工作的总体规划、标准的统一、编制工作的部署、资料的汇总等综合性工作,其他各单位负责其所承担的各个单项、单位工程施工图预算文件的编制。 (5)建设项目施工图预算应按照设计文件和项目所在地的人工、材料和机械费用等要素的市场价格水平进行编制,应充分考虑项目其他因素对工程造价的影响,并应确定合理的预备费,力求能够使投资额度得以科学合理确定,以保证项目的顺利进行。 (6)建设项目施工图预算由总预算、综合预算和单位工程预算组成。建设项目总预算由综合预算汇总而成。综合预算由组成本单项工程的各单位工程预算汇总。单位工程预算包括建筑工程预算和设备及安装工程预算。 (7)施工图总预算应控制在已批准的设计总概算投资范围以内。 (8)施工图预算总投资包含建筑工程费、设备及工器具购置费、安装工程费、工程建设其他费用、预备费、建设期贷款利息、固定资产投资方向调节税及铺底流动资金。 (9)施工图预算的编制应保证编制依据的合法性、全面性和有效性,以及预算编制成果文件的准确性、完整性。 (10)施工图预算应考虑施工现场实际情况,并结合拟建建设项目合理的施工组织设计进行编制

图名	园林绿化工程施工图预算的编制(1)	图号	2-5

园林绿化工程施工图预算的编制(2)

序号	项　目	说　　明
2	作用	(1)施工图预算是工程实行招标、投标的重要依据。 (2)施工图预算是签订建设工程施工合同的重要依据。 (3)施工图预算是办理工程财务拨款、工程贷款和工程结算的依据。 (4)施工图预算是施工单位进行人工和材料准备、编制施工进度计划、控制工程成本的依据。 (5)施工图预算是落实或调整年度进度计划和投资计划的依据。 (6)施工图预算是施工企业降低工程成本、实行经济核算的依据
3	编制依据	(1)国家、行业、地方政府发布的计价依据、有关法律法规或规定。 (2)建设项目有关文件、合同、协议等。 (3)批准的设计概算。 (4)批准的施工图设计图纸及相关标准图集和规范。 (5)相应预算定额和地区单位估价表。 (6)合理的施工组织设计和施工方案等文件。 (7)项目有关的设备、材料供应合同、价格及相关说明书。 (8)项目所在地区有关的气候、水文、地质地貌等自然条件。 (9)项目的技术复杂程度，以及新技术、专利使用情况等。 (10)项目所在地区有关的经济、人文等社会条件
4	文件组成	施工图预算根据建设项目实际情况可采用三级预算编制或二级预算编制形式。当建设项目有多个单项工程时，应采用三级预算编制形式，三级预算编制形式由建设项目施工图总预算、单项工程综合预算、单位工程施工图预算组成。当建设项目只有一个单项工程时，应采用二级预算编制形式，二级预算编制形式由建设项目施工图总预算和单位工程施工图预算组成

图名	园林绿化工程施工图预算的编制(2)	图号	2-5

园林绿化工程施工图预算的编制(3)

序号	项 目	说 明
4	文件组成	(1)三级预算编制形式的工程预算文件的组成如下： 1)封面、签署页及目录； 2)编制说明； 3)总预算表； 4)综合预算表； 5)单位工程预算表； 6)附件。 (2)二级预算编制形式的工程预算文件的组成如下： 1)封面、签署页及目录； 2)编制说明； 3)总预算表； 4)单位工程预算表； 5)附件
5	常用表格	建设项目施工图预算文件的封面、签署页、目录、编制说明等
6	编制方法	1. 单位工程预算编制 单位工程预算的编制应根据施工图设计文件、预算定额(或综合单价)以及人工、材料及施工机械台班等价格资料进行编制。主要编制方法有单价法和实物量法，其中单价法分为定额单价法和工程量清单单价法。 (1)定额单价法。定额单价法是用事先编制好的分项工程的单位估价表来编制施工图预算的方法

图名	园林绿化工程施工图预算的编制(3)	图号	2-5

园林绿化工程施工图预算的编制(4)

序号	项　目	说　　明
6	编制方法	定额单价法编制施工图预算的基本步骤如下： 1)编制前的准备工作。编制施工图预算的过程是具体确定建筑安装工程预算造价的过程。编制施工图预算,不仅应严格遵守国家计价法规、政策,严格按图纸计量,还应考虑施工现场条件因素,是一项复杂而细致的工作,也是一项政策性和技术性都很强的工作,因此,必须事前做好充分准备。准备工作主要包括两个方面:一是组织准备,二是资料的收集和现场情况的调查。 2)熟悉图纸和预算定额以及单位估价表。图纸是编制施工图预算的基本依据。熟悉图纸不但要弄清图纸的内容,还应对图纸进行审核,如图纸间相关尺寸是否有误,设备与材料表上的规格、数量是否与图示相符,详图、说明、尺寸和其他符号是否正确等,若发现错误应及时纠正。另外,还要熟悉标准图以及设计更改通知(或类似文件),这些都是图纸的组成部分,不可遗漏。通过对图纸的熟悉,了解工程的性质、系统组成,设备和材料的规格、型号和品种,以及有无新材料、新工艺的采用。 预算定额和单位估价表是编制施工图预算的计价标准,对其适用范围及定额系数等都要充分了解,做到心中有数,这样才能使预算编制准确、迅速。 3)了解施工组织设计和施工现场情况。编制施工图预算前,应了解施工组织设计中影响工程造价的有关内容。例如,各分部分项工程的施工方法,土方工程中余土外运使用的工具、运距,施工平面图对建筑材料、构件等堆放点到施工操作地点的距离等,以便能正确计算工程量和正确套用或确定某些分项工程的基价。这对于正确计算工程造价、提高施工图预算质量,具有重要意义。 4)划分工程项目和计算并整理工程量。 ①划分工程项目。划分的工程项目必须和定额规定的项目一致,这样才能正确地套用定额。不能重复列项计算,也不能漏项少算。 ②计算并整理工程量。必须按现行国家计量规范规定的工程量计算规则进行计算,该扣除部分要扣除,不该扣除的部分不能扣除。当按照工程项目装饰工程量全部计算完以后,要对工程项目和工程量进行整理,即合并同类项和按序排列,为套用定额、计算分部分项和进行工料分析打下基础

图名	园林绿化工程施工图预算的编制(4)	图号	2-5

园林绿化工程施工图预算的编制(5)

序号	项 目	说 明
6	编制方法	5)套单价(计算定额基价)。套单价即将定额子项中的基价填于预算表单价栏内,并将单价乘以工程量得出合价,将结果填入合价栏。 6)工料分析。工料分析即按分项工程项目,依据定额或单位估价表,计算人工和各种材料的实物消耗量,并将主要材料汇总成表。工料分析的方法是首先从定额项目表中分别将各分项工程消耗的每项材料和人工的定额消耗量查出,再分别乘以该工程项目的工程量,得到分项工程工料消耗量,最后将各分项工程工料消耗量加以汇总,得出单位工程人工、材料的消耗数量。 7)计算主材费(未计价材料费)。因为,许多定额项目基价为不完全价格,即未包括主材费用在内。计算所在地定额基价(基价合计)之后,还应计算出主材费,以便计算工程造价。 8)按费用定额取费。按费用定额取费即按有关规定计取措施项目费和其他项目费,以及按相关取费规定计取规费和税金等。 9)计算汇总工程造价。将分部分项工程费、措施项目费、其他项目费、规费和税金相加即为工程造价。 (2)工程量清单单价法。工程量清单单价法是指招标人按照设计图纸和国家统一的工程量计算规则提供工程数量,采用综合单价的形式计算工程造价的方法。该综合单价是指完成一个规定计量单位的分部分项工程清单项目或措施清单项目所需的人工费、材料费、施工机具使用费、企业管理费与利润,以及一定范围内的风险费用。 (3)实物量法。实物量法是依据施工图纸和预算定额的项目划分及工程量计算规则,先计算出分部分项工程量,然后套用预算定额(实物量定额)来编制施工图预算的方法。实物量法的优点是能比较及时地将反映各种材料、人工、机械的当时当地市场单价计入预算价格,不需调价,反映当时当地的工程价格水平。 2.综合预算和总预算编制 (1)综合预算造价由组成该单项工程的各个单位工程预算造价汇总而成。 (2)总预算造价由组成该建设项目的各个单项工程综合预算以及经计算的工程建设其他费、预备费、建设期贷款利息、固定资产投资方向调节税汇总而成

图名	园林绿化工程施工图预算的编制(5)	图号	2-5

园林绿化工程施工图预算的编制(6)

工程预算封面式样

（工程名称）

工程预算

档　案　号：

共　册　第　册

［设计(咨询)单位名称］

证书号(公章)

年　月　日

图名	园林绿化工程施工图预算的编制(6)	图号	2-5

园林绿化工程施工图预算的编制(7)

工程预算签署页式样

（工程名称）

工程预算

档　案　号：

共　册　　第　册

编　制　人：________________ ［执业（从业）印章］________________

审　核　人：________________ ［执业（从业）印章］________________

审　定　人：________________ ［执业（从业）印章］________________

法定代表人或其授权人：________________________________

图名	园林绿化工程施工图预算的编制(7)	图号	2-5

园林绿化工程施工图预算的编制(8)

工程预算文件目录式样

序　号	编　号	名　　称	页码
1		编制说明	
2		总预算表	
3		其他费用表	
4		预备费计算表	
5		专项费用计算表	
6		×××综合预算表	
7		×××综合预算表	
		……	
9		×××单项工程预算表	
10		×××单位工程预算表	
		……	
12		补充单位估价表	
13		主要设备、材料数量及价格表	
14		……	

图名	园林绿化工程施工图预算的编制(8)	图号	2-5

园林绿化工程施工图预算的编制(9)

编制说明式样

编制说明

1　工程概况

2　主要技术经济指标

3　编制依据

4　工程费用计算表

建筑、设备、安装工程费用计算方法和其他费用计取的说明

5　其他有关说明的问题

图名	园林绿化工程施工图预算的编制(9)	图号	2-5

园林绿化工程竣工决算的编制(1)

序号	项　目	说　　明
1	概念	竣工决算是建设工程经济效益的全面反映，是项目法人核定各类新增资产价值、办理其交付使用的依据。通过竣工决算，一方面能够正确反映建设工程的实际造价和投资结果；另一方面可以通过竣工决算与概预算的对比分析，考核投资控制的工作成效，总结经验教训，收集技术经济方面的基础资料，提高未来建设工程的投资效益
2	作用	(1)竣工决算是综合、全面地反映竣工项目建设成果及财务情况的总结性文件，它采用货币指标、实物数量、建设工期和种种技术经济指标综合、全面地反映建设项目自开始建设到竣工为止的全部建设成果和财物状况。 (2)竣工决算是办理交付使用资产的依据，也是竣工验收报告的重要组成部分。建设单位与使用单位在办理交付资产的验收交接手续时，通过竣工决算反映了交付使用资产的全部价值，包括固定资产、流动资产、无形资产和其他资产的价值。同时，它还详细提供了交付使用资产的名称、规格、数量、型号和价值等明细资料，是使用单位确定各项新增资产价值并登记入账的依据。 (3)竣工决算是分析和检查设计概算的执行情况，考核投资效果的依据。 竣工决算反映了竣工项目计划实际的建设规模、建设工期以及计划和实际的生产能力，反映了概算总投资和实际的建设成本，同时还反映了所达到的主要技术经济指标。通过对这些指标计划数、概算数与实际数进行对比分析，不仅可以全面掌握建设项目计划和概算执行情况，而且可以考核建设项目投资效果，为今后制定基建计划，降低建设成本，提高投资效果提供必要的资料
3	依据	(1)经批准的可行性研究报告及其投资估算。 (2)经批准的初步设计或扩大初步设计及其概算或修正概算。 (3)经批准的施工图设计及其施工图预算。 (4)设计交底或图纸会审纪要

图名	园林绿化工程竣工决算的编制(1)	图号	2-6

园林绿化工程竣工决算的编制(2)

序号	项 目	说 明
3	依据	(5)招投标的标底、承包合同、工程结算资料。 (6)施工记录或施工签证单,以及其他施工中发生的费用记录,如索赔报告与记录、停(交)工报告等。 (7)竣工图及各种竣工验收资料。 (8)历年基建资料、历年财务决算及批复文件。 (9)设备、材料调价文件和调价记录。 (10)有关财务核算制度、办法和其他有关资料、文件等
4	步骤	(1)收集、整理、分析原始资料。从建设工程开始就按编制依据的要求,收集、清点、整理有关资料,主要包括建设工程档案资料,如设计文件、施工记录、上级批文、概(预)算文件、工程结算的归集整理,财务处理、财产物资的盘点核实及债权债务的清偿,做到账账、账证、账实、账表相符。对各种设备、材料、工具、器具等要逐项盘点核实并填列清单,妥善保管,或按照国家有关规定处理,不准任意侵占和挪用。 (2)对照、核实工程变动情况,重新核实各单位工程、单项工程造价。将竣工资料与原设计图纸进行查对、核实,必要时可实地测量,确认实际变更情况。根据经审定的施工单位竣工结算等原始资料,按照有关规定对原概(预)算进行增减调整,重新核定工程造价。 (3)将审定后的待摊投资、设备工器具投资、建筑安装工程投资、工程建设其他投资严格划分和核定后,分别计入相应的建设成本栏目内。 (4)编制竣工财务决算说明书,力求内容全面、简明扼要、文字流畅、说明问题。 (5)填报竣工财务决算报表。 (6)做好工程造价对比分析。 (7)清理、装订好竣工图。 (8)按国家规定上报、审批、存档

图名	园林绿化工程竣工决算的编制(2)	图号	2-6

园林绿化工程工程量清单的编制(1)

序号	项　目	说　　明
1	一般规定	(1)招标工程量清单应由招标人负责编制，若招标人不具有编制工程量清单的能力，则可根据《工程造价咨询企业管理办法》(建设部第149号令)的规定，委托具有工程造价咨询性质的工程造价咨询人编制。 (2)招标工程量清单必须作为招标文件的组成部分，其准确性(数量不算错)和完整性(不缺项漏项)应由招标人负责。招标人应将工程量清单连同招标文件一起发(售)给投标人。投标人依据工程量清单进行投标报价时，对工程量清单不负有核实的义务，更不具有修改和调整的权力，如招标人委托工程造价咨询人编制工程量清单，其责任仍由招标人负责。 (3)招标工程量清单是工程量清单计价的基础，应作为编制招标控制价、投标报价、计算或调整工程量以及工程索赔等的依据之一。 (4)招标工程量清单应以单位(项)工程为单位编制，应由分部分项工程项目清单、措施项目清单、其他项目清单、规费和税金项目清单组成。 (5)编制招标工程量清单应依据。 1)《建设工程工程量清单计价规范》(GB 50500—2013)(以下简称“13计价规范”)和相关工程的国家计量规范； 2)国家或省级、行业建设主管部门颁发的计价定额和办法； 3)建设工程设计文件及相关资料； 4)与建设工程有关的标准、规范、技术资料； 5)拟定的招标文件； 6)施工现场情况、地勘水文资料、工程特点及常规施工方案； 7)其他相关资料

图名	园林绿化工程工程量清单的编制(1)	图号	2-7

园林绿化工程工程量清单的编制(2)

序号	项目		说明
2	分部分项工程量清单	概述	(1)分部分项工程项目清单必须载明项目编码、项目名称、项目特征、计量单位和工程量。这是构成一个分部分项工程项目清单的五个条件,在分部分项工程项目清单的组成中缺一不可。 (2)分部分项工程项目清单必须根据相关工程现行国家计量规范规定的项目编码、项目名称、项目特征、计量单位和工程量计算规则进行编制
		项目编码	分部分项工程量清单项目编码以五级编码设置,用十二位阿拉伯数字表示。一、二、三、四级编码为全国统一;第五级编码应根据拟建工程的工程量清单项目名称设置,各级编码代表的含义如下: (1)第一级表示专业工程代码(共两位);房屋建筑与装饰工程为01、仿古建筑工程为02、通用安装工程为03、市政工程为04、园林绿化工程为05、矿山工程06、构筑物工程07、城市轨道交通工程08、爆破工程09。 (2)第二级表示专业工程附录分类顺序码(共两位)。 (3)第三级表示分部工程顺序码(共两位)。 (4)第四级表示分项工程项目名称顺序码(共三位)。 (5)第五级表示工程量清单项目名称顺序码(共三位)
		项目名称	原则上以形成工程实体而命名,项目名称应表达详细、准确。项目名称如有缺陷,招标人可作补充,并报当地工程造价管理机构(省级)备案
		项目特征	项目特征是对项目的准确描述,是确定一个清单项目综合单价不可缺少的重要依据,是区分清单项目的依据,是履行合同义务的基础。项目特征按不同的工程部位、施工工艺或材料品种、规格等分别列项。凡项目特征中未描述到的其他独有特征,则由清单编制人视项目具体情况确定,以准确描述清单项目为准

图名	园林绿化工程工程量清单的编制(2)	图号	2-7

园林绿化工程工程量清单的编制(3)

<table>
<tr><th>序号</th><th colspan="2">项　目</th><th>说　　明</th></tr>
<tr><td rowspan="2">2</td><td rowspan="2">分部分项
工程量清单</td><td>计量
单位</td><td>计量单位应采用基本单位,除各专业另有特殊规定外均按以下单位计量:
(1)以重量计算的项目——吨或千克(t或kg)。
(2)以体积计算的项目——立方米(m^3)。
(3)以面积计算的项目——平方米(m^2)。
(4)以长度计算的项目——米(m)。
(5)以自然计量单位计算的项目——个、套、块、樘、组、台……
(6)没有具体数量的项目——宗、项……
各专业有特殊计量单位的,另外加以说明,当计量单位有两个或两个以上时,应根据所编工程量清单项目的特征要求,选择最适宜表现该项目特征并方便计量的单位</td></tr>
<tr><td>工程
数量</td><td>工程数量主要通过工程量计算规则计算得到。工程量计算规则是指对清单项目工程量的计算规定。除另有说明外,所有清单项目的工程量应以实体工程量为准,并以完成净值计算。投标人投标报价时,应在单价中考虑施工中的各种损耗和需要增加的工程量</td></tr>
<tr><td>3</td><td colspan="2">措施项目清单</td><td>措施项目清单指为完成工程项目施工,发生于该工程施工准备和施工过程中的技术、生活、安全、环境保护等方面的项目清单。
(1)措施项目中列出了项目编码、项目名称、项目特征、计量单位、工程量计算规则的项目,编制工程量清单时,应按照分部分项工程的规定执行。
(2)措施项目中仅列出项目编码、项目名称,未列出项目特征、计量单位和工程量计算规则的项目,编制工程量清单时,应按《园林绿化工程工程量计算规范》(GB 50858—2013)附录D措施项目规定的项目编码、项目名称确定。
(3)由于工程建设施工特点和承包人组织施工生产的施工装备水平、施工方案及施工管理水平的差异,同一工程由不同承包人组织施工采用的施工技术措施也不完全相同,因此措施项目清单应根据拟建工程的实际情况列项</td></tr>
</table>

图名	园林绿化工程工程量清单的编制(3)	图号	2-7

园林绿化工程工程量清单的编制(4)

<table>
<tr><th>序号</th><th colspan="2">项 目</th><th>说 明</th></tr>
<tr><td rowspan="2">4</td><td rowspan="2">其他项目清单</td><td>概述</td><td>其他项目清单是指分部分项工程量清单、措施项目清单所包含的内容以外，因招标人的特殊要求而发生的与拟建工程有关的其他费用项目和相应数量的清单。工程建设标准的高低、工程的复杂程度、工程的工期长短、工程的组成内容、发包人对工程管理要求等都直接影响其他项目清单的具体内容。
其他项目清单应包括暂列金额、暂估价、计日工、总承包服务费</td></tr>
<tr><td>暂列金额</td><td>暂列金额是指招标人暂定并包括在合同中的一笔款项。清单计价规范中明确规定暂列金额用于施工合同签订时尚未确定或者不可预见的所需材料、设备、服务的采购，施工中可能发生的工程变更、合同约定调整因素出现时的工程价款调整以及发生的索赔、现场签证确认等的费用。
不管采用何种合同形式，工程造价理想的标准是一份合同的价格就是其最终的竣工结算价格，或者至少两者应尽可能接近。我国规定对政府投资工程实行概算管理，经项目审批部门批复的设计概算是工程投资控制的刚性指标，即使商业性开发项目也有成本的预先控制问题，否则，无法相对准确预测投资的收益和科学合理地进行投资控制。但工程建设自身的特性决定了工程的设计需要，根据工程进展不断地进行优化和调整，业主需求可能会随工程建设进展发生变化，工程建设过程还会存在一些不能预见、不能确定的因素。消化这些因素必然会影响合同价格的调整，暂列金额正是为这类不可避免的价格调整而设立，以便达到合理确定和有效控制工程造价的目标。
另外，暂列金额列入合同价格不等于就属于承包人所有了，即使是总价包干合同，也不等于列入合同价格的所有金额就属于承包人，是否属于承包人应得金额取决于具体的合同约定，只有按照合同约定程序实际发生后，才能成为承包人的应得金额，纳入合同结算价款中。扣除实际发生金额后的暂列金额余额仍属于发包人所有。设立暂列金额并不能保证合同结算价格不会再出现超过合同价格的情况，是否超出合同价格完全取决于工程量清单编制人暂列金额预测的准确性，以及工程建设过程是否出现了其他事先未预测到的事件</td></tr>
</table>

图名	园林绿化工程工程量清单的编制(4)	图号	2-7

园林绿化工程工程量清单的编制(5)

序号	项目		说明
4	其他项目清单	暂估价	暂估价是指招标阶段直至签订合同协议时，招标人在招标文件中提供的用于支付必然要发生但暂时不能确定价格的材料以及专业工程的金额，包括材料暂估单价、工程设备暂估单价、专业工程暂估价，其中材料、工程设备暂估价应根据工程造价信息或参照市场价格估算，列出明细表；专业工程暂估价应分不同专业，按有关计价规定估算，列出明细表。暂估价类似于FIDIC合同条款中的Prime Cost Items，在招标阶段预见肯定要发生，只是因为标准不明确或者需要由专业承包人完成，暂时无法确定价格。暂估价数量和拟用项目应当结合工程量清单中的“暂估价表”予以补充说明。 为方便合同管理，需要纳入分部分项工程项目清单综合单价中的暂估价应只是材料费、工程设备费，以方便投标人组价。 专业工程的暂估价一般应是综合暂估价，应当包括除规费和税金以外的管理费、利润等取费。总承包招标时，专业工程设计深度往往是不够的，一般需要交由专业设计人设计，国际上出于提高可建造性考虑，一般由专业承包人负责设计，以发挥其专业技能和专业施工经验的优势。这类专业工程交由专业分包人完成是国际工程的良好实践，目前在我国工程建设领域也已经比较普遍。公开、透明、合理的确定这类暂估价的实际开支金额的最佳途径，就是通过施工总承包人与工程建设项目招标人共同组织的招标来实现
		计日工	计日工是为了解决现场发生的零星工作的计价而设立的，应列出服务项目及其内容等。计日工适用的所谓零星工作一般是指合同约定之外的或者因变更而产生的、工程量清单中没有相应项目的额外工作，尤其是那些时间不允许事先商定价格的额外工作。计日工以完成零星工作所消耗的人工工时、材料数量、机械台班进行计量，并按照计日工表中填报的适用项目的单价进行计价支付

图名	园林绿化工程工程量清单的编制(5)	图号	2-7

园林绿化工程工程量清单的编制(6)

序号	项目		说明
4	其他项目清单	计日工	国际上常见的标准合同条款中，大多数都设立了计日工(Daywork)计价机制。但在我国以往的工程量清单计价实践中，由于计日工项目的单价水平一般要高于工程量清单项目的单价水平，因而经常被忽略。从理论上讲，由于计日工往往是用于一些突发性的额外工作，缺少计划性，承包人在调动施工生产资源方面难免不影响已经计划好的工作，生产资源的使用效率也有一定的降低，客观上造成超出常规的额外投入。另外，其他项目清单中计日工往往是一个暂定的数量，无法纳入有效的竞争。所以，合理的计日工单价水平一定是要高于工程量清单的价格水平的。为获得合理的计日工单价，发包人在其他项目清单中对计日工一定要给出暂定数量，并需要根据经验尽可能估算一个较接近实际的数量
		总承包服务费	总承包服务费是为了解决招标人在法律、法规允许的条件下进行专业工程发包，以及自行供应材料、设备，并需要总承包人对发包的专业工程提供协调和配合服务，对供应的材料、设备提供收、发和保管服务以及进行施工现场管理，并向总承包人支付相应的费用。招标人应预计该项费用并按投标人的投标报价向投标人支付该项费用
		注意事项	(1)为保证工程施工建设的顺利实施，投标人在编制招标工程量清单时应对在施工过程中可能出现的各种不确定因素对工程造价的影响进行估算，列出一笔暂列金额。暂列金额可根据工程的复杂程度、设计深度、工程环境条件(包括地质、水文、气候条件等)进行估算，一般可按分部分项工程费的10%～15%作为参考。 (2)暂估价中的材料、工程设备暂估单价应根据工程造价信息或参照市场价格估算，列出明细表，专业工程暂估价应分不同专业，按有关计价规定估算，列出明细表。 (3)计日工应列出项目名称、计量单位和暂估数量。 (4)总承包服务费应列出服务项目及其内容等。 (5)出现上述未列的项目，应根据工程实际情况补充

图名	园林绿化工程工程量清单的编制(6)	图号	2-7

园林绿化工程工程量清单的编制(7)

序号	项　目	说　　明
5	规费项目清单	规费项目清单指按国家法律、法规规定，由省级政府和省级有关权力部门规定必须缴纳或计取的费用。 规费项目清单应按照下列内容列项： (1)社会保险费：包括养老保险费、失业保险费、医疗保险费、工伤保险费、生育保险费； (2)住房公积金； (3)工程排污费。 当出现其他应列而未列的项目时，应根据省级政府或省级有关部门的规定列项
6	税金项目清单	税金项目清单应按下列内容列项： (1)营业税； (2)城市维护建设税； (3)教育费附加； (4)地方教育附加。 当出现其他应列而未列的项目时，应根据税务部门的规定列项

图名	园林绿化工程工程量清单的编制(7)	图号	2-7

园林绿化工程工程量清单计价相关概念

(1)工程量清单是指载明建设工程分部分项工程项目、措施项目、其他项目的名称和相应数量以及规费、税金项目等内容的明细清单,包括分部分项工程量清单、措施项目清单、其他项目清单。

(2)招标工程量清单是指招标人依据国家标准、招标文件、设计文件以及施工现场实际情况编制的,随招标文件发布供投标报价的工程量清单,包括说明和表格。

(3)工程量清单计价是指投标人完成由招标人提供的工程量清单所需的全部费用,包括分部分项工程费、措施项目费、其他项目费、规费和税金。

(4)工程量清单计价方法,是在建设工程招投标中,招标人或委托具有资质的中介机构编制反映工程实体消耗和措施性消耗的工程量清单,并作为招标文件的一部分提供给投标人,由投标人依据工程量清单自主报价的计价方式。在工程招投标中采用工程量清单计价是国际上较为常见的做法。

(5)工程量清单计价办法的主旨就是在全国范围内,统一项目编码、统一项目名称、统一计量单位、统一工程量计算规则。在这“四统一”的前提下,由国家主管职能部门统一编制《建设工程工程量清单计价规范》作为强制性标准,在全国统一实施

图名	园林绿化工程工程量清单计价相关概念	图号	2-8

工程量清单计价术语(1)

序号	项　目	说　　明
1	工程量清单	载明建设工程分部分项工程项目、措施项目、其他项目的名称和相应数量以及规费、税金项目等内容的明细清单
2	招标工程量清单	招标人依据国家标准、招标文件、设计文件以及施工现场实际情况编制的，随招标文件发布供投标报价的工程量清单，包括其说明和表格
3	已标价工程量清单	构成合同文件组成部分的投标文件中已标明价格，经算术性错误修正(如有)且承包人已确认的工程量清单，包括其说明和表格
4	分部分项工程	分部工程是单项或单位工程的组成部分，是按结构部位、路段长度及施工特点或施工任务将单项或单位工程划分为若干分部的工程；分项工程是分部工程的组成部分，是按不同施工方法、材料、工序及路段长度等将分部工程划分为若干个分项或项目的工程
5	措施项目	为完成工程项目施工，发生于该工程施工准备和施工过程中的技术、生活、安全、环境保护等方面的项目
6	项目编码	分部分项工程和措施项目清单名称的阿拉伯数字标识
7	项目特征	构成分部分项工程项目、措施项目自身价值的本质特征
8	综合单价	完成一个规定清单项目所需的人工费、材料和工程设备费、施工机具使用费和企业管理费、利润以及一定范围内的风险费用

图名	工程量清单计价术语(1)	图号	2-9

工程量清单计价术语(2)

序号	项目	说明
9	风险费用	隐含于已标价工程量清单综合单价中，用于化解发承包双方在工程合同中约定内容和范围内的市场价格波动风险的费用
10	工程成本	承包人为实施合同工程并达到质量标准，在确保安全施工的前提下，必须消耗或使用的人工、材料、工程设备、施工机械台班及其管理等方面发生的费用和按规定缴纳的规费和税金
11	单价合同	发承包双方约定以工程量清单及其综合单价进行合同价款计算、调整和确认的建设工程施工合同
12	总价合同	发承包双方约定以施工图及其预算和有关条件进行合同价款计算、调整和确认的建设工程施工合同
13	成本加酬金合同	发承包双方约定以施工工程成本再加合同约定酬金进行合同价款计算、调整和确认的建设工程施工合同
14	工程造价信息	工程造价管理机构根据调查和测算发布的建设工程人工、材料、工程设备、施工机械台班的价格信息，以及各类工程的造价指数、指标
15	工程造价指数	反映一定时期的工程造价相对于某一固定时期的工程造价变化程度的比值或比率，包括按单位或单项工程划分的造价指数，按工程造价构成要素划分的人工、材料、机械等价格指数
16	工程变更	合同工程实施过程中由发包人提出或由承包人提出，经发包人批准的合同工程任何一项工作的增、减、取消或施工工艺、顺序、时间的改变，设计图纸的修改，施工条件的改变，招标工程量清单的错、漏，从而引起合同条件的改变或工程量的增减变化

图名	工程量清单计价术语(2)	图号	2-9

工程量清单计价术语(3)

序号	项　目	说　　明
17	工程量偏差	承包人按照合同工程的图纸(含经发包人批准由承包人提供的图纸)实施,按照现行国家计量规范规定的工程量计算规则计算得到的完成合同工程项目应予计量的工程量与相应的招标工程量清单项目列出的工程量之间出现的量差
18	暂列金额	招标人在工程量清单中暂定并包括在合同价款中的一笔款项。用于工程合同签订时尚未确定或者不可预见的所需材料、工程设备、服务的采购,施工中可能发生的工程变更、合同约定调整因素出现时的合同价款调整以及发生的索赔、现场签证确认等的费用
19	暂估价	招标人在工程量清单中提供的用于支付必然发生但暂时不能确定价格的材料、工程设备的单价以及专业工程的金额
20	计日工	在施工过程中,承包人完成发包人提出的工程合同范围以外的零星项目或工作,按合同中约定的单价计价的一种方式
21	总承包服务费	总承包人为配合协调发包人进行的专业工程发包,对发包人自行采购的材料、工程设备等进行保管以及施工现场管理、竣工资料汇总整理等服务所需的费用
22	安全文明施工费	在合同履行过程中,承包人按照国家法律、法规、标准等规定,为保证安全施工、文明施工,保护现场内外环境和搭拆临时设施等所采用的措施而发生的费用
23	索赔	在工程合同履行过程中,合同当事人一方因非己方的原因而遭受损失,按合同约定或法律法规规定应由对方承担责任,从而向对方提出补偿的要求
24	现场签证	发包人现场代表(或其授权的监理人、工程造价咨询人)与承包人现场代表就施工过程中涉及的责任事件所做的签认证明

图名	工程量清单计价术语(3)	图号	2-9

工程量清单计价术语(4)

序号	项 目	说 明
25	提前竣工(赶工)费	承包人根据发包人的要求而采取加快工程进度的措施,使合同工程工期缩短,由此产生的应由发包人支付的费用
26	误期赔偿费	承包人未按照合同工程的计划进度施工,导致实际工期超过合同工期(包括经发包人批准的延长工期),承包人应向发包人赔偿损失的费用
27	不可抗力	发承包双方在工程合同签订时不能预见的,对其发生的后果不能避免,并且不能克服的自然灾害和社会性突发事件
28	工程设备	指构成或计划构成永久工程一部分的机电设备、金属结构设备、仪器装置及其他类似的设备和装置
29	缺陷责任期	指承包人对已交付使用的合同工程承担合同约定的缺陷修复责任的期限
30	质量保证金	发承包双方在工程合同中约定,从应付合同价款中预留,用以保证承包人在缺陷责任期内履行缺陷修复义务的金额
31	费用	承包人为履行合同所发生或将要发生的所有合理开支,包括管理费和应分摊的其他费用,但不包括利润
32	利润	承包人完成合同工程获得的盈利
33	企业定额	施工企业根据本企业的施工技术、机械装备和管理水平而编制的人工、材料和施工机械台班等的消耗标准

图名	工程量清单计价术语(4)	图号	2-9

工程量清单计价术语(5)

序号	项目	说明
34	规费	根据国家法律、法规规定，由省级政府或省级有关权力部门规定施工企业必须缴纳的，应计入建筑安装工程造价的费用
35	税金	国家税法规定的应计入建筑安装工程造价内的营业税、城市维护建设税、教育费附加和地方教育附加
36	发包人	具有工程发包主体资格和支付工程价款能力的当事人以及取得该当事人资格的合法继承人。发包人有时也称建设单位或业主，在工程招标发包中，又被称为招标人
37	承包人	被发包人接受的具有工程施工承包主体资格的当事人以及取得该当事人资格的合法继承人。承包人有时也称施工企业，在工程招标发包中，投标时又被称为投标人，中标后称为中标人
38	工程造价咨询人	取得工程造价咨询资质等级证书，接受委托从事建设工程造价咨询活动的当事人以及取得该当事人资格的合法继承人
39	造价工程师	取得造价工程师注册证书，在一个单位注册、从事建设工程造价活动的专业人员
40	造价员	取得全国建设工程造价员资格证书，在一个单位注册、从事建设工程造价活动的专业人员
41	单价项目	工程量清单中以单价计价的项目，即根据合同工程图纸(含设计变更)和相关工程现行国家计量规范规定的工程量计算规则进行计量，按已标价工程量清单相应综合单价进行价款计算的项目
42	总价项目	工程量清单中以总价计价的项目，即此类项目在相关工程现行国家计量规范中无工程量计算规则，以总价(或计算基础乘费率)计算的项目

图名	工程量清单计价术语(5)	图号	2-9

工程量清单计价术语(6)

序号	项 目	说 明
43	工程计量	发承包双方根据合同约定,对承包人完成合同工程的数量进行的计算和确认
44	工程结算	发承包双方根据合同约定,对合同工程在实施中、终止时、已完工后进行的合同价款计算、调整和确认,包括期中结算、终止结算、竣工结算
45	招标控制价	招标人根据国家或省级、行业建设主管部门颁发的有关计价依据和办法,以及拟定的招标文件和招标工程量清单,结合工程具体情况编制的招标工程的最高投标限价
46	投标价	投标人投标时响应招标文件要求所报出的对已标价工程量清单汇总后标明的总价
47	签约合同价(合同价款)	发承包双方在工程合同中约定的工程造价,即包括了分部分项工程费、措施项目费、其他项目费、规费和税金的合同总金额
48	预付款	在开工前,发包人按照合同约定,预先支付给承包人用于购买合同工程施工所需的材料、工程设备,以及组织施工机械和人员进场等的款项
49	进度款	在合同工程施工过程中,发包人按照合同约定对付款周期内承包人完成的合同价款给予支付的款项,即合同价款期中结算支付
50	合同价款调整	在合同价款调整因素出现后,发承包双方根据合同约定,对合同价款进行变动的提出、计算和确认
51	竣工结算价	发承包双方依据国家有关法律、法规和标准规定,按照合同约定确定的工程价款,包括在履行合同过程中按合同约定进行的合同价款调整,是承包人按合同约定完成了全部承包工作后,发包人应付给承包人的合同总金额
52	工程造价鉴定	工程造价咨询人接受人民法院、仲裁机关委托,对施工合同纠纷案件中的工程造价争议,运用专门知识进行鉴别、判断和评定,并提供鉴定意见的活动,也称为工程造价司法鉴定

图名	工程量清单计价术语(6)	图号	2-9

园林绿化工程工程量清单计价基本原理

工程量清单计价的基本原理就是以招标人提供的工程量清单为平台，投标人根据自身的技术、财务、管理能力进行投标报价，招标人根据具体的评标细则进行优化，这种计价方式是市场定价体系的具体表现形式。

工程量清单计价的基本过程可以描述为在统一的工程量清单项目设置的基础上，制定工程量清单计量规则，根据具体工程的施工图纸计算出各个清单项目的工程量，再根据各种渠道所获得的工程造价信息和经验数据计算得到工程造价。这一基本的计价过程如图1所示。

从工程量清单计价的过程示意图中可以看出，其编制过程可以分为两个阶段，工程量清单的编制和利用工程量清单来编制投标报价（或招标控制价）。投标报价是在业主提供的工程量计算结果的基础上，根据企业自身所掌握的各种信息、资料，结合企业定额编制得出的

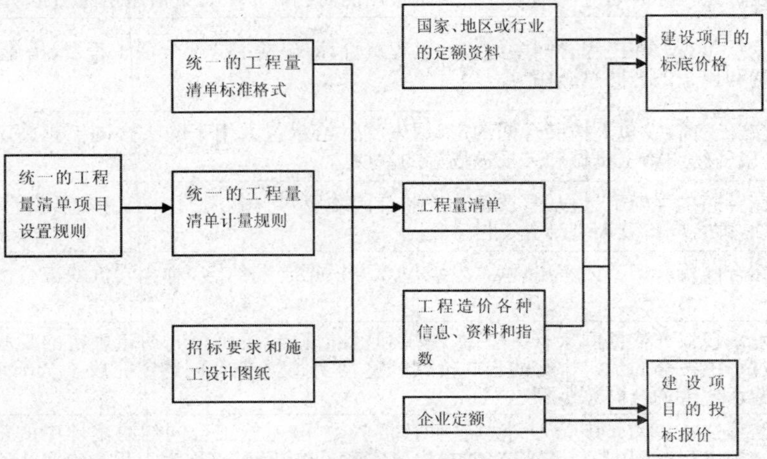

图1　工程量清单计价过程示意图

图名	园林绿化工程工程量清单计价基本原理	图号	2-10

园林绿化工程工程量清单计价的特点

(1)统一计价规则。通过制定统一的园林绿化工程工程量清单计价方法、统一的工程量计量规则、统一的工程量清单项目设置规则,达到规范计价行为的目的。这些规则和办法是强制性的,建设各方面都应该遵守,这是工程造价管理部门首次在文件中明确政府应管什么,不应管什么。

(2)有效控制消耗量。通过由政府发布统一的社会平均消耗量指导标准,为企业提供一个社会平均尺度,避免企业盲目或随意大幅度减少或扩大消耗量,从而达到保证工程质量的目的。

(3)彻底放开价格。将工程消耗量定额中的工、料、机价格和利润、管理费全面放开,由市场的供求关系自行确定价格。

(4)企业自主报价。投标企业根据自身的技术专长、材料采购渠道和管理水平等,制定企业自己的报价定额,自主报价。企业尚无报价定额的,可参考使用造价管理部门颁布的相关定额。

(5)市场有序竞争形成价格。通过建立与国际惯例接轨的工程量清单计价模式,引入充分竞争形成价格的机制,制定衡量投标报价合理性的基础标准,在投标过程中,有效引入竞争机制,淡化标底的作用,在保证质量、工期的前提下,按《中华人民共和国招标投标法》及有关条款规定,最终以“不低于成本”的合理低价者中标

图名	园林绿化工程工程量清单计价的特点	图号	2-11

园林绿化工程工程量清单计价与定额计价的差别(1)

序号	项　目	说　　明
1	编制工程量的单位不同	传统定额预算计价办法是工程的工程量分别由招标单位和投标单位分别按图计算。工程量清单计价是工程量由招标单位统一计算或委托有工程造价咨询资质单位统一计算。工程量清单是招标文件的重要组成部分，各投标单位根据招标人提供的工程量清单，结合自身的技术装备、施工经验、企业成本、企业定额、管理水平自主填报单价
2	编制工程量清单时间不同	传统的定额预算计价法是在发出招标文件后编制(招标与投标人同时编制或投标人编制在前，招标人编制在后)。工程量清单报价法必须在发出招标文件前编制
3	表现形式不同	传统的定额预算计价法一般是采用总价形式。工程量清单报价法采用综合单价形式，综合单价包括人工费、材料费、机械使用费、管理费、利润，并考虑风险因素。工程量清单报价具有直观、单价相对固定的特点，工程量发生变化时，单价一般不做调整
4	编制依据不同	采用传统的定额预算计价法进行计价时，人工、材料、机械台班消耗量依据建设行政主管部门颁发的预算定额，人工、材料、机械台班单价依据工程造价管理部门发布的价格信息进行计算。工程量清单报价法，根据建设部第 107 号令规定，标底的编制根据招标文件中的工程量清单和有关要求、施工现场情况、合理的施工方法以及按建设行政主管部门制定的有关工程造价计价办法编制。企业的投标报价则根据企业定额和市场价格信息，或参照建设行政主管部门发布的社会平均消耗量定额编制

图名	园林绿化工程工程量清单计价与定额计价的差别(1)	图号	2-12

园林绿化工程工程量清单计价与定额计价的差别(2)

序号	项目	说明
5	费用组成不同	传统预算定额计价法的工程造价由人工费、材料费、施工机具使用费、企业管理费、利润、规费和税金组成。工程量清单计价法中工程造价包括分部分项工程费、措施项目费、其他项目费、规费、税金;包括完成每项工程包含的全部工程内容的费用;包括完成每项工程内容所需的费用(规费、税金除外);包括工程量清单中没有体现的,施工中又必须发生的工程内容所需费用;包括风险因素而增加的费用
6	评标所用的方法不同	传统预算定额计价投标一般采用百分制评分法。采用工程量清单计价法投标,一般采用合理低报价中标法,既要对总价进行评分,还要对综合单价进行分析评分
7	项目编码不同	传统的预算定额项目编码,全国各省市采用不同的定额子目,工程量清单计价全国实行统一编码,项目编码采用十二位阿拉伯数字表示。一到九位为统一编码,其中,一、二位为专业工程代码,三、四位为专业工程附录分类顺序码,五、六位为分部工程顺序码,七、八、九位为分项工程项目名称顺序码,十到十二位为清单项目名称顺序码,前九位码不能变动,后三位码,由清单编制人根据项目设置的清单项目编制

图名	园林绿化工程工程量清单计价与定额计价的差别(2)	图号	2-12

园林绿化工程工程量清单计价与定额计价的差别(3)

序号	项　目	说　　　明
8	合同价调整方式不同	传统的定额预算计价合同价调整方式有变更签证、定额解释、政策性调整。工程量清单计价法合同价调整方式主要是索赔。工程量清单的综合单价一般通过招标中报价的形式体现，一旦中标，报价作为签订施工合同的依据固定下来，工程结算按承包商实际完成工程量乘以清单中相应的单价计算，减少了调整活口。采用传统的预算定额经常有定额解释及定额规定，结算中又有政策性文件调整，工程量清单计价单价不能随意调整
9	工程量计算时间前置	工程量清单，在招标前由招标人编制，也可能业主为了缩短建设周期，通常在初步设计完成后就开始施工招标，在不影响施工进度的前提下陆续发放施工图纸。因此，承包商据已报价的工程量清单中各项工作内容的工程量一般为概算工程量
10	投标计算口径达到了统一	因为各投标单位都根据统一的工程量清单报价，达到了投标计算口径统一，不再是传统预算定额招标，各投标单位各自计算工程量，计算的工程量均不一致
11	索赔事件增加	因承包商对工程量清单单价包含的工作内容一目了然，故凡建设方不按清单内容施工的，任意要求修改清单的，都会增加施工索赔的因素

图名	园林绿化工程工程量清单计价与定额计价的差别(3)	图号	2-12

园林绿化工程工程量清单计价的影响因素(1)

序号	项 目	说 明
1	概述	工程量清单报价中标的工程,无论采用何种计价方法,在正常情况下,基本说明工程造价已确定,只是当出现设计变更或工程量变动时,通过签证再结算调整另行计算。工程量清单工程成本要素的管理重点,是在既定收入的前提下,如何控制成本支出
2	对用工批量的有效管理	人工费支出约占建筑产品成本的17%,且随市场价格波动而不断变化,对人工单价在整个施工期间做出切合实际的预测,是控制人工费用支出的前提条件。首先根据施工进度,月初依据工序合理做出用工数量,结合市场人工单价计算出本月控制指标;其次在施工过程中,依据工程分部分项,对每天用工数量连续记录,在完成一个分项后,就同工程量清单报价中的用工数量对比,进行横评找出存在问题,办理相应手续以便对控制指标加以修正。每月完成几个工程分项后各自同工程量清单报价中的用工数量对比,考核控制指标完成情况。通过这种控制节约用工数量,就意味着降低人工费支出,即增加了相应的效益。这种对用工数量控制的方法,最大优势在于不受任何工程结构形式的影响,分阶段加以控制,有很强的实用性。人工费用控制指标,主要是从量上加以控制。重点通过对在建工程过程控制,积累各类结构形式下实际用工数量的原始资料,以便形成企业定额体系
3	材料费用的管理	材料费用开支约占建筑产品成本的63%,是成本要素控制的重点。材料费用因工程量清单报价形式不同,材料供应方式不同而有所不同,如业主限价的材料价格应如何管理,其主要问题可从施工企业采购过程降低材料单价来把握,首先对本月施工分项所需材料用量下发采购部门,在保证材料质量前提下货比三家,采购过程以工程量清单报价中材料价格为控制指标,确保采购过程产生收益,对业主供材供料,确保足斤足两,严把验收入库环节;其次在施工过程中,严格执行质量方面的程序文件,做到材料堆放合理布局,减少二次搬运,具体操作依据工程进度实行限额领料,完成一个分项后,考核控制效果;最后是杜绝没有收入的支出,把返工损失降到最低限度,月末应把控制用量和价格同实际数量横向对比,考核实际效果,对超用材料数量落实清楚,是在哪个工程子项造成的,原因是什么,是否存在同业主计取材料差价的问题等

图名	园林绿化工程工程量清单计价的影响因素(1)	图号	2-13

园林绿化工程工程量清单计价的影响因素(2)

序号	项　目	说　　明
4	机械费用的管理	机械费的开支约占建筑产品成本的7%,其控制指标,主要是根据工程量清单计算出使用的机械控制台班数。在施工过程中,每天做详细台班记录,是否存在维修、待班的台班,如存在现场停电超过合同规定时间,应在当天同业主做好待班现场签证记录,月末将实际使用台班同控制台班的绝对数进行对比,分析量差发生的原因。对机械费价格一般采取租赁协议,合同一般在结算期内不变动,所以,控制实际用量是关键。依据现场情况做到设备合理布局,充分利用,特别是要合理安排大型设备进出场时间,以降低费用
5	施工过程中水电费的管理	水电费的管理,在以往工程施工中一直被忽视。水作为人类赖以生存的宝贵资源,越来越稀缺,正在给人类敲响警钟。这对加强施工过程中水电费管理的重要性不言而喻。为了便于施工过程支出的控制管理,应把控制用量计算到施工子项以便于水电费用控制。月末依据完成子项所需水电用量同实际用量对比,找出差距的出处,以便制定改正措施。总之施工过程中对水电用量控制不仅仅是一个经济效益的问题,更重要的是一个合理利用宝贵资源的问题
6	对设计变更和工程签证的管理	在施工过程中,时常会遇到一些原设计未预料的实际情况或业主单位提出要求改变某些施工做法、材料代用等问题,引发设计变更;同样对施工图以外的内容及停水、停电,或因材料供应不及时造成停工、窝工等都需要办理工程签证。以上两部分工作,首先应由负责现场施工的技术人员做好工程量的确认,如存在工程量清单不包括的施工内容,应及时通知技术人员,将需要办理工程签证的内容落实清楚;其次工程造价人员审核变更或签证签字内容是否清楚完整、手续是否齐全,如手续不齐全,应在当天督促施工人员补办手续,变更或签证的资料应连续编号;最后工程造价人员还应特别注意在施工方案中涉及的工程造价问题。在投标时工程量清单是依据以往的经验计价,建立在既定的施工方案基础上的。施工方案的改变是对工程量清单造价的修正。变更或签证是工程量清单工程造价中所不包括的内容,但在施工过程中费用已经发生,工程造价人员应及时地编制变更及签证后的变动价值。加强设计变更和工程签证工作是施工企业经济活动中的一个重要组成部分,它可防止应得效益的流失,反映工程真实造价构成,对施工企业各级管理者来说显得更加重要

图名	园林绿化工程工程量清单计价的影响因素(2)	图号	2-13

园林绿化工程工程量清单计价的影响因素(3)

序号	项目	说明
7	对其他成本要素的管理	成本要素除工料单价法包含的以外，还有管理费用、利润、临设费、税金、保险费等。这部分收入已分散在工程量清单的子项之中，中标后已成既定的数，因而，在施工过程中应注意以下几点： (1)节约管理费用是重点，制定切实的预算指标，对每笔开支严格依据预算执行审批手续；提高管理人员的综合素质做到高效精干，提倡一专多能。对办公费用的管理，从节约一张纸、减少每次通话时间等方面着手，精打细算，控制费用支出。 (2)利润作为工程量清单子项收入的一部分，在成本不亏损的情况下，就是企业既定利润。 (3)临设费管理的重点是，依据施工的工期及现场情况合理布局临设，尽可能的就地取材搭建临设，工程接近竣工时及时减少临设的占用。对购买的彩板房每次安、拆要高抬轻放，延长使用次数，日常使用要及时维护易损部位，延长使用寿命。 (4)对税金、保险费的管理重点是一个资金问题，依据施工进度及时拨付工程款，确保按国家规定的税金及时上缴。以上各个方面是施工企业的成本要素，针对工程量清单形式带来的风险性，施工企业要从加强过程控制的管理入手，才能将风险降到最低点。积累各种结构形式下成本要素的资料，逐步形成科学、合理的，具有代表人力、财力、技术力量的企业定额体系。通过企业定额，使报价不再盲目，避免了一味过低或过高报价所形成的亏损、废标，以应付复杂激烈的市场竞争

图名	园林绿化工程工程量清单计价的影响因素(3)	图号	2-13

园林绿化工程工程量清单计价的作用

序号	项目	说明
1	提供一个平等的竞争条件	采用施工图预算来投标报价，由于设计图纸的缺陷，不同施工企业的人员理解不同，计算出的工程量也不同，报价就更相差甚远，也容易产生纠纷。而工程量清单报价就为投标者提供了一个平等竞争的条件，相同的工程量，由企业根据自身的实力来填不同的单价。投标人的这种自主报价，使得企业的优势体现到投标报价中，可在一定程度上规范建筑市场秩序，确保工程质量
2	满足市场经济条件下竞争的需要	招标投标过程就是竞争的过程，招标人提供工程量清单，投标人根据自身情况确定综合单价，利用单价与工程量逐项计算每个项目的合价，再分别填入工程量清单表内，计算出投标总价。单价成为决定性的因素，定高了不能中标，定低了又要承担过大的风险。单价的高低直接取决于企业管理水平和技术水平的高低，这种局面促成了企业整体实力的竞争，有利于我国建设市场的快速发展
3	有利于提高工程计价效率，能真正实现快速报价	采用工程量清单计价方式，避免了传统计价方式下招标人与投标人在工程量计算上的重复工作。各投标人以招标人提供的工程量清单为统一平台，结合自身的管理水平和施工方案进行报价，促进了各投标人企业定额的完善，工程造价信息的积累和整理，体现了现代工程建设中快速报价的要求
4	有利于工程款的拨付和工程造价的最终结算	中标后，业主要与中标单位签订施工合同，中标价就是确定合同价的基础，投标清单上的单价就成为拨付工程款的依据。业主根据施工企业完成的工程量，可以很容易地确定进度款的拨付额。工程竣工后，根据设计变更、工程量增减等，业主也很容易确定工程的最终造价，可在某种程度上减少业主与施工单位之间的纠纷
5	有利于业主对投资的控制	采用现在的施工图预算形式，业主对因设计变更、工程量的增减所引起的工程造价变化不敏感，往往等到竣工结算时才知道这些变更对项目投资的影响有多大，但常常是为时已晚。而采用工程量清单报价的方式则可对投资变化一目了然，在欲进行设计变更时，能马上知道它对工程造价的影响，业主就能根据投资情况来决定是否变更或进行方案比较，以决定最恰当的处理方法

图名	园林绿化工程工程量清单计价的作用	图号	2-14

园林绿化工程工程量清单计价相关规定(1)

序号	项 目	说 明
1	计价方式	(1)使用国有资金投资的建设工程发承包,必须采用工程量清单计价。国有投资的资金包括国家融资资金、国有资金为主的投资资金。 1)国有资金投资的工程建设项目包括: ①使用各级财政预算资金的项目; ②使用纳入财政管理的各种政府性专项建设资金的项目; ③使用国有企事业单位自有资金,并且国有资产投资者实际拥有控制权的项目。 2)国家融资资金投资的工程建设项目包括: ①使用国家发行债券所筹资金的项目; ②使用国家对外借款或者担保所筹资金的项目; ③使用国家政策性贷款的项目; ④国家授权投资主体融资的项目; ⑤国家特许的融资项目。 3)国有资金为主的工程建设项目是指国有资金占投资总额50%以上,或虽不足50%但国有投资者实质上拥有控股权的工程建设项目。 (2)非国有资金投资的建设工程,“13计价规范”鼓励采用工程量清单计价方式,但是否采用,由项目业主自主确定。 (3)不采用工程量清单计价的建设工程,应执行“13计价规范”中除工程量清单等专门性规定外的其他规定。 (4)实行工程量清单计价应采用综合单价法,不论分部分项工程项目、措施项目、其他项目,还是以单价形式或以总价形式表现的项目,其综合单价的组成内容均包括完成该项目所需的、除规费和税金以外的所有费用

图名	园林绿化工程工程量清单计价相关规定(1)	图号	2-15

园林绿化工程工程量清单计价相关规定(2)

序号	项　目	说　　明
1	计价方式	(5)根据《中华人民共和国安全生产法》、《中华人民共和国建筑法》、《建设工程安全生产管理条例》、《安全生产许可证条例》等法律、法规的规定，建设部办公厅印发了《建筑工程安全防护、文明施工措施费及使用管理规定》(建办[2005]89号)，将安全文明施工费纳入国家强制性标准管理范围，其费用标准不予竞争，并规定"投标方安全防护、文明施工措施的报价，不得低于依据工程所在地工程造价管理机构测定费率计算所需费用总额的90%"。2012年2月14日，财政部、国家安全生产监督管理总局印发《企业安全生产费用提取和使用管理办法》(财企[2012]16号)规定："建设工程施工企业提取的安全费用列入工程造价，在竞标时，不得删减，列入标外管理"。 "13计价规范"规定措施项目清单中的安全文明施工费必须按国家或省级、行业建设主管部门的规定费用标准计算，招标人不得要求投标人对该项费用进行优惠，投标人也不得将该项费用参与市场竞争。此处的安全文明施工费包括《建筑安装工程费用项目组成》(建标[2013]44号)中措施费的文明施工费、环境保护费、临时设施费、安全施工费。 (6)根据住房和城乡建设部、财政部印发的《建筑安装工程费用项目组成》(建标[2013]44号)的规定，规费是政府和有关权力部门规定必须缴纳的费用。税金是国家按照税法预先规定的标准，强制地、无偿地要求纳税人缴纳的费用，它们都是工程造价的组成部分，但是其费用内容和计取标准都不是发、承包人能自主决定的，更不是由市场竞争决定的。因而"13计价规范"规定，规费和税金必须按国家或省级、行业建设主管部门的规定计算，不得作为竞争性费用
2	发包人提供材料和机械设备	《建设工程质量管理条例》第14条规定："按照合同约定，由建设单位采购建筑材料、建筑构配件和设备的，建设单位应当保证建筑材料、建筑构配件和设备符合设计文件和合同要求"；《中华人民共和国合同法》第283条规定："发包人未按照约定的时间和要求提供原材料、设备、场地、资金、技术资料的，承包人可以顺延工程日期，并有权要求赔偿停工、窝工等损失"。"13计价规范"根据上述法律条文对发包人提供材料和机械设备的情况进行了如下约定

图名	园林绿化工程工程量清单计价相关规定(2)	图号	2-15

园林绿化工程工程量清单计价相关规定(3)

序号	项　目	说　　明
2	发包人提供材料和机械设备	(1)发包人提供的材料和工程设备(以下简称甲供材料)应在招标文件中按照规定填写《发包人提供材料和工程设备一览表》,写明甲供材料的名称、规格、数量、单价、交货方式、交货地点等。承包人投标时,甲供材料价格应计入相应项目的综合单价中,签约后,发包人应按合同约定扣除甲供材料款,不予支付。 (2)承包人应根据合同工程进度计划的安排,向发包人提交甲供材料交货的日期计划。发包人应按计划提供。 (3)发包人提供的甲供材料,如规格、数量或质量不符合合同要求,或由于发包人原因发生交货日期延误、交货地点及交货方式变更等情况的,发包人应承担由此增加的费用和(或)工期延误,并应向承包人支付合理利润。 (4)发承包双方对甲供材料的数量发生争议不能达成一致的,应按照相关工程的计价定额同类项目规定的材料消耗量计算。 (5)若发包人要求承包人采购已在招标文件中确定为甲供材料的,材料价格应由发承包双方根据市场调查确定,并应另行签订补充协议
3	承包人提供材料和工程设备	《建设工程质量管理条例》第29条规定:“施工单位必须按照工程设计要求、施工技术标准和合同约定,对建筑材料、建筑构配件、设备和商品混凝土进行检验,检验应当有书面记录和专人签字;未经检验或者检验不合格的,不得使用。”“13计价规范”根据此法律条文对承包人提供材料和机械设备的情况进行了如下约定: (1)除合同约定的发包人提供的甲供材料外,合同工程所需的材料和工程设备应由承包人提供,承包人提供的材料和工程设备均应由承包人负责采购、运输和保管。 (2)承包人应按合同约定将采购材料和工程设备的供货人及品种、规格、数量和供货时间等提交发包人确认,并负责提供材料和工程设备的质量证明文件,满足合同约定的质量标准

图名	园林绿化工程工程量清单计价相关规定(3)	图号	2-15

园林绿化工程工程量清单计价相关规定(4)

序号	项　目	说　　明
3	承包人提供材料和工程设备	(3)对承包人提供的材料和工程设备经检测不符合合同约定的质量标准,发包人应立即要求承包人更换,由此增加的费用和(或)工期延误应由承包人承担。对发包人要求检测承包人已具有合格证明的材料、工程设备,但经检测证明该项材料、工程设备符合合同约定的质量标准,发包人应承担由此增加的费用和(或)工期延误,并向承包人支付合理利润
4	计价风险	(1)建设工程发承包,必须在招标文件、合同中明确计价中的风险内容及其范围,不得采用无限风险、所有风险或类似语句规定计价中的风险内容及范围。 风险是一种客观存在的、会带来损失的、不确定的状态,它具有客观性、损失性、不确定性的特点,并且风险始终是与损失相联系的。工程发包是一种期货交易行为,工程建设本身又具有单件性和建设周期长的特点。在工程施工过程中影响工程施工及工程造价的风险因素很多,但并非所有的风险都是承包人能预测、能控制和应承担其造成损失的。 工程施工招标发包是工程建设交易方式之一,一个成熟的建设市场应是一个体现交易公平性的市场。在工程建设施工发包中实行风险共担和合理分摊原则是实现建设市场交易公平性的具体体现,是维护建设市场正常秩序的措施之一,其具体体现则是应在招标文件或合同中对发承包双方各自应承担的风险内容及其风险范围或幅度进行界定和明确,而不能要求承包人承担所有风险或无限度风险。 根据我国工程建设特点,投标人应完全承担的风险是技术风险和管理风险,如管理费和利润;应有限度承担的是市场风险,如材料价格、施工机械使用费等的风险;应完全不承担的是法律、法规、规章和政策变化的风险。 (2)下列因素出现时,影响合同价款调整的,应由发包人承担: 1)由于国家法律、法规、规章或有关政策出台导致工程税金、规费等发生变化的

图名	园林绿化工程工程量清单计价相关规定(4)	图号	2-15

园林绿化工程工程量清单计价相关规定(5)

序号	项 目	说 明
4	计价风险	2)对于根据我国目前工程建设的实际情况,各省、自治区、直辖市建设行政主管部门均根据当地人力资源和社会保障行政主管部门的有关规定发布人工成本信息或人工费调整,对此关系职工切身利益的人工费进行调整的,但承包人对人工费或人工单价的报价高于发布的除外; 3)按照《中华人民共和国合同法》第63条规定:“执行政府定价或者政府指导价的,在合同约定的交付期限内价格调整时,按照交付的价格计价。逾期交付标的物的,遇价格上涨时,按照原价格执行;价格下降时,按照新价格执行。逾期提取标的物或者逾期付款的,遇价格上涨时,按照新价格执行;价格下降时,按照原价格执行”。因此,对政府定价或政府指导价管理的原材料价格按照相关文件规定进行合同价款调整。因承包人原因导致工期延误的,应按本书后叙“合同价款调整”中“法律法规变化”和“物价变化”中的有关规定进行处理。 (3)对于主要由市场价格波动导致的价格风险,如工程造价中的建筑材料、燃料等价格风险,应由发承包双方合理分摊,并按规定填写《承包人提供主要材料和工程设备一览表》作为合同附件;当合同中没有约定,发承包双方发生争议时,应按“13计价规范”的相关规定调整合同价款。 “13计价规范”中提出承包人所承担的材料价格的风险宜控制在5%以内,施工机械使用费的风险可控制在10%以内,超过者予以调整。 (4)由于承包人使用机械设备、施工技术以及组织管理水平等自身原因造成施工费用增加的,应由承包人全部承担。 (5)当不可抗力发生,影响合同价款时,应按本书后叙“合同价款调整”中“不可抗力”的相关规定处理

图名	园林绿化工程工程量清单计价相关规定(5)	图号	2-15

园林绿化工程招标控制价编制(1)

序号	项　目	说　　　　明
1	一般规定	招标控制价是招标人根据国家或省级、行业建设主管部门颁发的有关计价依据和办法，按设计施工图纸计算的，对招标工程限定的最高工程造价。国有资金投资的工程建设项目必须实行工程量清单招标，并必须编制招标控制价。 (1)招标控制价的作用。 1)我国对国有资金投资的项目是投资控制实行的投资概算审批制度，国有资金投资的工程原则上不能超过批准的投资概算。因此，在工程招标发包时，当编制的招标控制价超过批准的概算，招标人应当将其报原概算审批部门重新审核。 2)国有资金投资的工程进行招标，根据《中华人民共和国招标投标法》的规定，招标人可以设标底。当招标人不设标底时，为有利于客观、合理地评审投标报价和避免哄抬标价，造成国有资产流失，招标人必须编制招标控制价。 3)国有资金投资的工程，招标人编制并公布的招标控制价相当于招标人的采购预算，同时要求其不能超过批准的概算。因此，招标控制价是招标人在工程招标时能接受投标人报价的最高限价。 (2)招标控制价的编制人员。 招标控制价应由具有编制能力的招标人编制，当招标人不具有编制招标控制价的能力时，可委托具有相应资质的工程造价咨询人编制。工程造价咨询人接受招标人委托编制招标控制价，不得再就同一工程接受投标人委托编制投标报价。 所谓具有相应工程造价咨询资质的工程造价咨询人是指根据《工程造价咨询企业管理办法》(建设部令第 149 号)的规定，依法取得工程造价咨询企业资质，并在其资质许可的范围内接受招标人的委托，编制招标控制价的工程造价咨询企业。即取得甲级工程造价咨询资质的咨询人可承担各类建设项目的招标控制价编制，取得乙级(包括乙级暂定)工程造价咨询资质的咨询人，则只能承担 5000 万元以下的招标控制价的编制

图名	园林绿化工程招标控制价编制(1)	图号	2-16

园林绿化工程招标控制价编制(2)

序号	项目	说明
1	一般规定	(3)其他规定。 1)招标控制价的作用决定了招标控制价不同于标底,无须保密。为体现招标的公平、公正,防止招标人有意抬高或压低工程造价,招标人应在招标文件中如实公布招标控制价,不得对所编制的招标控制价进行上浮或下调。招标人在招标文件中公布招标控制价时,应公布招标控制价各组成部分的详细内容,不得只公布招标控制价总价。 2)招标人应将招标控制价及有关资料报送工程所在地或有该工程管辖权的行业管理部门工程造价管理机构备查
2	编制与复核	(1)招标控制价编制依据。 招标控制价的编制应根据下列依据进行编制: 1)“13 计价规范”; 2)国家或省级、行业建设主管部门颁发的计价定额和计价办法; 3)建设工程设计文件及相关资料; 4)拟定的招标文件及招标工程量清单; 5)与建设项目相关的标准、规范、技术资料; 6)施工现场情况、工程特点及常规施工方案; 7)工程造价管理机构发布的工程造价信息,当工程造价信息没有发布时,参照市场价; 8)其他的相关资料。 按上述依据进行招标控制价编制,应注意以下事项: 1)使用的计价标准、计价政策应是国家或省、自治区、直辖市建设行政主管部门或行业建设主管部门颁布的计价定额和计价方法; 2)采用的材料价格应是工程造价管理机构通过工程造价信息发布的材料单价,工程造价信息未发布材料单价的材料,其材料价格应通过市场调查确定; 3)国家或省、自治区、直辖市建设行政主管部门或行业建设主管部门对工程造价计价中费用或费用标准有规定的,应按规定执行

图名	园林绿化工程招标控制价编制(2)	图号	2-16

园林绿化工程招标控制价编制(3)

序号	项　目	说　　明
2	编制与复核	(2)招标控制价的编制。 1)综合单价中应包括招标文件中划分的应由投标人承担风险范围及其费用。招标文件中没有明确的,如是工程造价咨询人编制,应提请招标人明确,如是招标人编制,应予明确。 2)分部分项工程和措施项目中的单价项目,应根据拟定的招标文件和招标工程量清单项目中的特征描述及有关要求确定综合单价的计算。招标文件中提供了暂估单价的材料,按暂估的单价计入综合单价。 3)措施项目中的总价项目应根据拟定的招标文件和常规施工方案采用综合单价计价。措施项目中的安全文明施工费必须按国家、省级、行业建设主管部门的规定计算,不得作为竞争性费用。 4)其他项目费应按下列规定计价。 ①暂列金额。暂列金额应按招标工程量清单中列出的金额填写。 ②暂估价。暂估价包括材料暂估单价、工程设备暂估单价和专业工程暂估价。暂估价中的材料、工程设备单价应根据招标工程量清单列出的单价计入综合单价。 ③计日工。计日工包括计日工人工、材料和施工机械。在编制招标控制价时,对计日工中的人工单价和施工机械台班单价应按省级、行业建设主管部门或其授权的工程造价管理机构公布的单价计算;材料应按工程造价管理机构发布的工程造价信息中的材料单价计算,工程造价信息未发布材料单价的材料,其价格应按市场调查确定的单价计算。 ④总承包服务费。招标人编制招标控制价时,总承包服务费应根据招标文件中列出的内容和向总承包人提出的要求,按照省级或行业建设主管部门的规定或参照下列标准计算: a. 招标人仅要求对分包的专业工程进行总承包管理和协调时,按分包的专业工程估算造价的1.5%计算; b. 招标人要求对分包的专业工程进行总承包管理和协调,并同时要求提供配合服务时,根据招标文件中列出的配合服务内容和提出的要求,按分包的专业工程估算造价的3%~5%计算; c. 招标人自行供应材料的,按招标人供应材料价值的1%计算。 5)招标控制价的规费和税金必须按国家或省级、行业建设主管部门的规定计算

图名	园林绿化工程招标控制价编制(3)	图号	2-16

园林绿化工程招标控制价编制(4)

序号	项　目	说　　明
3	投诉与处理	(1)投标人经复核认为招标人公布的招标控制价未按照“13计价规范”的规定进行编制的,应在招标控制价公布后5天内向招投标监督机构和工程造价管理机构投诉。 (2)投诉人投诉时,应当提交由单位盖章和法定代表人或其委托人签名或盖章的书面投诉书。投诉书应包括下列内容: 1)投诉人与被投诉人的名称、地址及有效联系方式; 2)投诉的招标工程名称、具体事项及理由; 3)投诉依据及有关证明材料; 4)相关的请求及主张。 (3)投诉人不得进行虚假、恶意投诉,阻碍招投标活动的正常进行。 (4)工程造价管理机构在接到投诉书后应在2个工作日内进行审查,对有下列情况之一的,不予受理: 1)投诉人不是所投诉招标工程招标文件的收受人; 2)投诉书提交的时间不符合上述第(1)条规定的; 3)投诉书不符合上述第(2)条规定的; 4)投诉事项已进入行政复议或行政诉讼程序的。 (5)工程造价管理机构应在不迟于结束审查的次日将是否受理投诉的决定书面通知投诉人、被投诉人以及负责该工程招投标监督的招投标管理机构。 (6)工程造价管理机构受理投诉后,应立即对招标控制价进行复查,组织投诉人、被投诉人或其委托的招标控制价编制人等单位人员对投诉问题逐一核对。有关当事人应当予以配合,并应保证所提供资料的真实性。 (7)工程造价管理机构应当在受理投诉的10天内完成复查,特殊情况下可适当延长,并做出书面结论通知投诉人、被投诉人及负责该工程招投标监督的招投标管理机构。 (8)当招标控制价复查结论与原公布的招标控制价误差大于±3%时,应当责成招标人改正。 (9)招标人根据招标控制价复查结论需要重新公布招标控制价的,其最终公布的时间至招标文件要求提交投标文件截止时间不足15天的,应相应延长投标文件的截止时间

图名	园林绿化工程招标控制价编制(4)	图号	2-16

园林绿化工程投标报价编制(1)

序号	项　目	说　　　明
1	一般规定	(1)投标价应由投标人或受其委托具有相应资质的工程造价咨询人编制。 (2)投标价中除“13 计价规范”中规定的规费、税金及措施项目清单中的安全文明施工费应按国家或省级、行业建设主管部门的规定计价,不得作为竞争性费用外,其他项目的投标报价由投标人自主决定。 (3)投标人的投标报价不得低于工程成本。《中华人民共和国反不正当竞争法》第十一条规定:“经营者不得以排挤竞争对手为目的,以低于成本的价格销售商品。”《中华人民共和国招标投标法》第四十一条规定:“中标人的投标应当符合下列条件……(二)能够满足招标文件的实质性要求,并且经评审的投标价格最低;但是投标价格低于成本的除外。”《评标委员会和评标方法暂行规定》(国家计委等七部委第 12 号令)第二十一条规定:“在评标过程中,评标委员会发现投标人的报价明显低于其他投标报价或者在设有标底时明显低于标底的,使得其投标报价可能低于其个别成本的,应当要求该投标人做出书面说明并提供相关证明材料。投标人不能合理说明或者不能提供相关证明材料的,由评标委员会认定该投标人以低于成本报价竞标,其投标应作废标处理。” (4)实行工程量清单招标,招标人在招标文件中提供工程量清单,其目的是使各投标人在投标报价中具有共同的竞争平台。因此,要求投标人必须按招标工程量清单填报价格,工程量清单的项目编码、项目名称、项目特征、计量单位、工程数量必须与招标人招标文件中提供的招标工程量清单一致。 (5)根据《中华人民共和国政府采购法》第三十六条规定:“在招标采购中,出现下列情形之一的,应予废标……(三)投标人的报价均超过了采购预算,采购人不能支付。”《中华人民共和国招标投标法实施条例》第五十一条规定:“有下列情形之一者,评标委员会应当否决其投标:……(五)投标报价低于成本或者高于招标文件设定的最高投标限价”。对于国有资金投资的工程,其招标控制价相当于政府采购中的采购预算,且其定义就是最高投标限价,因此投标人的投标报价不能高于招标控制价,否则,应予废标

图名	园林绿化工程投标报价编制(1)	图号	2-17

园林绿化工程投标报价编制(2)

序号	项　目	说　　明
2	编制与复核	(1)投标报价应根据下列依据编制和复核： 1)“13计价规范”； 2)国家或省级、行业建设主管部门颁发的计价办法； 3)企业定额，国家或省级、行业建设主管部门颁发的计价定额和计价办法； 4)招标文件、招标工程量清单及其补充通知、答疑纪要； 5)建设工程设计文件及相关资料； 6)施工现场情况、工程特点及投标时拟定的施工组织设计或施工方案； 7)与建设项目相关的标准、规范等技术资料； 8)市场价格信息或工程造价管理机构发布的工程造价信息； 9)其他的相关资料。 (2)综合单价中应考虑招标文件中要求投标人承担的风险内容及其范围(幅度)产生的风险费用，招标文件中没有明确的，应提交招标人明确。在施工过程中，当出现的风险内容及其范围(幅度)在合同约定的范围内时，合同价款不做调整。 (3)分部分项工程和措施项目中的单价项目，应根据招标文件和招标工程量清单项目中的特征描述确定综合单价。招标工程量清单的项目特征描述是确定分部分项工程和措施项目中的单价的重要依据之一，投标人投标报价时应依据招标工程量清单项目的特征描述确定清单项目的综合单价。招投标过程中，当出现招标工程量清单项目特征描述与设计图纸不符时，投标人应以招标工程量清单的项目特征描述为准，确定投标报价的综合单价。当施工中施工图纸或设计变更与招标工程量清单的项目特征描述不一致时，发承包双方应按实际施工的项目特征，依据合同约定重新确定综合单价。招标文件中提供了暂估单价的材料，应按暂估的单价计入综合单价，综合单价中应考虑招标文件中要求投标人承担的风险内容及其范围(幅度)产生的风险费用。在施工过程中，当出现的风险内容及其范围(幅度)在合同约定的范围内时，工程价款不做调整

图名	园林绿化工程投标报价编制(2)	图号	2-17

园林绿化工程投标报价编制(3)

序号	项　目	说　　明
2	编制与复核	(4)投标人可根据工程实际情况并结合施工组织设计，对招标人所列的措施项目进行增补。由于各投标人拥有的施工装备、技术水平和采用的施工方法有所差异，招标人提出的措施项目清单是根据一般情况确定的，没有考虑不同投标人的“个性”，投标人投标时应根据自身编制的投标施工组织设计或施工方案确定措施项目，对招标人提供的措施项目进行调整。投标人根据投标施工组织设计或施工方案调整和确定的措施项目应通过评标委员会的评审。措施项目中的总价项目应采用综合单价计价，其中安全文明施工费应按国家或省级、行业建设主管部门的规定确定，且不得作为竞争性费用。 (5)其他项目应按下列规定报价： 1)暂列金额应按招标工程量清单中列出的金额填写，不得变动； 2)材料、工程设备暂估价应按招标工程量清单中列出的单价计入综合单价，不得变动和更改； 3)专业工程暂估价应按招标工程量清单中列出的金额填写，不得变动和更改； 4)计日工应按招标工程量清单中列出的项目和数量，自主决定综合单价并计算计日工金额； 5)总承包服务费应依据招标工程量清单中列出的专业工程暂估价内容和供应材料、设备情况，按照招标人提出协调、配合与服务要求和施工现场管理需要自主决定。 (6)规费和税金应按国家或省级、行业建设主管部门的规定计算，不得作为竞争性费用。规费和税金的计取标准是依据有关法律、法规和政策规定制定的，具有强制性。投标人是法律、法规和政策的执行者，不能改变，更不能制定，而必须按照法律、法规、政策的有关规定执行。 (7)招标工程量清单与计价表中列明的所有需要填写单价和合价的项目，投标人均应填写且只允许有一个报价。未填写单价和合价的项目，可视为此项费用已包含在已标价工程量清单中其他项目的单价和合价之中。当竣工结算时，此项目不得重新组价予以调整。 (8)实行工程量清单招标，投标人的投标总价应当与组成已标价工程量清单的分部分项工程费、措施项目费、其他项目费、规费和税金的合计金额相一致，即投标人在投标报价时，不能进行投标总价优惠(或降价、让利)，投标人对招标人的任何优惠(或降价、让利)均应反映在相应清单项目的综合单价中

图名	园林绿化工程投标报价编制(3)	图号	2-17

园林绿化工程合同价款约定

序号	项目	说明
1	一般规定	(1)实行招标的工程合同价款应在中标通知书发出之日起 30 天内，由发承包双方依据招标文件和中标人的投标文件在书面合同中约定。 合同约定不得违背招标、投标文件中关于工期、造价、质量等方面的实质性内容。招标文件与中标人投标文件不一致的地方，应以投标文件为准。 (2)不实行招标的工程合同价款，应在发承包双方认可的工程价款基础上，由发承包双方在合同中约定。 (3)实行工程量清单计价的工程，应采用单价合同；建设规模较小，技术难度较低，工期较短，且施工图设计已审查批准的建设工程可采用总价合同；紧急抢险、救灾以及施工技术特别复杂的建设工程可采用成本加酬金合同
2	约定内容	(1)发承包双方应在合同条款中对下列事项进行约定： 1)预付工程款的数额、支付时间及抵扣方式； 2)安全文明施工措施的支付计划、使用要求等； 3)工程计量与支付工程进度款的方式、数额及时间； 4)工程价款的调整因素、方法、程序、支付及时间； 5)施工索赔与现场签证的程序、金额确认与支付时间； 6)承担计价风险的内容、范围以及超出约定内容、范围的调整办法； 7)工程竣工价款结算编制与核对、支付及时间； 8)工程质量保证金的数额、预留方式及时间； 9)违约责任以及发生合同价款争议的解决方法及时间； 10)与履行合同、支付价款有关的其他事项。 (2)合同中没有按照上述第(1)条的要求约定或约定不明的，若发承包双方在合同履行中发生争议应由双方协商确定，当协商不能达成一致时，应按“13 计价规范”的规定执行

图名	园林绿化工程合同价款约定	图号	2-18

园林绿化工程工程计量(1)

序号	项　目	说　　明
1	一般规定	(1)工程量必须按照相关工程现行国家计量规范规定的工程量计算规则计算。 (2)工程计量可选择按月或按工程形象进度分段计量,具体计量周期应在合同中约定。 (3)因承包人原因造成的超出合同工程范围施工或返工的工程量,发包人不予计量
2	单价合同的计量	(1)工程量必须以承包人完成合同工程应予计量的工程量确定。 (2)施工中进行工程计量,当发现招标工程量清单中出现缺项、工程量偏差,或因工程变更引起工程量增减时,应按承包人在履行合同义务中完成的工程量计算。 (3)承包人应当按照合同约定的计量周期和时间向发包人提交当期已完工程量报告。发包人应在收到报告后 7 天内核实,并将核实计量结果通知承包人。发包人未在约定时间内进行核实的,承包人提交的计量报告中所列的工程量应视为承包人实际完成的工程量。 (4)发包人认为需要进行现场计量核实时,应在计量前 24 小时通知承包人,承包人应为计量提供便利条件并派人参加。当双方均同意核实结果时,双方应在上述记录上签字确认。承包人收到通知后不派人参加计量,视为认可发包人的计量核实结果。发包人不按照约定时间通知承包人,致使承包人未能派人参加计量,计量核实结果无效。 (5)当承包人认为发包人核实后的计量结果有误时,应在收到计量结果通知后的 7 天内向发包人提出书面意见,并应附上其认为正确的计量结果和详细的计算资料。发包人收到书面意见后,应在 7 天内对承包人的计量结果进行复核后通知承包人。承包人对复核计量结果仍有异议的,按照合同约定的争议解决办法处理

图名	园林绿化工程工程计量(1)	图号	2-19

园林绿化工程工程计量(2)

序号	项 目	说 明
2	单价合同的计量	(6)承包人完成已标价工程量清单中每个项目的工程量并经发包人核实无误后，发承包双方应对每个项目的历次计量报表进行汇总，以核实最终结算工程量，并应在汇总表上签字确认
3	总价合同的计量	(1)采用工程量清单计价方式招标形成的总价合同，其工程量应按照前述“单价合同的计量”中相关规定计算。 (2)采用经审定批准的施工图纸及其预算方式发包形成的总价合同，除按照工程变更规定的工程量增减外，总价合同各项目的工程量应为承包人用于结算的最终工程量。 (3)总价合同约定的项目计量应以合同工程经审定批准的施工图纸为依据，发承包双方应在合同中约定工程计量的形象目标或时间节点进行计量。 (4)承包人应在合同约定的每个计量周期内对已完成的工程进行计量，并向发包人提交达到工程形象目标完成的工程量和有关计量资料的报告。 (5)发包人应在收到报告后 7 天内对承包人提交的上述资料进行复核，以确定实际完成的工程量和工程形象目标。对其有异议的，应通知承包人进行共同复核

图名	园林绿化工程工程计量(2)	图号	2-19

园林绿化工程合同价款调整(1)

序号	项　目	说　　明
1	一般规定	(1)下列事项(但不限于)发生,发承包双方应当按照合同约定调整合同价款: 1)法律法规变化; 2)工程变更; 3)项目特征不符; 4)工程量清单缺项; 5)工程量偏差; 6)计日工; 7)物价变化; 8)暂估价; 9)不可抗力; 10)提前竣工(赶工补偿); 11)误期赔偿; 12)索赔; 13)现场签证; 14)暂列金额; 15)发承包双方约定的其他调整事项。 (2)出现合同价款调增事项(不含工程量偏差、计日工、现场签证、索赔)后的 14 天内,承包人应向发包人提交合同价款调增报告并附上相关资料,承包人在 14 天内未提交合同价款调增报告的,应视为承包人对该事项不存在调整价款请求

图名	园林绿化工程合同价款调整(1)	图号	2-20

园林绿化工程合同价款调整(2)

序号	项目	说明
1	一般规定	(3)出现合同价款调减事项(不含工程量偏差、索赔)后的14天内,发包人应向承包人提交合同价款调减报告并附相关资料;发包人在14天内未提交合同价款调减报告的,应视为发包人对该事项不存在调整价款请求。 (4)发(承)包人应在收到承(发)包人合同价款调增(减)报告及相关资料之日起14天内对其核实,予以确认的应书面通知承(发)包人。当有疑问时,应向承(发)包人提出协商意见。发(承)包人在收到合同价款调增(减)报告之日起14天内未确认也未提出协商意见的,应视为承(发)包人提交的合同价款调增(减)报告已被发(承)包人认可。发(承)包人提出协商意见的,承(发)包人应在收到协商意见后的14天内对其核实,予以确认的应书面通知发(承)包人。承(发)包人在收到发(承)包人的协商意见后14天内既不确认也未提出不同意见的,应视为发(承)包人提出的意见已被承(发)包人认可。 (5)发包人与承包人对合同价款调整的不同意见不能达成一致的,只要对发承包双方履约不产生实质影响,双方应继续履行合同义务,直到其按照合同约定的争议解决方式得到处理。 (6)经发承包双方确认调整的合同价款,作为追加(减)合同价款,应与工程进度款或结算款同期支付
2	法律法规变化	(1)招标工程以投标截止日前28天内、非招标工程以合同签订前28天为基准日,其后因国家的法律、法规、规章和政策发生变化引起工程造价增减变化的,发承包双方应按照省级或行业建设主管部门或其授权的工程造价管理机构据此发布的规定调整合同价款。 (2)因承包人原因导致工期延误的,按上述第(1)条规定的调整时间,在合同工程原定竣工时间之后,合同价款调增的不予调整,合同价款调减的予以调整

图名	园林绿化工程合同价款调整(2)	图号	2-20

园林绿化工程合同价款调整(3)

序号	项目	说明
3	工程变更	(1)因工程变更引起已标价工程量清单项目或其工程数量发生变化时，应按照下列规定调整： 1)已标价工程量清单中有适用于工程项目变更的，应采用该项目的单价；但当工程变更导致该清单项目的工程数量发生变化，且工程量偏差超过15%时，该项目单价应按照下述“工程量偏差”中第(2)款的规定调整。 2)已标价工程量清单中没有适用但有类似于工程项目变更的，可在合理范围内参照类似项目的单价。 3)已标价工程量清单中没有适用也没有类似于工程项目变更的，应由承包人根据变更工程资料、计量规则和计价办法、工程造价管理机构发布的信息价格和承包人报价浮动率提出工程项目变更的单价，并应报发包人确认后调整。承包人报价浮动率可按下列公式计算： 招标工程： 承包人报价浮动率 L=(1－中标价/招标控制价)×100% 非招标工程： 承包人报价浮动率 L=(1－报价/施工图预算)×100% 4)已标价工程量清单中没有适用也没有类似于工程项目变更，且工程造价管理机构发布的信息价格缺价的，应由承包人根据变更工程资料、计量规则、计价办法和通过市场调查等方式取得有合法依据的市场价格，提出变更工程项目的单价，并应报发包人确认后调整。 (2)工程变更引起施工方案改变并使措施项目发生变化时，承包人提出调整措施项目费的，应事先将拟实施的方案提交发包人确认，并应详细说明与原方案措施项目相比的变化情况。拟实施的方案经发承包双方确认后执行，并应按照下列规定调整措施项目费： 1)安全文明施工费应按照实际发生变化的措施项目依据国家或省级、行业建设主管部门的规定计算。 2)采用单价计算的措施项目费，应按照实际发生变化的措施项目，按上述第(1)条的规定确定单价

图名	园林绿化工程合同价款调整(3)	图号	2-20

园林绿化工程合同价款调整(4)

序号	项目	说明
3	工程变更	3)按总价(或系数)计算的措施项目费,按照实际发生变化的措施项目调整,但应考虑承包人报价浮动因素,即调整金额按照实际调整金额乘以上述第(1)条规定的承包人报价浮动率计算。 如果承包人未事先将拟实施的方案提交给发包人确认,则应视为工程变更不引起措施项目费的调整或承包人放弃调整措施项目费的权利。 (3)当发包人提出的工程变更因非承包人原因删减了合同中的某项原定工作或工程,致使承包人发生的费用或(和)得到的收益不能被包括在其他已支付或应支付的项目中,也未被包含在任何替代的工作或工程中时,承包人有权提出并应得到合理的费用及利润补偿
4	项目特征不符	(1)发包人在招标工程量清单中对项目特征的描述,应被认为是准确的和全面的,并且与实际施工要求相符合。承包人应按照发包人提供的招标工程量清单,根据项目特征描述的内容及有关要求实施合同工程,直到项目被改变为止。 (2)承包人应按照发包人提供的设计图纸实施合同工程,若在合同履行期间出现设计图纸(含设计变更)与招标工程量清单任一项目的特征描述不符,且该变化引起该项目工程造价增减变化的,应按照实际施工的项目特征,按前述“工程变更”中相关规定重新确定相应工程量清单项目的综合单价,并调整合同价款
5	工程量清单缺项	(1)合同履行期间,由于招标工程量清单中缺项,新增分部分项工程清单项目的,应按照前述“工程变更”中第(1)条的规定确定单价,并调整合同价款。 (2)新增分部分项工程清单项目后,引起措施项目发生变化的,应按照前述“工程变更”中第(2)条的规定,在承包人提交的实施方案被发包人批准后调整合同价款。 (3)由于招标工程量清单中措施项目缺项,承包人应将新增措施项目实施方案提交发包人批准后,按照前述“工程变更”中第(1)、(2)条的规定调整合同价款

图名	园林绿化工程合同价款调整(4)	图号	2-20

园林绿化工程合同价款调整(5)

序号	项　目	说　　明
6	工程量偏差	(1)合同履行期间，当应予计算的实际工程量与招标工程量清单出现偏差，且符合下述第(2)、(3)条规定时，发承包双方应调整合同价款。 (2)对于任一招标工程量清单项目，当因规定的工程量偏差和工程变更等原因导致工程量偏差超过15%时，可进行调整；当工程量增加15%以上时，增加部分的工程量的综合单价应予调低；当工程量减少15%以上时，减少后剩余部分的工程量的综合单价应予调高。 (3)当工程量出现上述第(2)条的变化，且该变化引起相关措施项目相应发生变化时，按系数或单一总价方式计价的，工程量增加的措施项目费调增，工程量减少的措施项目费调减
7	计日工	(1)发包人通知承包人以计日工方式实施的零星工作，承包人应予执行。 (2)采用计日工计价的任何一项变更工作，在该项变更的实施过程中，承包人应按合同约定提交下列报表和有关凭证送发包人复核： 1)工作名称、内容和数量； 2)投入该工作所有人员的姓名、工种、级别和耗用工时； 3)投入该工作的材料名称、类别和数量； 4)投入该工作的施工设备型号、台数和耗用台时； 5)发包人要求提交的其他资料和凭证。 (3)任一计日工项目持续进行时，承包人应在该项工作实施结束后的24小时内向发包人提交有计日工记录汇总的现场签证报告一式三份。发包人在收到承包人提交现场签证报告后的2天内予以确认，并将其中一份返还给承包人，作为计日工计价和支付的依据。发包人逾期未确认也未提出修改意见的，视为承包人提交的现场签证报告已被发包人认可。 (4)任一计日工项目实施结束后，承包人应按照确认的计日工现场签证报告核实该类项目的工程数量，并应根据核实的工程数量和承包人已标价工程量清单中的计日工单价计算，提出应付价款；已标价工程量清单中没有该类计日工单价的，由发承包双方按上述“工程变更”中相关规定商定计日工单价计算。 (5)每个支付期末，承包人应按照规定向发包人提交本期间所有计日工记录的签证汇总表，并应说明本期间自己认为有权得到的计日工金额，调整合同价款，列入进度款支付

图名	园林绿化工程合同价款调整(5)	图号	2-20

园林绿化工程合同价款调整(6)

序号	项　目	说　　明
8	物价变化	(1)合同履行期间,因人工、材料、工程设备、机械台班价格波动影响合同价款时,应根据合同约定,按规定调整合同价款。 (2)承包人采购材料和工程设备的,应在合同中约定主要材料、工程设备价格变化的范围或幅度;当没有约定,且材料、工程设备单价变化超过5%时,超过部分的价格应按照规定计算调整材料、工程设备费。 (3)发生合同工程工期延误的,应按照下列规定确定合同履行期的价格调整: 1)因非承包人原因导致工期延误的,计划进度日期后续工程的价格,应采用计划进度日期与实际进度日期两者的较高者。 2)因承包人原因导致工期延误的,计划进度日期后续工程的价格,应采用计划进度日期与实际进度日期两者的较低者。 (4)发包人供应材料和工程设备的,不适用上述第(1)、(2)条规定,应由发包人按照实际变化调整,列入合同工程的工程造价内
9	暂估价	(1)发包人在招标工程量清单中给定暂估价的材料、工程设备属于依法必须招标的,应由发承包双方以招标的方式选择供应商,确定价格,并应以此为依据取代暂估价,调整合同价款。 (2)发包人在招标工程量清单中给定暂估价的材料、工程设备不属于依法必须招标的,应由承包人按照合同约定采购,经发包人确认单价后取代暂估价,调整合同价款。 (3)发包人在工程量清单中给定暂估价的专业工程不属于依法必须招标的,应按照前述“工程变更”中相关规定确定专业工程价款,并应以此为依据取代专业工程暂估价,调整合同价款。 (4)发包人在招标工程量清单中给定暂估价的专业工程,依法必须招标的,应当由发承包双方依法组织招标选择专业分包人,并接受有管辖权的建设工程招标投标管理机构的监督,还应符合下列要求

图名	园林绿化工程合同价款调整(6)	图号	2-20

园林绿化工程合同价款调整(7)

序号	项目	说明
9	暂估价	1)除合同另有约定外,承包人不参加投标的专业工程发包招标,应由承包人作为招标人,但拟定的招标文件、评标工作、评标结果应报送发包人批准。与组织招标工作有关的费用应当被认为已经包括在承包人的签约合同价(投标总报价)中。 2)承包人参加投标的专业工程发包招标,应由发包人作为招标人,与组织招标工作有关的费用由发包人承担。同等条件下,应优先选择承包人中标。 3)应以专业工程发包中标价为依据取代专业工程暂估价,调整合同价款
10	不可抗力	(1)因不可抗力事件导致的人员伤亡、财产损失及其费用增加,发承包双方应按下列原则分别承担并调整合同价款和工期: 1)合同工程本身的损害、因工程损害导致第三方人员伤亡和财产损失以及运至施工场地用于施工的材料和待安装的设备的损害,应由发包人承担; 2)发包人、承包人人员伤亡应由其所在单位负责,并应承担相应费用; 3)承包人的施工机械设备损坏及停工损失,应由承包人承担; 4)停工期间,承包人应发包人要求留在施工场地的必要的管理人员及保卫人员的费用应由发包人承担; 5)工程所需清理、修复费用,应由发包人承担。 (2)不可抗力解除后复工的,若不能按期竣工,应合理延长工期。发包人要求赶工的,赶工费用应由发包人承担。 (3)因不可抗力解除合同的,应按有关规定办理

图名	园林绿化工程合同价款调整(7)	图号	2-20

园林绿化工程合同价款调整(8)

序号	项 目	说 明
11	提前竣工(赶工补偿)	(1)招标人应依据相关工程的工期定额合理计算工期,压缩的工期天数不得超过定额工期的20%,超过者应在招标文件中明示增加赶工费用。 (2)发包人要求合同工程提前竣工的,应征得承包人同意后与承包人商定采取加快工程进度的措施,并应修订合同工程进度计划。发包人应承担承包人由此增加的提前竣工(赶工补偿)费用。 (3)发承包双方应在合同中约定提前竣工每日历天应补偿额度,此项费用应作为增加合同价款列入竣工结算文件中,应与结算款一并支付
12	误期赔偿	(1)承包人未按照合同约定施工,导致实际进度迟于计划进度的,承包人应加快进度,实现合同工期。 合同工程发生误期,承包人应赔偿发包人由此造成的损失,并应按照合同约定向发包人支付误期赔偿费。即使承包人支付误期赔偿费,也不能免除承包人按照合同约定应承担的任何责任和应履行的任何义务。 (2)发承包双方应在合同中约定误期赔偿费,并应明确每日历天应赔额度。误期赔偿费应列入竣工结算文件中,并应在结算款中扣除。 (3)在工程竣工之前,合同工程内的某单项(位)工程已通过了竣工验收,且该单项(位)工程接收证书中表明的竣工日期并未延误,而是合同工程的其他部分产生了工期延误时,误期赔偿费应按照已颁发工程接收证书的单项(位)工程造价占合同价款的比例幅度予以扣减
13	索赔	(1)当合同一方向另一方提出索赔时,应有正当的索赔理由和有效证据,并应符合合同的相关约定。 (2)根据合同约定,承包人认为非承包人原因发生的事件造成了承包人的损失,应按下列程序向发包人提出索赔。 1)承包人应在知道或应当知道索赔事件发生后28天内,向发包人提交索赔意向通知书,说明发生索赔事件的事由。承包人逾期未发出索赔意向通知书,丧失索赔的权利

图名	园林绿化工程合同价款调整(8)	图号	2-20

园林绿化工程合同价款调整(9)

序号	项 目	说 明
13	索赔	2)承包人应在发出索赔意向通知书后28天内,向发包人正式提交索赔通知书。索赔通知书应详细说明索赔理由和要求,并应附必要的记录和证明材料。 3)索赔事件具有连续影响的,承包人应继续提交延续索赔通知,说明连续影响的实际情况和记录。 4)在索赔事件影响结束后的28天内,承包人应向发包人提交最终索赔通知书,说明最终索赔要求,并应附必要的记录和证明材料。 (3)承包人索赔应按下列程序处理: 1)发包人收到承包人的索赔通知书后,应及时查验承包人的记录和证明材料。 2)发包人应在收到索赔通知书或有关索赔的进一步证明材料后的28天内,将索赔处理结果答复承包人,如果发包人逾期未做出答复,视为承包人索赔要求已被发包人认可。 3)承包人接受索赔处理结果的,索赔款项应作为增加合同价款,在当期进度款中进行支付;承包人不接受索赔处理结果的,应按合同约定的争议解决方式办理。 (4)承包人要求赔偿时,可以选择下列一项或几项方式获得赔偿: 1)延长工期; 2)要求发包人支付实际发生的额外费用; 3)要求发包人支付合理的预期利润; 4)要求发包人按合同的约定支付违约金。 (5)当承包人的费用索赔与工期索赔要求相关联时,发包人在做出费用索赔的批准决定时,应结合工程延期,综合做出费用赔偿和工程延期的决定。 (6)发承包双方在按合同约定办理了竣工结算后,应被认为承包人已无权再提出竣工结算前所发生的任何索赔。承包人在提交的最终结清申请中,只限于提出竣工结算后的索赔,提出索赔的期限应自发承包双方最终结清时终止。 (7)根据合同约定,发包人认为由于承包人的原因造成发包人的损失,应按承包人索赔的程序进行索赔

图名	园林绿化工程合同价款调整(9)	图号	2-20

园林绿化工程合同价款调整(10)

序号	项目	说明
13	索赔	(8)发包人要求赔偿时,可以选择下列一项或几项方式获得赔偿: 1)延长质量缺陷修复期限; 2)要求承包人支付实际发生的额外费用; 3)要求承包人按合同的约定支付违约金。 (9)承包人应付给发包人的索赔金额可从拟支付给承包人的合同价款中扣除,或由承包人以其他方式支付给发包人
14	现场签证	(1)承包人应根据发包人要求完成合同以外的零星项目、非承包人责任事件等工作的,发包人应及时以书面形式向承包人发出指令,并应提供所需的相关资料;承包人在收到指令后,应及时向发包人提出现场签证要求。 (2)承包人应在收到发包人指令后的7天内向发包人提交现场签证报告,发包人应在收到现场签证报告后的48小时内对报告内容进行核实,予以确认或提出修改意见。发包人在收到承包人现场签证报告后的48小时内未确认也未提出修改意见的,应视为承包人提交的现场签证报告已被发包人认可。 (3)现场签证的工作如已有相应的计日工单价,现场签证中应列明完成该类项目所需的人工、材料、工程设备和施工机械台班的数量,如现场签证的工作没有相应的计日工单价,应在现场签证报告中列明完成该签证工作所需的人工、材料设备和施工机械台班的数量及单价。 (4)合同工程发生现场签证事项,未经发包人签证确认,承包人便擅自施工的,除非征得发包人书面同意,否则发生的费用应由承包人承担。 (5)现场签证工作完成后的7天内,承包人应按照现场签证内容计算价款,报送发包人确认后,作为增加合同价款,与进度款同期支付。 (6)在施工过程中,当发现合同工程内容因场地条件、地质水文、发包人要求等不一致时,承包人应提供所需的相关资料,并提交发包人签证认可,作为合同价款调整的依据
15	暂列金额	(1)已签约合同价中的暂列金额应由发包人掌握使用。 (2)发包人按照相关规定支付后,暂列金额余额应归发包人所有

图名	园林绿化工程合同价款调整(10)	图号	2-20

园林绿化工程合同价款期中支付(1)

序号	项 目	说 明
1	预付款	(1)承包人应将预付款专用于合同工程。 (2)包工包料工程的预付款的支付比例不得低于签约合同价(扣除暂列金额)的10%,不宜高于签约合同价(扣除暂列金额)的30%。 (3)承包人应在签订合同或向发包人提供与预付款等额的预付款保函后向发包人提交预付款支付申请。 (4)发包人应在收到支付申请的7天内进行核实,向承包人发出预付款支付证书,并在签发支付证书后的7天内向承包人支付预付款。 (5)发包人没有按合同约定按时支付预付款的,承包人可催告发包人支付,发包人在预付款期满后的7天内仍未支付的,承包人可在付款期满后的第8天起暂停施工。发包人应承担由此增加的费用和延误的工期,并应向承包人支付合理利润。 (6)预付款应从每一个支付期应支付给承包人的工程进度款中扣回,直到扣回的金额达到合同约定的预付款金额为止。 (7)承包人的预付款保函的担保金额根据预付款扣回的数额相应递减,但在预付款全部扣回之前一直保持有效。发包人应在预付款扣完后的14天内将预付款保函退还给承包人
2	安全文明施工费	(1)安全文明施工费包括的内容和使用范围,应符合国家有关文件和计量规范的规定。 (2)发包人应在工程开工后的28天内预付不低于当年施工进度计划的安全文明施工费总额的60%,其余部分应按照提前安排的原则进行分解,并应与进度款同期支付。 (3)发包人没有按时支付安全文明施工费的,承包人可催发包人支付;发包人在付款期满后的7天内仍未支付的,若发生安全事故,发包人应承担相应责任。 (4)承包人对安全文明施工费应专款专用,在财务账目中应单独列项备查,不得挪作他用,否则发包人有权要求其限期改正;逾期未改正的,造成的损失和延误的工期应由承包人承担

图名	园林绿化工程合同价款期中支付(1)	图号	2-21

园林绿化工程合同价款期中支付(2)

序号	项　目	说　　明
3	进度款	(1)发承包双方应按照合同约定的时间、程序和方法,根据工程计量结果,办理期中价款结算,支付进度款。 (2)进度款支付周期应与合同约定的工程计量周期一致。 (3)已标价工程量清单中的单价项目,承包人应按工程计量确认的工程量与综合单价计算;综合单价发生调整的,以发承包双方确认调整的综合单价计算进度款。 (4)已标价工程量清单中的总价项目和采用经审定批准的施工图纸及其预算方式发包形成的总价合同,承包人应按合同中约定的进度款支付分解,分别列入进度款支付申请中的安全文明施工费和本周期应支付的总价项目的金额中。 (5)发包人提供的甲供材料金额,应按照发包人签约提供的单价和数量从进度款支付中扣除,列入本周期应扣减的金额中。 (6)承包人现场签证和得到发包人确认的索赔金额应列入本周期应增加的金额中。 (7)进度款的支付比例按照合同约定,按期中结算价款总额计,不低于60%,不高于90%。 (8)承包人应在每个计量周期到期后的7天内向发包人提交已完工程进度款支付申请一式四份,详细说明此周期认为有权得到的款额,包括分包人已完工程的价款,支付申请应包括下列内容: 1)累计已完成的合同价款。 2)累计已实际支付的合同价款。 3)本周期合计完成的合同价款。 ①本周期已完成单价项目的金额; ②本周期应支付的总价项目的金额; ③本周期已完成的计日工价款

图名	园林绿化工程合同价款期中支付(2)	图号	2-21

园林绿化工程合同价款期中支付(3)

序号	项　目	说　　明
1	进度款	④本周期应支付的安全文明施工费； ⑤本周期应增加的金额。 4)本周期合计应扣减的金额。 ①本周期应扣回的预付款； ②本周期应扣减的金额。 5)本周期实际应支付的合同价款。 (9)发包人应在收到承包人进度款支付申请后的 14 天内，根据计量结果和合同约定对申请内容予以核实，确认后向承包人出具进度款支付证书。若发承包双方对部分清单项目的计量结果出现争议，发包人应对无争议部分的工程计量结果向承包人出具进度款支付证书。 (10)发包人应在签发进度款支付证书后的 14 天内，按照支付证书列明的金额向承包人支付进度款。 (11)若发包人逾期未签发进度款支付证书，则视为承包人提交的进度款支付申请已被发包人认可，承包人可向发包人发出催告付款的通知。发包人应在收到通知后的 14 天内，按照承包人支付申请的金额向承包人支付进度款。 (12)发包人未按照规定支付进度款的，承包人可催告发包人支付，并有权获得延迟支付的利息；发包人在付款期满后的 7 天内仍未支付的，承包人可在付款期满后的第 8 天起暂停施工。发包人应承担由此增加的费用和延误的工期，向承包人支付合理利润，并应承担违约责任。 (13)发现已签发的任何支付证书有错、漏或重复的数额，发包人有权予以修正，承包人也有权提出修正申请。经发承包双方复核同意修正的，应在本次到期的进度款中支付或扣除

图名	园林绿化工程合同价款期中支付(3)	图号	2-21

园林绿化工程竣工结算与支付(1)

序号	项　目	说　　明
1	一般规定	(1)工程完工后,发承包双方必须在合同约定时间内办理工程竣工结算。 (2)工程竣工结算应由承包人或受其委托具有相应资质的工程造价咨询人编制,并应由发包人或受其委托具有相应资质的工程造价咨询人核对。 (3)当发承包双方或一方对工程造价咨询人出具的竣工结算文件有异议时,可向工程造价管理机构投诉,申请对其进行执业质量鉴定。 (4)工程造价管理机构对投诉的竣工结算文件进行质量鉴定,应按工程价款鉴定的相关规定进行。 (5)竣工结算办理完毕,发包人应将竣工结算文件报送工程所在地或有该工程管辖权的行业管理部门的工程造价管理机构备案,竣工结算文件应作为工程竣工验收备案、交付使用的必备文件
2	编制与复核	(1)工程竣工结算应根据下列依据编制和复核。 1)"13 计价规范"; 2)工程合同; 3)发承包双方实施过程中已确认的工程量及其结算的合同价款; 4)发承包双方实施过程中已确认调整后追加(减)的合同价款; 5)建设工程设计文件及相关资料; 6)投标文件; 7)其他依据。 (2)分部分项工程和措施项目中的单价项目应依据发承包双方确认的工程量与已标价工程量清单的综合单价计算;发生调整的,应以发承包双方确认调整的综合单价计算。 (3)措施项目中的总价项目应依据已标价工程量清单的项目和金额计算;发生调整的,应以发承包双方确认调整的金额计算,其中安全文明施工费应按国家或省级、行业建设主管部门的规定计算

图名	园林绿化工程竣工结算与支付(1)	图号	2-22

园林绿化工程竣工结算与支付(2)

序号	项　目	说　　明
2	编制与复核	(4)其他项目应按下列规定计价： 1)计日工应按发包人实际签证确认的事项计算； 2)暂估价应按前述合同价款调整中"暂估价"的规定计算； 3)总承包服务费应依据已标价工程量清单金额计算,发生调整的,应以发承包双方确认调整的金额计算； 4)索赔费用应依据发承包双方确认的索赔事项和金额计算； 5)现场签证费用应依据发承包双方签证资料确认的金额计算； 6)暂列金额应减去合同价款调整(包括索赔、现场签证)金额计算,如有余额归发包人。 (5)规费和税金应按国家或省级、行业建设主管部门对规费和税金的计取标准计算。规费中的工程排污费应按工程所在地环境保护部门规定的标准缴纳后按实列入。 (6)发承包双方在合同工程实施过程中已经确认的工程计量结果和合同价款,在竣工结算办理中应直接进入结算
3	竣工结算	(1)合同工程完工后,承包人应在经发承包双方确认的合同工程期中价款结算的基础上汇总编制完成竣工结算文件,应在提交竣工验收申请的同时向发包人提交竣工结算文件。 承包人未在合同约定的时间内提交竣工结算文件,经发包人催告后 14 天内仍未提交或没有明确答复的,发包人有权根据已有资料编制竣工结算文件,作为办理竣工结算和支付结算款的依据,承包人应予以认可。 (2)发包人应在收到承包人提交的竣工结算文件后的 28 天内核对。发包人经核实,认为承包人还应进一步补充资料和修改结算文件,应在上述时限内向承包人提出核实意见,承包人在收到核实意见后的 28 天内应按照发包人提出的合理要求补充资料,修改竣工结算文件,并应再次提交给发包人复核后批准

图名	园林绿化工程竣工结算与支付(2)	图号	2-22

园林绿化工程竣工结算与支付(3)

序号	项 目	说 明
3	竣工结算	(3)发包人应在收到承包人再次提交的竣工结算文件后的28天内予以复核,将复核结果通知承包人,并应遵守下列规定: 1)发包人、承包人对复核结果无异议的,应在7天内在竣工结算文件上签字确认,竣工结算办理完毕; 2)发包人或承包人对复核结果认为有误的,无异议部分按照本条第1)款规定办理不完全竣工结算;有异议部分由发承包双方协商解决;协商不成的,应按照合同约定的争议解决方式处理。 (4)发包人在收到承包人竣工结算文件后的28天内,不核对竣工结算或未提出核对意见的,应视为承包人提交的竣工结算文件已被发包人认可,竣工结算办理完毕。 (5)承包人在收到发包人提出的核实意见后的28天内,不确认也未提出异议的,应视为发包人提出的核实意见已被承包人认可,竣工结算办理完毕。 (6)发包人委托工程造价咨询人核对竣工结算的,工程造价咨询人应在28天内核对完毕,核对结论与承包人竣工结算文件不一致的,应提交给承包人复核;承包人应在14天内将同意核对结论或不同意见的说明提交工程造价咨询人。工程造价咨询人收到承包人提出的异议后,应再次复核,复核无异议的,应在7天内在竣工结算文件上签字确认,竣工结算办理完毕;复核后仍有异议的,对于无异议部分按照规定办理不完全竣工结算,有异议部分由发承包双方协商解决,协商不成的,应按照合同约定的争议解决方式处理。 承包人逾期未提出书面异议的,应视为工程造价咨询人核对的竣工结算文件已经承包人认可。 (7)对发包人或发包人委托的工程造价咨询人指派的专业人员与承包人指派的专业人员经核对后无异议并签名确认的竣工结算文件,除非发承包人能提出具体、详细的不同意见,发(承)包人都应在竣工结算文件上签名确认,如其中一方拒不签认的,按下列规定办理: 1)若发包人拒不签认的,承包人可不提供竣工验收备案资料,并有权拒绝与发包人或其上级部门委托的工程造价咨询人重新核对竣工结算文件

图名	园林绿化工程竣工结算与支付(3)	图号	2-22

园林绿化工程竣工结算与支付(4)

序号	项　目	说　　　明
3	竣工结算	2)若承包人拒不签认的,发包人要求办理竣工验收备案的,承包人不得拒绝提供竣工验收资料,否则,由此造成的损失,承包人应承担相应责任。 (8)合同工程竣工结算核对完成,发承包双方签字确认后,发包人不得要求承包人与另一个或多个工程造价咨询人重复核对竣工结算。 (9)发包人对工程质量有异议,拒绝办理工程竣工结算的,已竣工验收或已竣工未验收但实际投入使用的工程,其质量争议应按该工程保修合同执行,竣工结算应按合同约定办理;已竣工未验收且未实际投入使用的工程以及停工、停建工程的质量争议,双方应就有争议的部分委托有资质的检测鉴定机构进行检测,并应根据检测结果确定解决方案,或按工程质量监督机构的处理决定执行后办理竣工结算,无争议部分的竣工结算应按合同约定办理
4	结算款支付	(1)承包人应根据办理的竣工结算文件向发包人提交竣工结算款支付申请,应包括下列内容: 1)竣工结算合同价款总额; 2)累计已实际支付的合同价款; 3)应预留的质量保证金; 4)实际应支付的竣工结算款金额。 (2)发包人应在收到承包人提交竣工结算款支付申请后 7 天内予以核实,向承包人签发竣工结算支付证书。 (3)发包人签发竣工结算支付证书后的 14 天内,应按照竣工结算支付证书列明的金额向承包人支付结算款。 (4)发包人在收到承包人提交的竣工结算款支付申请后 7 天内不予核实,不向承包人签发竣工结算支付证书的,视为承包人的竣工结算款支付申请已被发包人认可;发包人应在收到承包人提交的竣工结算款支付申请 7 天后的 14 天内,按照承包人提交的竣工结算款支付申请列明的金额向承包人支付结算款

图名	园林绿化工程竣工结算与支付(4)	图号	2-22

园林绿化工程竣工结算与支付(5)

序号	项 目	说 明
4	结算款支付	(5)发包人未按照上述第(3)、(4)条规定支付竣工结算款的,承包人可催告发包人支付,并有权获得延迟支付的利息。发包人在竣工结算支付证书签发后或者在收到承包人提交的竣工结算款支付申请7天后的56天内仍未支付的,除法律另有规定外,承包人可与发包人协商将该工程折价,也可直接向人民法院申请将该工程依法拍卖。承包人应就该工程折价或拍卖的价款优先受偿
5	质量保证金	(1)发包人应按照合同约定的质量保证金比例从结算款中预留质量保证金。 (2)承包人未按照合同约定履行属于自身责任的工程缺陷修复义务的,发包人有权从质量保证金中扣除用于缺陷修复的各项支出。经查验,工程缺陷属于发包人原因造成的,应由发包人承担查验和缺陷修复的费用。 (3)在合同约定的缺陷责任期终止后,发包人应按照规定,将剩余的质量保证金返还给承包人
6	最终结清	(1)缺陷责任期终止后,承包人应按照合同约定向发包人提交最终结清支付申请。发包人对最终结清支付申请有异议的,有权要求承包人进行修正和提供补充资料。承包人修正后,应再次向发包人提交修正后的最终结清支付申请。 (2)发包人应在收到最终结清支付申请后的14天内予以核实,并应向承包人签发最终结清支付证书。 (3)发包人应在签发最终结清支付证书后的14天内,按照最终结清支付证书列明的金额向承包人支付最终结清款。 (4)发包人未在约定的时间内核实,又未提出具体意见的,应视为承包人提交的最终结清支付申请已被发包人认可。 (5)发包人未按期最终结清支付的,承包人可催告发包人支付,并有权获得延迟支付的利息。 (6)最终结清时,承包人被预留的质量保证金不足以抵减发包人工程缺陷修复费用的,承包人应承担不足部分的补偿责任。 (7)承包人对发包人支付的最终结清款有异议的,应按照合同约定的争议解决方式处理

图名	园林绿化工程竣工结算与支付(5)	图号	2-22

园林绿化工程合同解除的价款结算与支付

序号	项 目	说 明
1	合同解除的价款结算与支付	(1)发承包双方协商一致解除合同的，应按照达成的协议办理结算和支付合同价款。 (2)由于不可抗力致使合同无法履行解除合同的，发包人应向承包人支付合同解除之日前已完成工程但尚未支付的合同价款，此外，还应支付下列金额： 1)招标文件明示应由发包人承担的赶工费用； 2)已实施或部分实施的措施项目应付价款； 3)承包人为合同工程合理订购且已交付的材料和工程设备货款； 4)承包人撤离现场所需的合理费用，包括员工遣送费和临时工程拆除、施工设备运离现场的费用； 5)承包人为完成合同工程而预期开支的任何合理费用，且该项费用未包括在本款其他各项支付之内。 发承包双方办理结算合同价款时，应扣除合同解除之日前发包人应向承包人收回的价款。当发包人应扣除的金额超过了应支付的金额，承包人应在合同解除后的 86 天内将其差额退还给发包人。 (3)因承包人违约解除合同的，发包人应暂停向承包人支付任何价款。发包人应在合同解除后 28 天内核实合同解除时承包人已完成的全部合同价款以及按施工进度计划已运至现场的材料和工程设备货款，按合同约定核算承包人应支付的违约金以及造成损失的索赔金额，并将结果通知承包人。发承包双方应在 28 天内予以确认或提出意见，并应办理结算合同价款。如果发包人应扣除的金额超过了应支付的金额，承包人应在合同解除后的 56 天内将其差额退还给发包人。发承包双方不能就解除合同后的结算达成一致的，按照合同约定的争议解决方式处理。 (4)因发包人违约解除合同的，发包人除应按照规定向承包人支付各项价款外，还应按合同约定核算发包人应支付的违约金以及给承包人造成损失或损害的索赔金额费用。该笔费用应由承包人提出，发包人核实后应与承包人协商确定后的 7 天内向承包人签发支付证书。协商不能达成一致的，应按照合同约定的争议解决方式处理

图名	园林绿化工程合同解除的价款结算与支付	图号	2-23

园林绿化工程合同价款争议的解决(1)

序号	项 目	说 明
1	监理或造价工程师暂定	(1)若发包人和承包人之间就工程质量、进度、价款支付与扣除、工期延期、索赔、价款调整等发生任何法律上,经济上或技术上的争议,首先应根据已签约合同的规定,提交给合同约定职责范围内的总监理工程师或造价工程师解决,并应抄送另一方。总监理工程师或造价工程师在收到此提交件后14天内应将暂定结果通知发包人和承包人。发承包双方对暂定结果认可的,应以书面形式予以确认,暂定结果成为最终决定。 (2)发承包双方在收到总监理工程师或造价工程师的暂定结果通知之后的14天内未对暂定结果予以确认也未提出不同意见的,应视为发承包双方已认可该暂定结果。 (3)发承包双方或一方不同意暂定结果的,应以书面形式向总监理工程师或造价工程师提出,说明自己认为正确的结果,同时抄送另一方,此时该暂定结果成为争议。在暂定结果对发承包双方当事人履约不产生实质影响的前提下,发承包双方应实施该结果,直到按照发承包双方认可的争议解决办法被改变为止
2	管理机构的解释或认定	(1)合同价款争议发生后,发承包双方可就工程计价依据的争议以书面形式提请工程造价管理机构对争议以书面文件进行解释或认定。 (2)工程造价管理机构应在收到申请的10个工作日内就发承包双方提请的争议问题进行解释或认定。 (3)发承包双方或一方在收到工程造价管理机构书面解释或认定后仍可按照合同约定的争议解决方式提请仲裁或诉讼。除工程造价管理机构的上级管理部门做出了不同的解释或认定,或在仲裁裁决,或法院判决中不予采信的外,工程造价管理机构做出的书面解释或认定应为最终结果,并应对发承包双方均有约束力

图名	园林绿化工程合同价款争议的解决(1)	图号	2-24

园林绿化工程合同价款争议的解决(2)

序号	项　目	说　　明
3	协商和解	(1)合同价款争议发生后,发承包双方任何时候都可以进行协商。协商达成一致的,双方应签订书面和解协议,和解协议对发承包双方均有约束力。 (2)如果协商不能达成一致协议,发包人或承包人都可以按合同约定的其他方式解决争议
4	调解	(1)发承包双方应在合同中约定或在合同签订后共同约定争议调解人,负责双方在合同履行过程中发生争议的调解。 (2)合同履行期间,发承包双方可协议调换或终止任何调解人,但发包人或承包人都不能单独采取行动。除非双方另有协议,在最终结清支付证书生效后,调解人的任期应即终止。 (3)如果发承包双方发生了争议,任何一方可将该争议以书面形式提交调解人,并将副本抄送另一方,委托调解人调解。 (4)发承包双方应按照调解人提出的要求,给调解人提供所需要的资料、现场进入权及相应设施。调解人应被视为不是在进行仲裁人的工作。 (5)调解人应在收到调解委托后 28 天内或由调解人建议并经发承包双方认可的其他期限内提出调解书,发承包双方接受调解书的,经双方签字后作为合同的补充文件,对发承包双方均具有约束力,双方都应立即遵照执行。 (6)当发承包双方中任一方对调解人的调解书有异议时,应在收到调解书后 28 天内向另一方发出异议通知,并应说明争议的事项和理由。但除非并直到调解书在协商和解或仲裁裁决、诉讼判决中做出修改,或合同已经解除,承包人应继续按照合同实施工程。 (7)当调解人已就争议事项向发承包双方提交了调解书,而任一方在收到调解书后 28 天内均未发出表示异议的通知时,调解书对发承包双方应均具有约束力

图名	园林绿化工程合同价款争议的解决(2)	图号	2-24

园林绿化工程合同价款争议的解决(3)

序号	项 目	说 明
5	仲裁、诉讼	(1)发承包双方的协商和解或调解均未达成一致意见,其中的一方已就此争议事项根据合同约定的仲裁协议申请仲裁时,应同时通知另一方。 (2)仲裁可在竣工之前或之后进行,但发包人、承包人、调解人各自的义务不得因在工程实施期间进行仲裁而有所改变。当仲裁是在仲裁机构要求停止施工的情况下进行时,承包人应对合同工程采取保护措施,由此增加的费用应由败诉方承担。 (3)在规定的期限之内,暂定或和解协议或调解书已经有约束力的情况下,当发承包中一方未能遵守暂定或和解协议或调解书时,另一方可在不损害其可能具有的任何其他权利的情况下,将未能遵守暂定或不执行和解协议或调解书达成的事项提交仲裁。 (4)发包人、承包人在履行合同时发生争议,双方不愿和解、调解或者和解、调解不成,又没有达成仲裁协议的,可依法向人民法院提起诉讼

图名	园林绿化工程合同价款争议的解决(3)	图号	2-24

园林绿化工程工程造价鉴定(1)

序号	项　目	说　　　　明
1	一般规定	(1)在工程合同价款纠纷案件处理中,需作工程造价司法鉴定的,应委托具有相应资质的工程造价咨询人进行。 (2)工程造价咨询人接受委托时提供工程造价司法鉴定服务,应按仲裁、诉讼程序和要求进行,并应符合国家关于司法鉴定的规定。 (3)工程造价咨询人进行工程造价司法鉴定时,应指派专业对口、经验丰富的注册造价工程师承担鉴定工作。 (4)工程造价咨询人应在收到工程造价司法鉴定资料后 10 天内,根据自身专业能力和证据资料判断能否胜任该项委托,如不能,应辞去该项委托。工程造价咨询人不得在鉴定期满后以上述理由不做出鉴定结论,影响案件处理。 (5)接受工程造价司法鉴定委托的工程造价咨询人或造价工程师如是鉴定项目一方当事人的近亲属或代理人、咨询人以及其他关系可能影响鉴定公正的,应当自行回避;未自行回避,鉴定项目委托人以该理由要求其回避的,必须回避。 (6)工程造价咨询人应当依法出庭接受鉴定项目当事人对工程造价司法鉴定意见书的质询,如确实因特殊原因无法出庭的,经审理该鉴定项目的仲裁机关或人民法院准许,可以书面形式答复当事人的质询
2	取证	(1)工程造价咨询人进行工程造价鉴定工作时,应自行收集以下(但不限于)鉴定资料: 1)适用于鉴定项目的法律、法规、规章、规范性文件以及规范、标准、定额; 2)鉴定项目同时期同类型工程的技术经济指标及其各类要素价格等

图名	园林绿化工程工程造价鉴定(1)	图号	2-25

园林绿化工程工程造价鉴定(2)

序号	项目	说明
2	取证	(2)工程造价咨询人收集鉴定项目的鉴定依据时，应向鉴定项目委托人提出具体书面要求，其内容如下： 1)与鉴定项目相关的合同、协议及其附件； 2)相应的施工图纸等技术经济文件； 3)施工过程中的施工组织、质量、工期和造价等工程资料； 4)存在争议的事实及各方当事人的理由； 5)其他有关资料。 (3)工程造价咨询人在鉴定过程中要求鉴定项目当事人对缺陷资料进行补充的，应征得鉴定项目委托人同意，或者协调鉴定项目各方当事人共同签认。 (4)根据鉴定工作需要现场勘验的，工程造价咨询人应提请鉴定项目委托人组织各方当事人对被鉴定项目所涉及的实物标的进行现场勘验。 (5)勘验现场应制作勘验记录、笔录或勘验图表，记录勘验的时间、地点、勘验人、在场人、勘验经过、结果，由勘验人、在场人签名或者盖章确认。绘制的现场图应注明绘制的时间、测绘人姓名、身份等内容，必要时应采取拍照或摄像取证，留下影像资料。 (6)鉴定项目当事人未对现场勘验图表或勘验笔录等签字确认的，工程造价咨询人应提请鉴定项目委托人决定处理意见，并在鉴定意见书中做出表述
3	鉴定	(1)工程造价咨询人在鉴定项目合同有效的情况下应根据合同约定进行鉴定。 (2)工程造价咨询人在鉴定项目合同无效或合同条款约定不明确的情况下应根据法律法规、相关国家标准和“13 计价规范”的规定，选择相应专业工程的计价依据和方法进行鉴定

图名	园林绿化工程工程造价鉴定(2)	图号	2-25

园林绿化工程工程造价鉴定(3)

序号	项目	说明
3	鉴定	(3)工程造价咨询人出具正式鉴定意见书之前,可报请鉴定项目委托人向鉴定项目各方当事人发出鉴定意见书征求意见稿,并指明应书面答复的期限及其不答复的相应法律责任。 (4)工程造价咨询人收到鉴定项目各方当事人对鉴定意见书征求意见稿的书面复函后,应对不同意见认真复核,修改完善后再出具正式鉴定意见书。 (5)工程造价咨询人出具的工程造价鉴定书,应包括下列内容: 1)鉴定项目委托人名称、委托鉴定的内容; 2)委托鉴定的证据材料; 3)鉴定的依据及使用的专业技术手段; 4)对鉴定过程的说明; 5)明确的鉴定结论; 6)其他需说明的事宜; 7)工程造价咨询人盖章及注册造价工程师签名盖执业专用章。 (6)工程造价咨询人应在委托鉴定项目的鉴定期限内完成鉴定工作,如确因特殊原因不能在原定期限内完成鉴定工作时,应按照相应法规提前向鉴定项目委托人申请延长鉴定期限,并应在此期限内完成鉴定工作。经鉴定项目委托人同意等待鉴定项目当事人提交、补充证据的,质证所用的时间不应计入鉴定期限。 (7)对于已经出具的正式鉴定意见书中有部分缺陷的鉴定结论,工程造价咨询人应通过补充鉴定做出补充结论

图名	园林绿化工程工程造价鉴定(3)	图号	2-25

园林绿化工程工程计价资料与档案管理(1)

序号	项 目	说 明
1	计价资料	(1)发承包双方应当在合同中约定各自在合同工程中现场管理人员的职责范围,双方现场管理人员在职责范围内签字确认的书面文件是工程计价的有效凭证,但如有其他有效证据或经实证证明其是虚假的除外。 (2)发承包双方不论在何种场合对与工程计价有关的事项所给予的批准、证明、同意、指令、商定、确定、确认、通知和请求,或表示同意、否定、提出要求和意见等,均应采用书面形式,口头指令不得作为计价凭证。 (3)任何书面文件送达时,应由对方签收,通过邮寄应采用挂号、特快专递传送,或以发承包双方商定的电子传输方式发送,交付、传送或传输至指定的接收人的地址,如接收人通知了另外地址时,随后通信信息应按新地址发送。 (4)发承包双方分别向对方发出的任何书面文件,均应将其抄送现场管理人员,如是复印件应加盖合同工程管理机构印章,证明与原件相同。双方现场管理人员向对方所发任何书面文件,也应将其复印件发送给发承包双方,复印件应加盖合同工程管理机构印章,证明与原件相同。 (5)发承包双方均应当及时签收另一方送达其指定接收地点的来往信函,拒不签收的,送达信函的一方可以采用特快专递或者公证方式送达,所造成的费用增加(包括被迫采用特殊送达方式所发生的费用)和延误的工期由拒绝签收一方承担。 (6)书面文件和通知不得扣压,一方能够提供证据证明另一方拒绝签收或已送达的,应视为对方已签收并应承担相应责任

图名	园林绿化工程工程计价资料与档案管理(1)	图号	2-26

园林绿化工程工程计价资料与档案管理(2)

序号	项 目	说 明
2	计价档案	(1)发承包双方以及工程造价咨询人对具有保存价值的各种载体的计价文件，均应收集齐全，整理立卷后归档。 (2)发承包双方和工程造价咨询人应建立完善的工程计价档案管理制度，并应符合国家和有关部门发布的档案管理相关规定。 (3)工程造价咨询人归档的计价文件，保存期不宜少于5年。 (4)归档的工程计价成果文件应包括纸质原件和电子文件，其他归档文件及依据可为纸质原件、复印件或电子文件。 (5)归档文件应经过分类整理，并应组成符合要求的案卷。 (6)归档可以分阶段进行，也可以在项目竣工结算完成后进行。 (7)向接收单位移交档案时，应编制移交清单，双方应签字、盖章后方可交接

图名	园林绿化工程工程计价资料与档案管理(2)	图号	2-26

工程量清单及计价表格(1)

工程量清单与计价宜采用统一的格式。“13 计价规范”对工程计价表格，按工程量清单、招标控制价、投标报价、竣工结算和工程造价鉴定等各个计价阶段共设计了 5 种封面和 22 种(类)表样，见下表。各省、自治区、直辖市建设行政主管部门和行业建设主管部门可根据本地区、本行业的实际情况，在“13 计价规范”规定的工程计价表格的基础上进行补充完善。工程计价表格的设置应满足工程计价的需要，方便使用。

工程计价表格的种类及其使用范围

表格编号	表格种类	表格名称	表格使用范围				
			工程量清单	招标控制价	投标报价	竣工结算	工程造价鉴定
封—1	工程计价文件封面	招标工程量清单封面	●				
封—2		招标控制价封面		●			
封—3		投标总价封面			●		
封—4		竣工结算书封面				●	
封—5		工程造价鉴定意见书封面					●
扉—1	工程计价文件扉页	招标工程量清单扉页	●				
扉—2		招标控制价扉页		●			
扉—3		投标总价扉页			●		
扉—4		竣工结算总价扉页				●	
扉—5		工程造价鉴定意见书扉页					●

图名	工程量清单及计价表格(1)	图号	2-27

工程量清单及计价表格(2)

表格编号	表格种类	表格名称	表格使用范围				
			工程量清单	招标控制价	投标报价	竣工结算	工程造价鉴定
表—01	工程计价总说明	总说明	●	●	●	●	●
表—02	工程计价汇总表	建设项目招标控制价/投标报价汇总表		●	●		
表—03		单项工程招标控制价/投标报价汇总表		●	●		
表—04		单位工程招标控制价/投标报价汇总表		●	●		
表—05		建设项目竣工结算汇总表				●	●
表—06		单项工程竣工结算汇总表				●	●
表—07		单位工程竣工结算汇总表				●	●
表—08	分部分项工程和措施项目计价表	分部分项工程和单价措施项目清单与计价表	●	●	●	●	●
表—09		综合单价分析表		●	●	●	●
表—10		综合单价调整表				●	●
表—11		总价措施项目清单与计价表	●	●	●	●	●

图名	工程量清单及计价表格(2)	图号	2-27

工程量清单及计价表格(3)

表格编号	表格种类	表格名称	表格使用范围				
			工程量清单	招标控制价	投标报价	竣工结算	工程造价鉴定
表—12	其他项目计价表	其他项目清单与计价汇总表	●	●	●	●	●
表—12—1		暂列金额明细表	●	●	●	●	●
表—12—2		材料(工程设备)暂估单价及调整表	●	●	●	●	●
表—12—3		专业工程暂估价及结算价表	●	●	●	●	●
表—12—4		计日工表	●	●	●	●	●
表—12—5		总承包服务费计价表	●	●	●	●	●
表—12—6		索赔与现场签证计价汇总表				●	●
表—12—7		费用索赔申请(核准)表				●	●
表—12—8		现场签证表				●	●
表—13	规费、税金项目计价表		●	●	●	●	●
表—14	工程计量申请(核准)表					●	●

图名	工程量清单及计价表格(3)	图号	2-27

工程量清单及计价表格(4)

表格编号	表格种类	表格名称	表格使用范围				
			工程量清单	招标控制价	投标报价	竣工结算	工程造价鉴定
表—15	合同价款支付申请(核准)表	预付款支付申请(核准)表				●	●
表—16		总价项目进度款支付分解表			●	●	●
表—17		进度款支付申请(核准)表				●	●
表—18		竣工结算款支付申请(核准)表				●	●
表—19		最终结清支付申请(核准)表				●	●
表—20	主要材料、工程设备一览表	发包人提供材料和工程设备一览表	●	●	●	●	●
表—21		承包人提供主要材料和工程设备一览表(适用于造价信息差额调整法)	●	●	●	●	●
表—22		承包人提供主要材料和工程设备一览表(适用于价格指数差额调整法)	●	●	●	●	●

图名	工程量清单及计价表格(4)	图号	2-27

工程计价文件封面(1)

招标工程量清单封面

________________工程

招标工程量清单

招　标　人：________________

（单位盖章）

造价咨询人：________________

（单位盖章）

年　　月　　日

封一1

图名	工程计价文件封面(1)	图号	2-28

工程计价文件封面(2)

招标控制价封面

______________工程

招标控制价

招　标　人：______________

（单位盖章）

造价咨询人：______________

（单位盖章）

年　　月　　日

封一2

图名	工程计价文件封面(2)	图号	2-28

工程计价文件封面(3)

投标总价封面

________________工程

投标总价

投 标 人:________________
（单位盖章）

年 月 日

封一3

图名	工程计价文件封面(3)	图号	2-28

工程计价文件封面(4)

竣工结算书封面

________________工程

竣工结算书

发　包　人：________________
（单位盖章）

承　包　人：________________
（单位盖章）

造价咨询人：________________
（单位盖章）

年　月　日

封一4

图名	工程计价文件封面(4)	图号	2-28

工程计价文件封面(5)

工程造价鉴定意见书封面

______________工程

编号:××[2×××]××号

工程造价鉴定意见书

造价咨询人:______________

(单位盖章)

年 月 日

封—5

图名	工程计价文件封面(5)	图号	2-28

工程计价文件扉页(1)

招标工程量清单扉页

________________工程

招标工程量清单

招　标　人：________________
（单位盖章）

造价咨询人：________________
（单位资质专用章）

法定代表人
或其授权人：________________
（签字或盖章）

法定代表人
或其授权人：________________
（签字或盖章）

编　制　人：________________
（造价人员签字盖专用章）

复　核　人：________________
（造价工程师签字盖专用章）

编制时间：　年　月　日

复核时间：　年　月　日

扉—1

图名	工程计价文件扉页(1)	图号	2-29

工程计价文件扉页(2)

招标控制价扉页

____________________工程

招标控制价

招标控制价(小写)：______________________________

(大写)：______________________________

招　标　人：____________________
(单位资质专用章)

造价咨询人：____________________
(单位盖章)

法定代表人
或其授权人：____________________
(签字或盖章)

法定代表人
或其授权人：____________________
(签字或盖章)

编　制　人：____________________
(造价人员签字盖专用章)

复　核　人：____________________
(造价工程师签字盖专用章)

编制时间：　年　月　日

复核时间：　年　月　日

扉—2

图名	工程计价文件扉页(2)	图号	2-29

工程计价文件扉页(3)

投标总价扉页

投 标 总 价

招　　标　　人：________________

工　程　名　称：________________

投标总价(小写)：________________

　　　　(大写)：________________

投　标　人：________________

（单位盖章）

法定代表人
或其授权人：________________

（签字或盖章）

编　制　人：________________

（造价人员签字盖专用章）

编 制 时 间：　　年　　月　　日

扉—3

图名	工程计价文件扉页(3)	图号	2-29

工程计价文件扉页(4)

竣工结算总价扉页

________________工程

竣工结算总价

签约合同价(小写):____________ (大写):____________

竣工结算价(小写):____________ (大写):____________

发包人:__________ 承包人:__________ 造价咨询人:__________

(单位盖章) (单位盖章) (单位资质专用章)

法定代表人 法定代表人 法定代表人

或其授权人:________ 或其授权人:________ 或其授权人:________

(签字或盖章) (签字或盖章) (签字或盖章)

编 制 人:____________ 核 对 人:____________

(造价人员签字盖专用章) (造价工程师签字盖专用章)

编制时间: 年 月 日 核对时间: 年 月 日

扉—4

图名	工程计价文件扉页(4)	图号	2-29

工程计价文件扉页(5)

工程造价鉴定意见书扉页

______________工程

工程造价鉴定意见书

鉴 定 结 论：

造价咨询人：______________

（盖单位章及资质专用章）

法定代表人：______________

（签字或盖章）

造价工程师：______________

（签字盖专用章）

年　　月　　日

扉—5

图名	工程计价文件扉页(5)	图号	2-29

工程计价总说明

总 说 明

工程名称： 第 页 共 页

表—01

图名	工程计价总说明	图号	2-30

工程计价汇总表(1)

建设项目招标控制价/投标报价汇总表

工程名称：　　　　　　　　　　　　　　　　　　第　页　共　页

序号	单项工程名称	金额(元)	其中：(元)		
			暂估价	安全文明施工费	规费
合　计					

注：本表适用于建设项目招标控制价或投标报价的汇总。　　　　表—02

图名	工程计价汇总表(1)	图号	2-31

工程计价汇总表(2)

单项工程招标控制价/投标报价汇总表

工程名称： 第 页 共 页

序号	单项工程名称	金额(元)	其中:(元)		
			暂估价	安全文明施工费	规费
合 计					

注:本表适用于单项工程招标控制价或投标报价的汇总。暂估价包括分部分项工程中的暂估价和专业工程暂估价。

表—03

图名	工程计价汇总表(2)	图号	2-31

工程计价汇总表(3)

单位工程招标控制价/投标报价汇总表

工程名称：　　标段：　　第　页　共　页

序号	汇总内容	金额(元)	其中：暂估价(元)
1	分部分项工程		
1.1			
1.2			
1.3			
1.4			
1.5			
2	措施项目		—
2.1	其中：安全文明施工费		—
3	其他项目		—
3.1	其中：暂列金额		—
3.2	其中：专业工程暂估价		—
3.3	其中：计日工		—
3.4	其中：总承包服务费		—
4	规费		—
5	税金		—
	招标控制价合计＝1＋2＋3＋4＋5		

注：本表适用于单位工程招标控制价或投标报价的汇总，如无单位工程划分，单项工程也使用本表汇总。　表一04

图名	工程计价汇总表(3)	图号	2-31

工程计价汇总表(4)

建设项目竣工结算汇总表

工程名称： 第 页 共 页

序号	单项工程名称	金额(元)	其中:(元)	
			安全文明施工费	规费
合 计				

表一05

图名	工程计价汇总表(4)	图号	2-31

工程计价汇总表(5)

单项工程竣工结算汇总表

工程名称： 第 页 共 页

序号	单项工程名称	金额(元)	其中:(元)	
			安全文明施工费	规费
合 计				

表一06

图名	工程计价汇总表(5)	图号	2-31

工程计价汇总表(6)

单位工程竣工结算汇总表

工程名称： 标段： 第 页 共 页

序号	汇总内容	金额(元)
1	分部分项工程	
1.1		
1.2		
2	措施项目	
2.1	其中:安全文明施工费	
3	其他项目	
3.1	其中:专业工程暂估价	
3.2	其中:计日工	
3.3	其中:总承包服务费	
3.4	其中:索赔与现场鉴证	
4	规费	
5	税金	
竣工结算总价合计=1+2+3+4+5		

注:如无单位工程划分,单项工程也使用本表汇总。

表—07

图名	工程计价汇总表(6)	图号	2-31

分部分项工程和措施项目计价表(1)

分部分项工程和单价措施项目清单与计价表

工程名称： 标段： 第 页 共 页

序号	项目编码	项目名称	项目特征描述	计量单位	工程量	金额(元)		
						综合单价	合价	其中 暂估价
本页小计								
合　计								

注：为计取规费等使用，可在表中增设其中："定额人工费"。

表一08

图名	分部分项工程和措施项目计价表(1)	图号	2-32

分部分项工程和措施项目计价表(2)

综合单价分析表

工程名称：　　　　标段：　　　　第　页　共　页

<table>
<tr><td>项目编码</td><td></td><td>项目名称</td><td colspan="3"></td><td>计量单位</td><td></td><td>工程量</td><td colspan="3"></td></tr>
<tr><td colspan="12">清单综合单价组成明细</td></tr>
<tr><td rowspan="2">定额编号</td><td rowspan="2">定额项目名称</td><td rowspan="2">定额单位</td><td rowspan="2">数量</td><td colspan="4">单价</td><td colspan="4">合价</td></tr>
<tr><td>人工费</td><td>材料费</td><td>机械费</td><td>管理费和利润</td><td>人工费</td><td>材料费</td><td>机械费</td><td>管理费和利润</td></tr>
<tr><td></td><td></td><td></td><td></td><td></td><td></td><td></td><td></td><td></td><td></td><td></td><td></td></tr>
<tr><td colspan="2">人工单价</td><td colspan="6">小计</td><td></td><td></td><td></td><td></td></tr>
<tr><td colspan="2">元/工日</td><td colspan="6">未计价材料费</td><td colspan="4"></td></tr>
<tr><td colspan="8">清单项目综合单价</td><td colspan="4"></td></tr>
<tr><td colspan="2" rowspan="4">材料费明细</td><td colspan="2">主要材料名称、规格、型号</td><td>单位</td><td colspan="3">数量</td><td>单价（元）</td><td>合价（元）</td><td>暂估单价(元)</td><td>暂估合价(元)</td></tr>
<tr><td colspan="2"></td><td></td><td colspan="3"></td><td></td><td></td><td></td><td></td></tr>
<tr><td colspan="6">其他材料费</td><td>—</td><td></td><td>—</td><td></td></tr>
<tr><td colspan="6">材料费小计</td><td>—</td><td></td><td>—</td><td></td></tr>
</table>

注：1. 如不使用升级或行业建设主管部门发布的计价依据，可不填定额编号、名称等。

2. 招标文件提供了暂估单价的材料，按暂估的单价填入表内“暂估单价”栏及“暂估合价”栏。

表—09

图名	分部分项工程和措施项目计价表(2)	图号	2-32

分部分项工程和措施项目计价表(3)

综合单价调整表

工程名称：　　　　标段：　　　　第　页　共　页

序号	项目编码	项目名称	已标价清单综合单价(元)					调整后综合单价(元)				
			综合单价	其中				综合单价	其中			
				人工费	材料费	机械费	管理费和利润		人工费	材料费	机械费	管理费和利润
造价工程师(签章)：		发包人代表(签章)： 日期：					造价人员(签章)：		承包人代表(签章)： 日期：			

注：综合单价调整应附调整依据。

表—10

图名	分部分项工程和措施项目计价表(3)	图号	2-32

分部分项工程和措施项目计价表(4)

总价措施项目清单与计价表

工程名称： 标段： 第 页 共 页

序号	项目编码	项目名称	计算基础	费率(%)	金额(元)	调整费率(%)	调整后金额(元)	备注
		安全文明施工费						
		夜间施工增加费						
		二次搬运费						
		冬雨季施工增加费						
		已完工程及设备保护费						
合计								

编制人(造价人员)： 复核人(造价工程师)：

注：1.“计算基础”中安全文明施工费可为“定额基价”、“定额人工费”或“定额人工费＋定额机械费”，其他项目可为“定额人工费”或“定额人工费＋定额机械费”。

2.按施工方案计算的措施费，若无“计算基础”和“费率”的数值，也可只填“金额”数值，但应在备注栏说明施工方案出处或计算方法。

表—11

图名	分部分项工程和措施项目计价表(4)	图号	2-32

其他项目计价表(1)

其他项目清单与计价汇总表

工程名称：　　　　　　　　　　标段：　　　　　　　　　第　页　共　页

序　号	项目名称	金额(元)	结算金额(元)	备　注
1	暂列金额			明细详见表—12—1
2	暂估价	—		
2.1	材料(工程设备)暂估价/结算价			明细详见表—12—2
2.2	专业工程暂估价/结算价			明细详见表—12—3
3	计日工			明细详见表—12—4
4	总承包服务费			明细详见表—12—5
5	索赔与现场签证	—		明细详见表—12—6
合　计				—

注：材料(工程设备)暂估单价计入清单项目综合单价，此处不汇总。　　表—12

图名	其他项目计价表(1)	图号	2-33

其他项目计价表(2)

暂列金额明细表

工程名称: 标段: 第 页 共 页

序号	项目名称	计量单位	暂列金额(元)	备注
1				
2				
3				
4				
5				
6				
7				
8				
9				
10				
合 计				—

注:此表由招标人填写,如不能详列,也可只列暂定金额总额,投标人应将上述“暂列金额”计入投标总价中。表—12—1

图名	其他项目计价表(2)	图号	2-33

其他项目计价表(3)

材料(工程设备)暂估单价及调整表

工程名称：　　　　　　　　　　　　　　标段：　　　　　　　　　　　　　　第　页　共　页

序号	材料(工程设备)名称、规格、型号	计量单位	数量		暂估(元)		确认(元)		差额±(元)		备注
			暂估	确认	单价	合价	单价	合价	单价	合价	
合计											

注：此表由招标人填写"暂估单价"，并在备注栏说明暂估单价的材料、工程设备拟用在哪些清单项目上，投标人应将上述"材料(工程设备)"暂估单价计入工程量清单综合单价报价中。

表—12—2

图名	其他项目计价表(3)	图号	2-33

其他项目计价表(4)

专业工程暂估价及结算价表

工程名称： 标段： 第 页 共 页

序号	工程名称	工程内容	暂估金额(元)	结算金额(元)	差额±(元)	备注
合　计						

注：此表“暂估金额”由招标人填写，投标人应将“暂估金额”计入投标总价中。结算时按合同约定结算金额填写。

表—12—3

图名	其他项目计价表(4)	图号	2-33

其他项目计价表(5)

计日工表

工程名称：　　　　　　　　　　　　　　标段：　　　　　　　　　　　　第　页　共　页

编号	项目名称	单位	暂定数量	实际数量	综合单价(元)	合价(元)	
						暂定	实际
一	人工						
1							
2							
人工小计							
二	材料						
1							
2							
材料小计							
三	施工机械						
1							
2							
施工机械小计							
四、企业管理费和利润							
总计							

注：此表项目名称、暂定数量由招标人填写，编制招标控制价时，单价由招标人按有关规定确定；投标时，单价由投标人自主报价，按暂定数量计算合价计入投标总价中。结算时，按发承包双方确认的实际数量计算合价。　表—12—4

图名	其他项目计价表(5)	图号	2-33

其他项目计价表(6)

总承包服务费计价表

工程名称： 标段： 第 页 共 页

序号	项目名称	项目价值(元)	服务内容	计算基础	费率(%)	金额(元)
1	发包人发包专业工程					
2	发包人提供材料					
	合计	—	—		—	

注：此表项目名称、服务内容由招标人填写，编制招标控制价时，费率及金额由招标人按有关计价规定确定；投标时，费率及金额由投标人自主报价，计入投标总价中。

表—12—5

图名	其他项目计价表(6)	图号	2-33

其他项目计价表(7)

索赔与现场签证计价汇总表

工程名称：　　标段：　　第　页　共　页

序号	签证及索赔项目名称	计量单位	数量	单价(元)	合价(元)	索赔及签证依据
—	本页小计	—	—	—		—
—	合计	—	—	—		—

注：签证及索赔依据是指经双方认可的签证单和索赔依据的编号。

表—12—6

图名	其他项目计价表(7)	图号	2-33

其他项目计价表(8)

费用索赔申请(核准)表

工程名称： 标段： 编号：

<table>
<tr><td colspan="2">致：________________________________（发包人全称）
根据施工合同条款第____条的约定，由于__________原因，我方要求索赔金额（大写）__________（小写__________），请予核准。
附：1. 费用索赔的详细理由和依据：
2. 索赔金额的计算：
3. 证明材料：
承包人（章）
造价人员________ 承包人代表________ 日 期________</td></tr>
<tr><td>复核意见：
根据施工合同条款第____条的约定，你方提出的费用索赔申请经复核：
□不同意此项索赔，具体意见见附件。
□同意此项索赔，索赔金额的计算，由造价工程师复核。
监理工程师________
日 期________</td><td>复核意见：
根据施工合同条款第____条的约定，你方提出的费用索赔申请经复核，索赔金额为（大写）______（小写______）。
造价工程师________
日 期________</td></tr>
<tr><td colspan="2">审核意见：
□不同意此项索赔。
□同意此项索赔，与本期进度款同期支付。
发包人（章）
发包人代表________
日 期________</td></tr>
</table>

注：1. 在选择栏中的“□”内做标识“√”。
2. 本表一式四份，由承包人填报，发包人、监理人、造价咨询人、承包人各存一份。 表—12—7

图名	其他项目计价表(8)	图号	2-33

其他项目计价表(9)

现场签证表

工程名称：　　　　　　　　　　　　　　标段：　　　　　　　　　　　　　　编号：

<table>
<tr><td>施工部位</td><td></td><td>日期</td><td></td></tr>
<tr><td colspan="4">致：＿＿＿＿＿＿＿＿＿＿＿＿＿＿＿＿(发包人全称)
根据＿＿＿＿(指令人姓名)　年　月　日的口头指令或你方＿＿＿＿(或监理人)　年　月　日的书面通知，我方要求完成此项工作应支付价款金额为(大写)＿＿＿(小写＿＿＿)，请予核准。
附：1. 签证事由及原因：
2. 附图及计算式：
承包人(章)
造价人员＿＿＿＿　承包人代表＿＿＿＿　日　期＿＿＿＿</td></tr>
<tr><td colspan="2">复核意见：
你方提出的此项签证申请经复核：
□不同意此项签证，具体意见见附件。
□同意此项签证，签证金额的计算，由造价工程师复核。
监理工程师＿＿＿＿
日　期＿＿＿＿</td><td colspan="2">复核意见：
□此项签证按承包人中标的计日工单价计算，金额为(大写)＿＿元(小写＿＿元)。
□此项签证因无计日工单价，金额为(大写)＿＿元，(小写＿＿)。
造价工程师＿＿＿＿
日　期＿＿＿＿</td></tr>
<tr><td colspan="4">审核意见：
□不同意此项签证。
□同意此项签证，价款与本期进度款同期支付。
发包人(章)
发包人代表＿＿＿＿
日　期＿＿＿＿</td></tr>
</table>

注：1. 在选择栏中的“□”内做标识“√”。
2. 本表一式四份，由承包人在收到发包人(监理人)的口头或书面通知后填写，发包人、监理人、造价咨询人、承包人各存一份。

表—12—8

图名	其他项目计价表(9)	图号	2-33

规费、税金项目计价表

规费、税金项目计价表

工程名称： 标段： 第 页 共 页

序号	项目名称	计算基础	计算基数	计算费率(%)	金额(元)
1	规费	定额人工费			
1.1	社会保险费	定额人工费			
(1)	养老保险费	定额人工费			
(2)	失业保险费	定额人工费			
(3)	医疗保险费	定额人工费			
(4)	工伤保险费	定额人工费			
(5)	生育保险费	定额人工费			
1.2	住房公积金	定额人工费			
1.3	工程排污费	按工程所在地环境保护部门收取标准，按实计入			
2	税金	分部分项工程费＋措施项目费＋其他项目费＋规费－按规定不计税的工程设备金额			
合计					

编制人(造价人员)： 复核人(造价工程师)：

表—13

图名	规费、税金项目计价表	图号	2-34

工程计量申请(核准)表

工程计量申请(核准)表

工程名称：　　　　　　　　　　　　标段：　　　　　　　　　　　　第　页　共　页

序号	项目编码	项目名称	计量单位	承包人申报数量	发包人核实数量	发承包人确认数量	备注
承包人代表： 日期：		监理工程师： 日期：	造价工程师： 日期：		发包人代表： 日期：		

表一14

图名	工程计量申请(核准)表	图号	2-35

合同价款支付申请(核准)表(1)

预付款支付申请(核准)表

工程名称： 标段： 编号：

致：________________________________(发包人全称)

我方根据施工合同的约定，现申请支付工程预付款额为(大写)__________(小写__________)，请予核准。

序号	名　称	申请金额(元)	复核金额(元)	备　注
1	已签约合同价款金额			
2	其中：安全文明施工费			
3	应支付的预付款			
4	应支付的安全文明施工费			
5	合计应支付的预付款			

承包人(章)

造价人员__________ 承包人代表__________ 日　期__________

图名	合同价款支付申请(核准)表(1)	图号	2-36

合同价款支付申请(核准)表(2)

<table>
<tr><td>复核意见：
□与合同约定不相符，修改意见见附件。
□与合同约定相符，具体金额由造价工程师复核。

监理工程师__________
日　　期__________</td><td>复核意见：
你方提出的支付申请经复核，应支付预付款金额为(大写)__________(小写__________)。

造价工程师__________
日　　期__________</td></tr>
<tr><td colspan="2">审核意见：
□不同意。
□同意，支付时间为本表签发后的 15 天内。

发包人(章)
发包人代表__________
日　　期__________</td></tr>
</table>

注：1. 在选择栏中的“□”内做标识“√”。
2. 本表一式四份，由承包人填报，发包人、监理人、造价咨询人、承包人各存一份。

表—15

图名	合同价款支付申请(核准)表(2)	图号	2-36

合同价款支付申请(核准)表(3)

总价项目进度款支付分解表

工程名称： 标段： 单位:元

序号	项目名称	总价金额	首次支付	二次支付	三次支付	四次支付	五次支付	
	安全文明施工费							
	夜间施工增加费							
	二次搬运费							
	社会保险费							
	住房公积金							
	合计							

编制人(造价人员)： 复核人(造价工程师)：

注：1. 本表应由承包人在投标报价时根据发包人在招标文件明确的进度款支付周期与报价填写，签订合同时，发承包双方可就支付分解协商调整后作为合同附件。

2. 单价合同使用本表，“支付”栏时间应与单价项目进度款支付周期相同。

3. 总价合同使用本表，“支付”栏时间应与约定的工程计量周期相同。

表一16

图名	合同价款支付申请(核准)表(3)	图号	2-36

合同价款支付申请(核准)表(4)

进度款支付申请(核准)表

工程名称： 标段： 编号：

致：______________________________(发包人全称)

我方于__________至__________期间已完成了____________工作，根据施工合同的约定，现申请支付本周期的合同款额为(大写)____________(小写____________)，请予核准。

序号	名　　称	实际金额(元)	申请金额(元)	复核金额(元)	备　注
1	累计已完成的合同价款		—		
2	累计已实际支付的合同价款		—		
3	本周期合计完成的合同价款				
3.1	本周期已完成单价项目的金额				
3.2	本周期应支付的总价项目的金额				
3.3	本周期已完成的计日工价款				
3.4	本周期应支付的安全文明施工费				
3.5	本周期应增加的合同价款				
4	本周期合计应扣减的预付款				
4.1	本周期应抵扣的预付款				
4.2	本周期应扣减的金额				
5	本周期应支付的合同价款				

附：上述3、4详见附件清单。

承包人(章)

造价人员__________ 承包人代表__________ 日　期__________

图名	合同价款支付申请(核准)表(4)	图号	2-36

合同价款支付申请（核准）表（5）

<table>
<tr>
<td>复核意见：
□与实际施工情况不相符，修改意见见附件。
□与实际施工情况相符，具体金额由造价工程师复核。

监理工程师__________
日　　期__________</td>
<td>复核意见：
你方提出的支付申请经复核，本期间已完成工程款额为（大写）__________（小写__________），本期间应支付金额为（大写）__________（小写__________）。

造价工程师__________
日　　期__________</td>
</tr>
<tr>
<td colspan="2">审核意见：
□不同意。
□同意，支付时间为本表签发后的15天内。

发包人（章）
发包人代表__________
日　　期__________</td>
</tr>
</table>

注：1. 在选择栏中的“□”内做标识“√”。

2. 本表一式四份，由承包人填报，发包人、监理人、造价咨询人、承包人各存一份。　　表—17

图名	合同价款支付申请（核准）表（5）	图号	2-36

合同价款支付申请(核准)表(6)

竣工结算款支付申请(核准)表

工程名称：　　　　　　　　　　　　标段：　　　　　　　　　　编号：

致：________________________________（发包人全称）

我方于________至________期间已完成合同约定的工作，工程已经完工，根据施工合同的约定，现申请支付竣工结算合同款额为(大写)________(小写________)，请予核准。

序号	名　称	申请金额(元)	复核金额(元)	备　注
1	竣工结算合同价款总额			
2	累计已实际支付的合同价款			
3	应预留的质量保证金			
4	应支付的竣工结算款金额			

承包人(章)

造价人员__________　　　　承包人代表__________　　　　日　期__________

图名	合同价款支付申请(核准)表(6)	图号	2-36

合同价款支付申请(核准)表(7)

<table>
<tr>
<td>复核意见:
□与实际施工情况不相符,修改意见见附件。
□与实际施工情况相符,具体金额由造价工程师复核。

监理工程师__________
日　　期__________</td>
<td>复核意见:
你方提出的竣工结算款支付申请经复核,竣工结算款总额为(大写)__________(小写__________),扣除前期支付以及质量保证金后应支付金额为(大写)__________(小写__________)。

造价工程师__________
日　　期__________</td>
</tr>
<tr>
<td colspan="2">审核意见:
□不同意。
□同意,支付时间为本表签发后的 15 天内。

发包人(章)
发包人代表__________
日　　期__________</td>
</tr>
</table>

注:1. 在选择栏中的“□”内做标识“√”。

2. 本表一式四份,由承包人填报,发包人、监理人、造价咨询人、承包人各存一份。

表一18

图名	合同价款支付申请(核准)表(7)	图号	2-36

合同价款支付申请(核准)表(8)

最终结清支付申请(核准)表

工程名称：　　　　　　　　　　　　标段：　　　　　　　　　　　　编号：

致：________________（发包人全称）

我方于________至________期间已完成了缺陷修复工作，根据施工合同的约定，现申请支付最终结清合同款额为(大写)________(小写________)，请予核准。

序号	名　　称	申请金额(元)	复核金额(元)	备　注
1	已预留的质量保证金			
2	应增加因发包人原因造成缺陷的修复金额			
3	应扣减承包人不修复缺陷、发包人组织修复的金额			
4	最终应支付的合同价款			

上述 3、4 详见附件清单。　　　　　　　　　　　　承包人(章)

造价人员________　　　　承包人代表________　　　　日　　期________

图名	合同价款支付申请(核准)表(8)	图号	2-36

合同价款支付申请(核准)表(9)

<table>
<tr><td>复核意见:
□与实际施工情况不相符,修改意见见附件。
□与实际施工情况相符,具体金额由造价工程师复核。

监理工程师__________
日　　期__________</td><td>复核意见:
你方提出的支付申请经复核,最终应支付金额为(大写)__________(小写__________)。

造价工程师__________
日　　期__________</td></tr>
<tr><td colspan="2">审核意见:
□不同意。
□同意,支付时间为本表签发后的 15 天内。

发包人(章)
发包人代表__________
日　　期__________</td></tr>
</table>

注:1. 在选择栏中的"□"内做标识"√"。如监理人已退场,监理工程师栏可空缺。
2. 本表一式四份,由承包人填报,发包人、监理人、造价咨询人、承包人各存一份。

表一19

图名	合同价款支付申请(核准)表(9)	图号	2-36

主要材料、工程设备一览表(1)

发包人提供材料和工程设备一览表

工程名称：　　　　　　　　　　　　标段：　　　　　　　　　　　　第　页共　页

序号	材料(工程设备)名称、规格、型号	单位	数量	单价(元)	交货方式	送达地点	备注

注：此表由招标人填写，供投标人在投标报价、确定总承包服务费时参考。　　表一20

图名	主要材料、工程设备一览表(1)	图号	2-37

主要材料、工程设备一览表(2)

承包人提供主要材料和工程设备一览表

（适用于造价信息差额调整法）

工程名称： 标段： 第 页 共 页

序号	名称、规格、型号	单位	数量	风险系数(%)	基准单价(元)	投标单价(元)	发承包人确认单价(元)	备注

注：1. 此表由招标人填写除“投标单价”栏的内容，投标人在投标时自主确定投标单价。

2. 招标人应优先采用工程造价管理机构发布的单价作为基准单价，未发布的，通过市场调查确定其基准单价。

表—21

图名	主要材料、工程设备一览表(2)	图号	2-37

主要材料、工程设备一览表(3)

承包人提供主要材料和工程设备一览表

（适用于价格指数调整法）

工程名称：　　　　　　　　标段：　　　　　　　　第　页　共　页

序号	名称、规格、型号	变值权重 B	基本价格指数 F_0	现行价格指数 F_t	备注
	定值权重 A		—	—	
合　计		1	—	—	

注：1.“名称、规格、型号”、“基本价格指数”栏由招标人填写，基本价格指数应首先采用工程造价管理机构发布的价格指数，没有时，可采用发布的价格代替。如人工、机械费也采用本法调整，由招标人在名称“名称”栏填写。

2.“变值权重”栏由投标人根据该项人工、机械费和材料、工程设备价值在投标总报价中所占比例填写，1减去其比例为定值权重。

3.“现行价格指数”按约定付款证书相关周期最后一天的前42天的各项价格指数填写，该指数应首先采用工程造价管理机构发布的价格指数，没有时，可采用发布的价格代替。

表—22

图名	主要材料、工程设备一览表(3)	图号	2-37

填表须知(1)

序号	表格名称		填写要点
封—1	工程计价文件封面	招标工程量清单封面	招标工程量清单封面应填写招标工程项目的具体名称，招标人应盖单位公章，如委托工程造价咨询人编制，还应加盖工程造价咨询人所在单位公章
封—2		招标控制价封面	招标控制价封面应填写招标工程项目的具体名称，招标人应盖单位公章，如委托工程造价咨询人编制，还应加盖工程造价咨询人所在单位公章
封—3		投标总价封面	投标总价封面应填写投标工程项目的具体名称，投标人应盖单位公章
封—4		竣工结算书封面	竣工结算书封面应填写竣工工程的具体名称，发承包双方应盖单位公章，如委托工程造价咨询人办理的，还应加盖工程造价咨询人所在单位公章
封—5		工程造价鉴定意见书封面	工程造价鉴定意见书封面应填写鉴定工程项目的具体名称，填写意见书文号，工程造价咨询人盖所在单位公章
扉—1	工程计价文件扉页	招标工程量清单扉页	(1)本封面由招标人或招标人委托的工程造价咨询人编制招标工程量清单时填写。 (2)招标人自行编制工程量清单时，编制人员必须是在招标人单位注册的造价人员，由招标人盖单位公章，法定代表人或其授权人签字或盖章；当编制人是注册造价工程师时，由其签字盖执业专用章；当编制人是造价员时，由其在编制人栏签字盖专用章，并应由注册造价工程师复核，在复核人栏签字盖执业专用章

图名	填表须知(1)	图号	2-38

填表须知(2)

序号	表格名称		填写要点
扉—1	工程计价文件扉页	招标工程量清单扉页	(3)招标人委托工程造价咨询人编制工程量清单时，编制人员必须是在工程造价咨询人单位注册的造价人员。由工程造价咨询人盖单位资质专用章，法定代表人或其授权人签字或盖章；当编制人是注册造价工程师时，由其签字盖执业专用章；当编制人是造价员时，由其在编制人栏签字盖专用章，并应由注册造价工程师复核，在复核人栏签字盖执业专用章
扉—2		招标控制价扉页	(1)本封面由招标人或招标人委托的工程造价咨询人编制招标控制价时填写。 (2)招标人自行编制招标控制价时，编制人员必须是在招标人单位注册的造价人员，由招标人盖单位公章，法定代表人或其授权人签字或盖章；当编制人是注册造价工程师时，由其签字盖执业专用章；当编制人是造价员时，由其在编制人栏签字盖专用章，并应由注册造价工程师复核，在复核人栏签字盖执业专用章。 (3)招标人委托工程造价咨询人编制招标控制价时，编制人员必须是在工程造价咨询人单位注册的造价人员。由工程造价咨询人盖单位资质专用章，法定代表人或其授权人签字或盖章；当编制人是注册造价工程师时，由其签字盖执业专用章；当编制人是造价员时，由其在编制人栏签字盖专用章，并应由注册造价工程师复核，在复核人栏签字盖执业专用章
扉—3		投标总价扉页	(1)本扉页由投标人编制投标报价时填写。 (2)投标人编制投标报价时，编制人员必须是在投标人单位注册的造价人员。由投标人盖单位公章，法定代表人或其授权签字或盖章；编制的造价人员(造价工程师或造价员)签字盖执业专用章

图名	填表须知(2)	图号	2-38

填表须知(3)

序号	表格名称		填写要点
扉—4	工程计价文件扉页	竣工结算总价扉页	(1)承包人自行编制竣工结算总价时，编制人员必须是承包人单位注册的造价人员。由承包人盖单位公章，法定代表人或其授权人签字或盖章，编制的造价人员(造价工程师或造价员)签字盖执业专用章。 (2)发包人自行核对竣工结算时，核对人员必须是在发包人单位注册的造价工程师。由发包人盖单位公章，法定代表人或其授权人签字或盖章，核对的造价工程师签字盖执业专用章。 (3)发包人委托工程造价咨询人核对竣工结算时，核对人员必须是在工程造价咨询人单位注册的造价工程师。由发包人盖单位公章，法定代表人或其授权人签字或盖章、工程造价咨询人盖单位资质专用章，法定代表人或其授权人签字或盖章，核对的造价工程师签字盖执业专用章。 (4)除非出现发包人拒绝或不答复承包人竣工结算书的特殊情况，竣工结算办理完毕后，竣工结算总价封面发承包双方的签字、盖章应当齐全
扉—5		工程造价鉴定意见书扉页	工程造价鉴定意见书扉页应填写工程造价鉴定项目的具体名称，工程造价咨询人应盖单位资质专用章，法定代表人或其授权人签字或盖章，造价工程师签字盖执业专用章

图名	填表须知(3)	图号	2-38

填表须知(4)

序号	表格名称		填写要点
表—01	工程计价总说明	工程计价总说明	本表适用于工程计价的各个阶段。对工程计价的不同阶段,《总说明》中说明的内容是有差别的,要求也有所不同。 (1)工程量清单编制阶段。工程量清单中总说明应包括的内容有: 1)工程概况,如建设地址、建设规模、工程特征、交通状况、环保要求等; 2)工程招标和专业工程发包范围; 3)工程量清单编制依据; 4)工程质量、材料、施工等的特殊要求; 5)其他需要说明的问题。 (2)招标控制价编制阶段。招标控制价中总说明应包括的内容有: 1)采用的计价依据; 2)采用的施工组织设计; 3)采用的材料价格来源; 4)综合单价中风险因素、风险范围(幅度); 5)其他等。 (3)投标报价编制阶段。投标报价总说明应包括的内容有: 1)采用的计价依据

图名	填表须知(4)	图号	2-38

填表须知(5)

序号	表格名称		填写要点
表一01	工程计价总说明	工程计价总说明	2)采用的施工组织设计； 3)综合单价中包含的风险因素，风险范围(幅度)； 4)措施项目的依据； 5)其他有关内容的说明等。 (4)竣工结算编制阶段。竣工结算总说明应包括的内容有： 1)工程概况； 2)编制依据； 3)工程变更； 4)工程价款调整； 5)索赔； 6)其他等。 (5)工程造价鉴定阶段。工程造价鉴定书总说明应包括的内容有： 1)鉴定项目委托人名称、委托鉴定的内容； 2)委托鉴定的证据材料； 3)鉴定的依据及使用的专业技术手段； 4)对鉴定过程的说明； 5)明确的鉴定结论； 6)其他需说明的事宜等

图名	填表须知(5)	图号	2-38

填表须知(6)

序号	表格名称		填写要点
表一02	工程计价汇总表	建设项目招标控制价/投标报价汇总表	(1)由于编制招标控制价和投标价包含的内容相同,只是对价格的处理不同,因此,招标控制价和投标报价汇总表使用同一表格。实践中,对招标控制价或投标报价可分别印制本表格。 (2)使用本表格编制投标报价时,汇总表中的投标总价与投标中标函中投标报价金额应当一致,如不一致时以投标中标函中填写的大写金额为准
表一08	分部分项工程和措施项目计价表	分部分项工程和单价措施项目清单与计价表	(1)本表依据"08 计价规范"中《分部分项工程量清单与计价表》和《措施项目清单与计价表(二)》合并而来。单价措施项目和分部分项工程项目清单编制与计价均使用本表。 (2)本表不只是编制招标工程量清单的表式,也是编制招标控制价、投标价和竣工结算的最基本用表。 (3)编制工程量清单时使用本表,在"工程名称"栏应填写详细具体的工程称谓,对于房屋建筑而言,习惯上并无标段划分,可不填写"标段"栏,但相对于管道敷设、道路施工,则往往以标段划分,此时,应填写"标段"栏,其他各表涉及此类设置,道理相同。 (4)"项目编码"栏应根据相关国家工程量计算规范项目编码栏内规定的九位数字另加三位顺序码共十二位阿拉伯数字填写。各位数字的含义为一、二位为专业工程代码,房屋建筑与装饰工程为 01,仿古建筑为 02,通用安装工程为 03,市政工程为 04,园林绿化工程为 05,矿山工程为 06,构筑物工程为 07,城市轨道交通工程为 08,爆破工程为 09;三、四位为专业工程附录分类顺序码;五、六位为分部工程顺序码;七、八、九位为分项工程项目名称顺序码;十至十二位为清单项目名称顺序码

图名	填表须知(6)	图号	2-38

填表须知(7)

序号	表格名称		填写要点
表—08	分部分项工程和措施项目计价表	分部分项工程和单价措施项目清单与计价表	在编制工程量清单时应注意对项目编码的设置不得有重码，特别是当同一标段(或合同段)的一份工程量清单中含有多个单项或单位工程且工程量清单是以单项或单位工程为编制对象时，应注意项目编码中的十至十二位的设置不得重码。例如一个标段(或合同段)的工程量清单中含有三个单项或单位工程，每一单项或单位工程中都有项目特征相同的竹制飞来椅，在工程量清单中又需反映三个不同单项或单位工程的竹制飞来椅工程量时，此时工程量清单应以单项或单位工程为编制对象，第一个单项或单位工程的竹制飞来椅的项目编码为0503003001，第二个单项或单位工程的竹制飞来椅的项目编码为0503003002，第三个单项或单位工程的竹制飞来椅的项目编码为0503003003，并分别列出各单项或单位工程竹制飞来椅的工程量。 (5)“项目名称”栏应按相关工程国家工程量计算规范的规定，根据拟建工程实际填写。在实际填写过程中，“项目名称”有两种填写方法：一是完全保持相关工程国家工程量计算规范的项目名称不变；二是根据工程实际在工程量计算规范项目名称下另行确定详细名称。 (6)“项目特征”栏应按相关工程国家工程量计算规范的规定，根据拟建工程实际进行描述。在对分部分项工程项目清单的项目特征描述时，可按下列要点进行： 1)必须描述的内容如下： ①涉及正确计量的内容必须描述，如对于门窗若采用“樘”计量，则1樘门或窗有多大，直接关系到门窗的价格，对门窗洞口或框外围尺寸进行描述是十分必要的。 ②涉及结构要求的内容必须描述，如混凝土构件的混凝土的强度等级，因混凝土强度等级不同，其价格也不同，必须描述

图名	填表须知(7)	图号	2-38

填表须知(8)

序号	表格名称		填写要点
表—08	分部分项工程和措施项目计价表	分部分项工程和单价措施项目清单与计价表	③涉及材质要求的内容必须描述，如油漆的品种，是调和漆还是硝基清漆等；管材的材质，是钢管还是塑料管等；还需要对管材的规格、型号进行描述。 ④涉及安装方式的内容必须描述，如管道工程中的管道的连接方式就必须描述。 2)可不描述的内容如下： ①对计量计价没有实质影响的内容可以不描述，如对现浇混凝土柱的高度、断面大小等的特征规定可以不描述，因为混凝土构件是按“m^3”计量，对此的描述实质意义不大。 ②应由投标人根据施工方案确定的可以不描述。 ③应由投标人根据当地材料和施工要求确定的可以不描述，如对混凝土构件中的混凝土拌合料使用的石子种类及粒径、砂的种类的特征规定可以不描述。因为混凝土拌合料使用砾石还是碎石，使用粗砂还是中砂、细砂或特细砂，除构件本身有特殊要求需要指定外，主要取决于工程所在地砂、石子材料的供应情况。至于石子的粒径大小主要取决于钢筋配筋的密度。 ④应由施工措施解决的可以不描述，如对现浇混凝土板、梁的标高的特征规定可以不描述。因为同样的板或梁，都可以将其归并在同一个清单项目中，但由于标高的不同，将会导致因楼层的变化对同一项目提出多个清单项目，不同的楼层其工效是不一样的，但这样的差异可以由投标人在报价中考虑，或在施工措施中去解决

图名	填表须知(8)	图号	2-38

填表须知(9)

序号	表格名称		填写要点
表—08	分部分项工程和措施项目计价表	分部分项工程和单价措施项目清单与计价表	3)可不详细描述的内容如下： ①无法准确描述的可不详细描述，如土壤类别，由于我国幅员辽阔，南北东西差异较大，特别是对于南方来说，在同一地点，由于表层土与表层土以下的土壤，其类别是不相同的，要求清单编制人准确判定某类土壤的所占比例是困难的，在这种情况下，可考虑将土壤类别描述为合格，注明由投标人根据地勘资料自行确定土壤类别，决定报价。 ②施工图纸、标准图集标注明确的，可不再详细描述。对这些项目可采取详见××图集或××图号的方式，对不能满足项目特征描述要求的部分，仍应用文字描述。由于施工图纸、标准图集是发承包双方都应遵守的技术文件，这样描述可以有效减少在施工过程中对项目理解的不一致。 ③有一些项目可不详细描述，但清单编制人在项目特征描述中应注明由投标人自定，如土方工程中的“取土运距”、“弃土运距”等。首先要求清单编制人决定在多远取土或取、弃土运往多远是困难的；其次，由投标人根据在建工程施工情况统筹安排，自主决定取、弃土方的运距可以充分体现竞争的要求。 ④如清单项目的项目特征与现行定额中某些项目的规定是一致的，也可采用见×定额项目的方式进行描述。 4)项目特征的描述方式。描述清单项目特征的方式大致可分为“问答式”和“简化式”两种。其中“问答式”是指清单编制人按照工程计价软件上提供的规范，在要求描述的项目特征上采用答题的方式进行描述，如描述砖基础清单项目特征时，可采用“1.砖品种、规格、强度等级：页岩标准砖 MU15，240mm×115mm×53mm；2.砂浆强度等级：M10 水泥砂浆；3.防潮层种类及厚度：20mm 厚 1∶2 水泥砂浆(防水粉 5%)”。“简化式”是对需要描述的项目特征内容根据当地的用语习惯，采用口语化的方式直接表述，省略了规范上的描述要求，如同样在描述砖基础清单项目特征时，可采用“M10 水泥砂浆、MU15 页岩标准砖砌条形基础，20mm 厚 1∶2 水泥砂浆(防水粉 5%)防潮层”

图名	填表须知(9)	图号	2-38

填表须知(10)

序号	表格名称		填写要点
表—08	分部分项工程和措施项目计价表	分部分项工程和单价措施项目清单与计价表	(7)“计量单位”应按相关工程国家工程量计算规范规定的计量单位填写。有些项目工程量计算规范中有两个或两个以上计量单位,应根据拟建工程项目的实际,选择最适宜表现该项目特征并方便计量的单位,如泥浆护壁成孔灌注桩项目,工程量计算规范以“m^3”、“m”和“根”三个计量单位表示,此时就应根据工程项目的特点,选择其中一个即可。 (8)“工程量”应按相关工程国家工程量计算规范规定的工程量计算规则计算填写。 (9)由于各省、自治区、直辖市以及行业建设主管部门对规费计取基础的不同设置,为了计取规费等的使用,使用本表时可在表中增设其中:“定额人工费”。 (10)编制招标控制价时,使用本表“综合单价”、“合计”以及“其中:暂估价”按“13计价规范”的规定填写。 (11)编制投标报价时,投标人对表中的“项目编码”、“项目名称”、“项目特征”、“计量单位”、“工程量”均不应做改动。“综合单价”、“合价”自主决定填写,对其中的“暂估价”栏,投标人应将招标文件中提供了暂估材料单价的暂估价计入综合单价,并应计算出暂估单价的材料在“综合单价”及其“合价”中的具体数额。因此,为更详细反应暂估价情况,也可在表中增设一栏“综合单价”其中的“暂估价”。 (12)编制竣工结算时,使用本表可取消“暂估价”
表—09		综合单价分析表	(1)工程量清单单价分析表是评标委员会评审和判别综合单价组成和价格完整性、合理性的主要基础,对因工程变更、工程量偏差等原因调整综合单价也是必不可少的基础价格数据来源。采用经评审的最低投标价法评标时,本表的重要性更为突出

图名	填表须知(10)	图号	2-38

填表须知(11)

序号	表格名称		填写要点
表一09	分部分项工程和措施项目计价表	综合单价分析表	(2)本表集中反映了构成每一个清单项目综合单价的各个价格要素的价格及主要的"工、料、机"消耗量。投标人在投标报价时,需要对每一个清单项目进行组价,为了使组价工作具有可追溯性(回复评标质疑时尤其需要),需要表明每一个数据的来源。 (3)本表一般随投标文件一同提交,作为竞标价的工程量清单的组成部分。以便中标后,作为合同文件的附属文件。投标人须知中需要就分析表提交的方式做出规定,该规定需要考虑是否有必要对分析表的合同地位给予定义。 (4)编制综合单价分析表时,对辅助性材料不必细列,可归并到其他材料费中以金额表示。 (5)编制招标控制价,使用本表时应填写使用的省级或行业建设主管部门发布的计价定额名称。 (6)编制投标报价,使用本表时可填写使用的企业定额名称,也可填写省级或行业建设主管部门发布的计价定额,如不使用则不填写。 (7)编制工程结算时,应在已标价工程量清单中的综合单价分析表中将确定的调整过后的人工单价、材料单价等进行置换,形成调整后的综合单价
表一10		综合单价调整表	综合单价调整表适用于各种合同约定调整因素出现时调整综合单价,各种调整依据应附于表后。填写时应注意,"项目编码"和"项目名称"必须与已标价工程量清单保持一致,不得发生错漏,以免发生争议
表一11		总价措施项目清单与计价表	(1)编制招标工程量清单时,表中的项目可根据工程实际情况进行增减。 (2)编制招标控制价时,计费基础、费率应按省级或行业建设主管部门的规定计取。 (3)编制投标报价时,除"安全文明施工费"必须按"13计价规范"的强制性规定,按省级、行业建设主管部门的规定计取外,其他措施项目均可根据投标施工组织设计自主报价

图名	填表须知(11)	图号	2-38

填表须知(12)

<table>
<tr><th>序号</th><th colspan="2">表格名称</th><th>填写要点</th></tr>
<tr><td>表—12</td><td rowspan="3">其他项目计价表</td><td>其他项目清单与计价汇总表</td><td>(1)编制招标工程量清单时,应汇总“暂列金额”和“专业工程暂估价”,以提供给投标人报价。
(2)编制招标控制价时,应按有关计价规定估算“计日工”和“总承包服务费”,如招标工程量清单中未列“暂列金额”,应按有关规定编列。
(3)编制投标报价时,应按招标文件工程量清单提供的“暂列金额”和“专业工程暂估价”填写金额,不得变动。“计日工”、“总承包服务费”自主确定报价。
(4)编制或核对竣工结算时,“专业工程暂估价”按实际分包结算价填写,“计日工”、“总承包服务费”按双方认可的费用填写,如发生“索赔”或“现场签证”费用,按双方认可的金额计入本表</td></tr>
<tr><td>表—12—1</td><td>暂列金额明细表</td><td>暂列金额在实际履约过程中可能发生,也可能不发生。本表要求招标人能将暂列金额与拟用项目列出明细,但如确实不能详列也可只列暂定金额总额,投标人应将上述暂列金额计入投标总价中</td></tr>
<tr><td>表—12—2</td><td>材料(工程设备)暂估单价及调整表</td><td>暂估价是在招标阶段预见肯定要发生,只是因为标准不明确或者需要由专业承包人完成,暂时无法确定材料、工程设备的具体价格而采用的一种临时性计价方式。暂估价的材料、工程设备数量应在表内填写,拟用项目应在本表备注栏给予补充说明。
“13计价规范”要求招标人针对每一类暂估价给出相应的拟用项目,即按照材料、工程设备的名称分别给出,这样的材料、工程设备暂估价能够纳入到清单项目的综合单价中</td></tr>
</table>

图名	填表须知(12)	图号	2-38

填表须知(13)

序号	表格名称		填写要点
表—12—3	其他项目计价表	专业工程暂估价及结算价表	专业工程暂估价应在表内填写工程名称、工程内容、暂估金额，投标人应将上述金额计入投标总价中。专业工程暂估价项目及其表中列明的专业工程暂估价，是指分包人实施专业工程的含税金后的完整价，除了合同约定的发包人应承担的总包管理、协调、配合和服务责任所对应的总承包服务费以外，承包人为履行其总包管理、配合、协调和服务所需产生的费用应该包括在投标报价中
表—12—4		计日工表	(1)编制工程量清单时，“项目名称”、“计量单位”、“暂估数量”由招标人填写。 (2)编制招标控制价时，人工、材料、机械台班单价由招标人按有关计价规定填写并计算合价。 (3)编制投标报价时，人工、材料、机械台班单价由投标人自主确定，按已给暂估数量计算合价计入投标总价中
表—12—5		总承包服务费计价表	(1)编制招标工程量清单时，招标人应将拟定进行专业分包的专业工程、自行采购的材料设备等决定清楚，填写项目名称、服务内容，以便投标人决定报价。 (2)编制招标控制价时，招标人按有关计价规定计价。 (3)编制投标报价时，由投标人根据工程量清单中的总承包服务内容，自主决定报价。 (4)办理竣工结算时，发承包双方应按承包人已标价工程量清单中的报价计算，如发承包双方确定调整的，按调整后的金额计算
表—12—6		索赔与现场签证计价汇总表	本表是对发承包双方签证认可的“费用索赔申请(核准)表”和“现场签证表”的汇总

图名	填表须知(13)	图号	2-38

填表须知(14)

序号	表格名称		填写要点
表—12—7	其他项目计价表	费用索赔申请(核准)表	填写本表时,承包人代表应按合同条款的约定,阐述原因,附上索赔证据、费用计算报发包人,经监理工程师复核(按照发包人的授权不论是监理工程师或发包人现场代表均可),经造价工程师(此处造价工程师可以是发包人现场管理人员,也可以是发包人委托的工程造价咨询企业的人员)复核具体费用,经发包人审核后生效,该表可以在选择栏中“□”内做标识“√”表示
表—12—8		现场签证表	本表是对“计日工”的具体化,考虑到招标时,招标人对计日工项目的预估难免会有遗漏,实际施工发生后,无相应的计日工单价时,现场签证只能包括单价一并处理。因此,在汇总时,有计日工单价的,可归并于计日工;如无计日工单价,归并于现场签证,以示区别
表—13	规费、税金项目计价表	规费、税金项目计价表	本表按住房和城乡建设部、财政部印发的《建筑安装工程费用项目组成》(建标[2013]44号)列举的规费项目列项,在施工实践中,有的规费项目,如工程排污费,并非每个工程所在地都要征收,实践中可作为按实计算的费用处理
表—14	工程计量申请(核准)表	工程计量申请(核准)表	本表填写的“项目编码”、“项目名称”、“计量单位”应与已标价工程量清单中一致,承包人应在合同约定的计量周期结束时,将申报数量填写在申报数量栏,发包人核对后如与承包人填写的数量不一致,则在核实数量栏填上核实数量,经发承包双方共同核对确认的计量结果填在确认数量栏

图名	填表须知(14)	图号	2-38

3　园林绿化工程

园林绿地规划设计图例(1)

园林绿地规划则设计图例

序号	名称	图例	说明
		建筑	
1	规划的建筑物		用粗实线表示
2	原有的建筑物		用细实线表示
3	规划扩建的预留地或建筑物		用中虚线表示
4	拆除的建筑物		用细实线表示
5	地下建筑物		用粗虚线表示
6	坡屋顶建筑		包括瓦顶、石片顶、饰面砖顶等
7	草顶建筑或简易建筑		
8	温室建筑	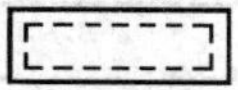	

图名	园林绿地规划设计图例(1)	图号	3-1

园林绿地规划设计图例(2)

序号	名　称	图　例	说　明
		水　体	
9	自然形水体		
10	规则形水体		
11	跌水、瀑布		
12	旱　涧		
13	溪　涧		
14	护　坡	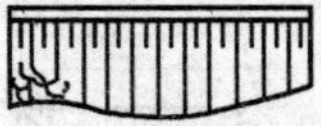	
15	挡土墙	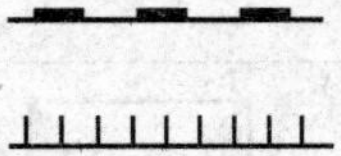	突出的一侧表示被挡土的一方
16	排水明沟	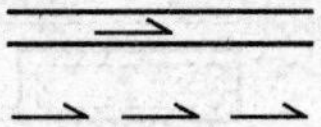	上图用于比例较大的图面； 下图用于比例较小的图面

图名	园林绿地规划设计图例(2)	图号	3-1

园林绿地规划设计图例(3)

序号	名　称	图　例	说　明
17	有盖的排水沟	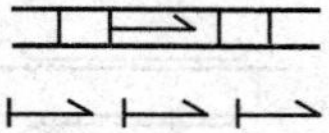	上图用于比例较大的图面； 下图用于比例较小的图面
18	雨水井		
19	消火栓井		
20	喷灌点		
21	道　路	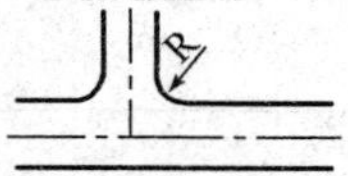	
22	铺装路面		
23	台　阶		箭头指向表示向上
24	铺砌场地	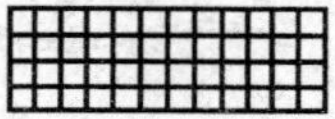	也可依据设计形态表示

图名	园林绿地规划设计图例(3)	图号	3-1

园林绿地规划设计图例(4)

序号	名　称	图　例	说　明
25	车行桥	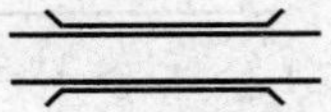	也可依据设计形态表示
26	人行桥	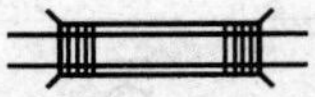	
27	亭　桥	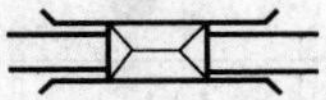	
28	铁索桥		
29	汀　步	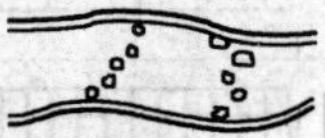	

图名	园林绿地规划设计图例(4)	图号	3-1

园林绿地规划设计图例(5)

序号	名　称	图　例	说　明
30	涵　洞	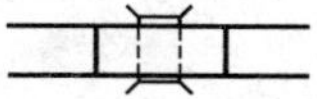	
31	水　闸	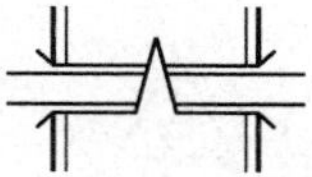	
32	码　头	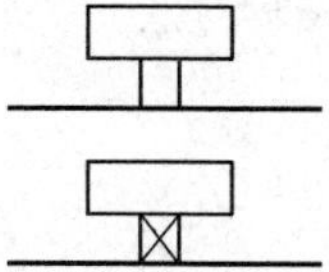	上图为固定码头； 下图为浮动码头
33	驳　岸	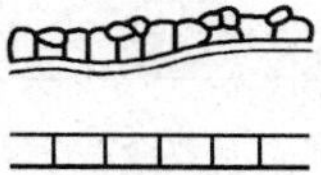	上图为假山石自然式驳岸； 下图为整形砌筑规划式驳岸

图名	园林绿地规划设计图例(5)	图号	3-1

城市绿地系统规划图例(1)

城市绿地系统规划图例

序号	名　称	图　例	说　明
工程设施			
1	电视差转台		
2	发电站		
3	变电所		
4	给水厂		
5	污水处理厂		
6	垃圾处理站		

图名	城市绿地系统规划图例(1)	图号	3-2

城市绿地系统规划图例(2)

序号	名　称	图　例	说　明
7	公路、汽车游览路		上图以双线表示,用中实线;下图以单线表示,用粗实线
8	小路、步行游览路	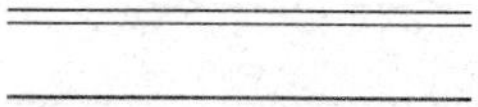	上图以双线表示,用细实线;下图以单线表示,用中实线
9	山地步游小路	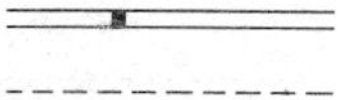	上图以双线加台阶表示,用细实线;下图以单线表示,用虚线
10	隧　道	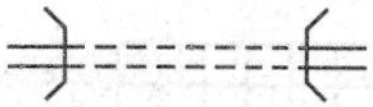	
11	架空索道线		
12	斜坡缆车线		
13	高架轻轨线		

图名	城市绿地系统规划图例(2)	图号	3-2

城市绿地系统规划图例(3)

序号	名称	图例	说明
14	水上游览线	- - - - - - - - - - - -	细虚线
15	架空电力电讯线	—o—代号—o—	粗实线中插入管线代号，管线代号按现行国家有关标准的规定标注
16	管　线	——代号——	
		用地类型	
17	村镇建设地	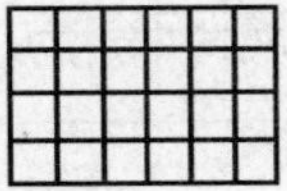	
18	风景游览地	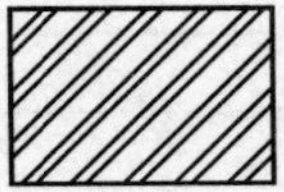	图中斜线与水平线成45°角

图名	城市绿地系统规划图例(3)	图号	3-2

城市绿地系统规划图例(4)

序号	名 称	图 例	说 明
19	旅游度假地		
20	服务设施地	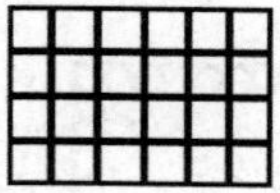	
21	市政设施地		
22	农业用地		

图名	城市绿地系统规划图例(4)	图号	3-2

城市绿地系统规划图例(5)

序号	名　称	图　例	说　明
23	游憩、观赏绿地	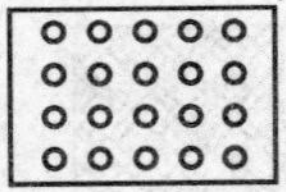	
		工程设施	
24	防护绿地		
25	文物保护地	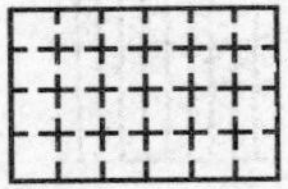	包括地面和地下两大类，地下文物保护地外框用粗虚线表示
26	苗圃花圃用地	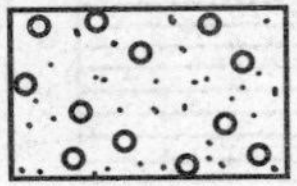	

图名	城市绿地系统规划图例(5)	图号	3-2

城市绿地系统规划图例(6)

序号	名　称	图　例	说　明
27	特殊用地		
28	针叶林地		需区分天然林地、人工林地时,可用细线界框表示天然林地,粗线界框表示人工林地
29	阔叶林地		
30	针阔混交林地		

图名	城市绿地系统规划图例(6)	图号	3-2

城市绿地系统规划图例(7)

序号	名　称	图　例	说　明
31	灌木林地	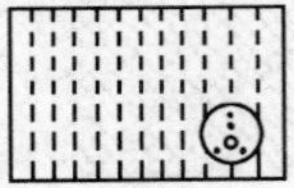	
32	竹林地		
33	经济林地		
34	草原、草甸	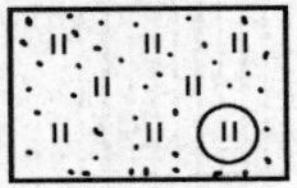	

图名	城市绿地系统规划图例(7)	图号	3-2

种植工程常用图例(1)

种植工程常用图例

序号	名称	图例	说明
1	落叶阔叶乔木		落叶乔、灌木均不填斜线;常绿乔、灌木加画45°细斜线。 阔叶树的外围线用弧裂形或圆形线;针叶树的外围线用锯齿形或斜刺形线。 乔木外形成圆形;灌木外形成不规则形。 乔木图例中粗线小圆表示现有乔木,细线小十字表示设计乔木;灌木图例中黑点表示种植位置。 凡大片树林可省略图例中的小圆、小十字及黑点
2	常绿阔叶乔木	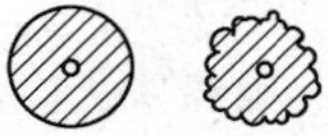	
3	落叶针叶乔木	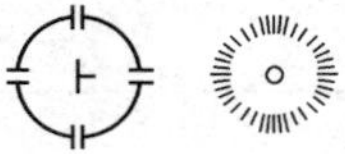	
4	常绿针叶乔木	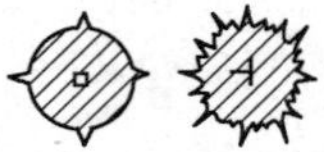	
5	落叶灌木	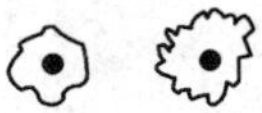	
6	常绿灌木		

图名	种植工程常用图例(1)	图号	3-3

种植工程常用图例(2)

序号	名　　称	图　　例	说　　明
7	阔叶乔木疏林		
8	针叶乔木疏林		常绿林或落叶林根据图画表现的需要加或不加 45° 细斜线
9	阔叶乔木密林		
10	针叶乔木密林	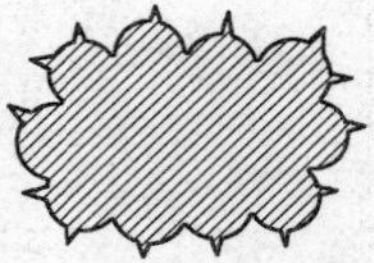	

图名	种植工程常用图例(2)	图号	3-3

种植工程常用图例(3)

序号	名　称	图　例	说　明
11	落叶灌木疏林	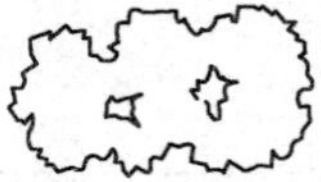	
12	落叶花灌木疏林	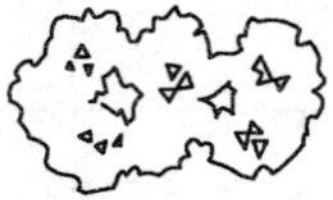	
13	常绿灌木密林	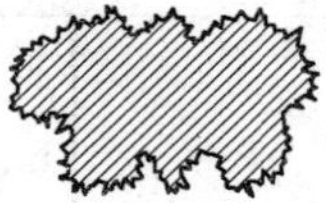	
14	常绿花灌木密林	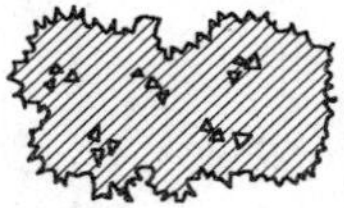	

图名	种植工程常用图例(3)	图号	3-3

种植工程常用图例(4)

序号	名称	图例	说明
15	自然形绿篱		
16	整形绿篱		
17	镶边植物	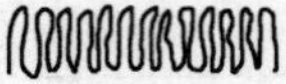	
18	一、二年生草木花卉	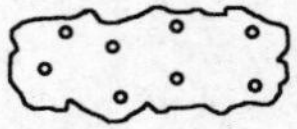	
19	多年生及宿根草木花卉		

图名	种植工程常用图例(4)	图号	3-3

种植工程常用图例(5)

序号	名称	图例	说明
20	一般草皮	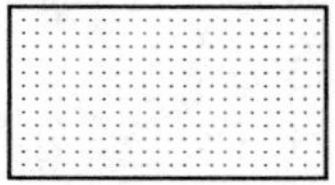	
21	缀花草皮		
22	整形树木	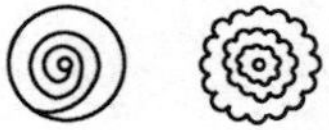	
23	竹丛		

图名	种植工程常用图例(5)	图号	3-3

种植工程常用图例(6)

序号	名　　称	图　　例	说　　明
24	棕榈植物		
25	仙人掌植物		
26	藤本植物		
27	水生植物		

图名	种植工程常用图例(6)	图号	3-3

枝干形态常用图例

枝干形态常用图例

序号	名 称	图 例	说 明
1	主轴干侧分枝形		
2	主轴干无分枝形		
3	无主轴干多枝形		

图名	枝干形态常用图例	图号	3-4

绿地喷灌工程图例(1)

绿地喷灌工程图例

序号	名　称	图　例	说　明	序号	名　称	图　例	说　明
1	偏心异径管			7	存水弯	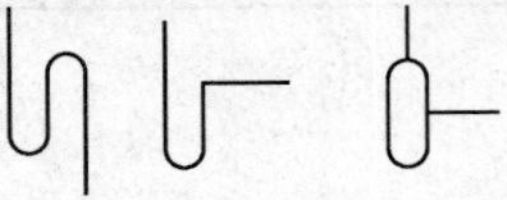	
2	异径管	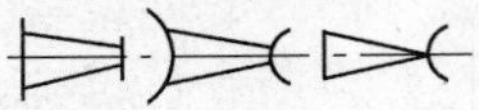		8	弯　头	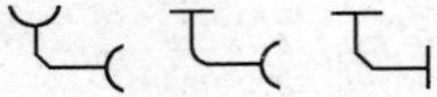	
3	乙字管	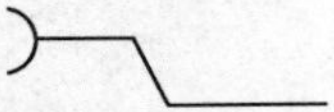		9	正三通	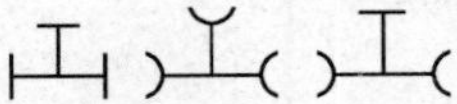	
4	喇叭口			10	斜三通		
5	转动接头	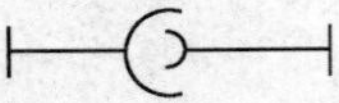		11	正四通		
6	短　管	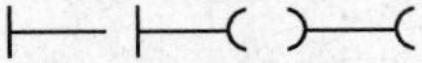		12	斜四通	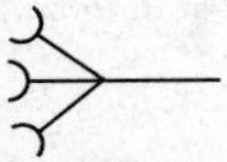	

图名	绿地喷灌工程图例(1)	图号	3-5

绿地喷灌工程图例(2)

序号	名称	图例	说明	序号	名称	图例	说明
13	浴盆排水件	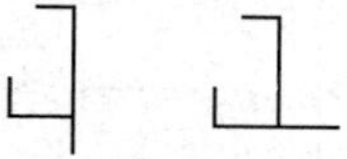		19	电动阀		
14	闸阀			20	液动阀	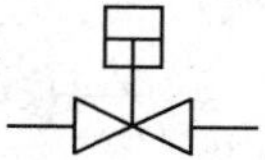	
15	角阀	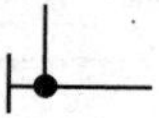		21	气动阀		
16	三通阀	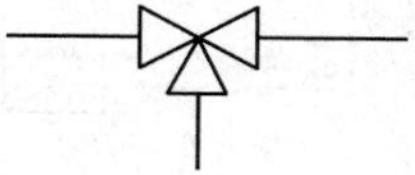		22	减压阀	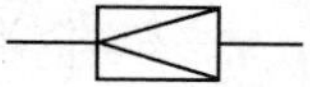	左侧为高压端
17	四通阀	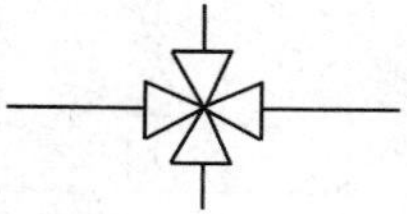		23	旋塞阀	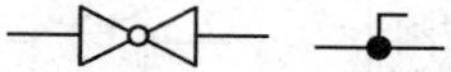 平面 系统	
18	截止阀			24	底阀	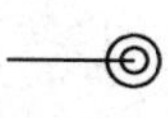	

图名	绿地喷灌工程图例(2)	图号	3-5

绿地喷灌工程图例(3)

序号	名称	图例	说明	序号	名称	图例	说明
25	球阀			31	电磁阀		
26	隔膜阀			32	止回阀		
27	气开隔膜阀	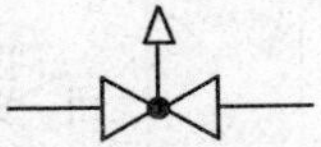		33	消声止回阀	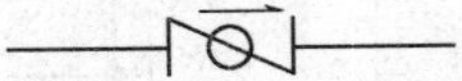	
28	气闭隔膜阀			34	蝶阀		
29	温度调节阀			35	弹簧安全阀	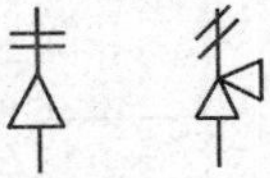	左为通用符号
30	压力调节阀			36	平衡锤安全阀	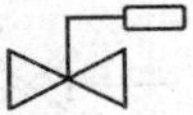	

图名	绿地喷灌工程图例(3)	图号	3-5

绿地喷灌工程图例(4)

序号	名 称	图 例	说 明
37	自动排气阀	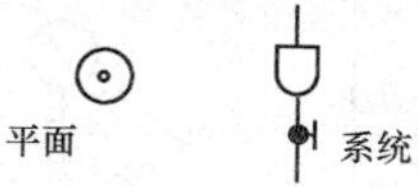	
38	浮球阀	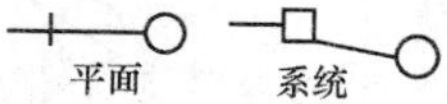	
39	延时自闭冲洗阀		
40	吸水喇叭口		
41	疏水器		
42	法兰连接	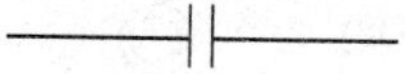	
43	承插连接		
44	活接头	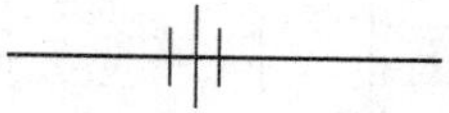	
45	管 堵		
46	法兰堵盖		
47	弯折管		表示管道向后及向下弯转 90°
48	三通连接	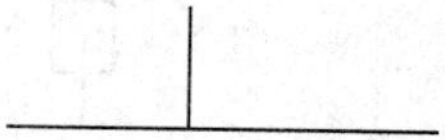	

图名	绿地喷灌工程图例(4)	图号	3-5

绿地喷灌工程图例(5)

序号	名称	图例	说明
49	四通连接	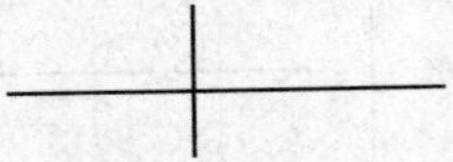	
50	盲板	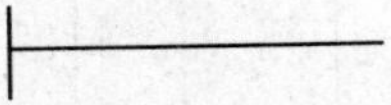	
51	管道丁字上接	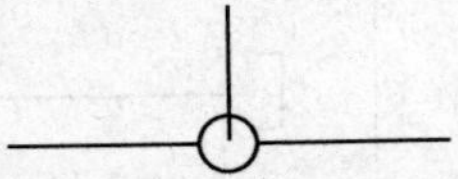	
52	管道丁字下接	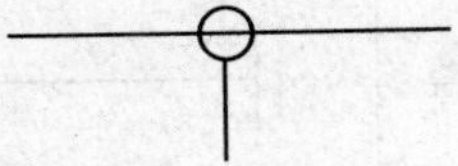	
53	管道交叉	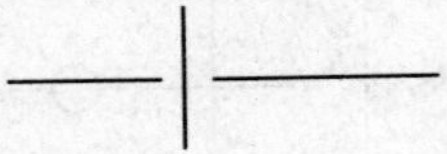	在下方和后面的管道应断开
54	温度计		
55	压力表		
56	自动记录压力表		
57	压力控制器		
58	水表		
59	自动记录流量计	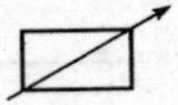	
60	转子流量计		

图名	绿地喷灌工程图例(5)	图号	3-5

绿地喷灌工程图例(6)

序号	名称	图例	说明
61	真空表		
62	温度传感器	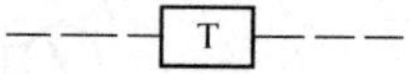	
63	压力传感器	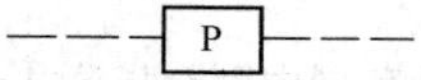	
64	pH 值传感器	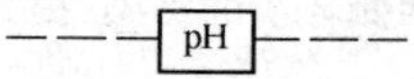	
65	酸传感器	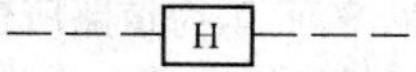	
66	碱传感器	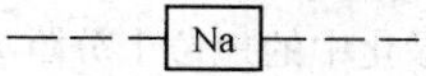	
67	氯传感器	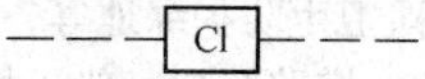	

图名	绿地喷灌工程图例(6)	图号	3-5

园林绿地的分类

园林绿地一般可分为公共绿地、专用绿地、防护绿地、道路绿地及其他绿地。

(1)公共绿地。公共绿地也称公共游憩绿地、公园绿地，是向公众开放，有一定游憩设施的绿化用地，包括其范围内的水域。在城市建设用地分类中，公共绿地分公园和街头绿地两类。前者包括各级游憩公园和特种公园，后者指城市干道旁所建的小型公园或沿滨河、滨海道路所建的带状游憩绿地，或起装饰作用的绿化用地。公共绿地是城市绿地系统的主要组成部分，除供群众户外游憩外，还有改善城市气候卫生环境、防灾避难和美化市容等作用。

(2)专用绿地。专用绿地是私人住宅和工厂、企业、机关、学校、医院等单位范围内庭园绿地的统称，由各单位负责建造、使用和管理。在城市规划中其面积包括在各单位用地之内。大多数城市还规定了专用绿地在各类用地中应占的面积比例。在许多城市的绿地总面积和绿地覆盖率中，专用绿地所占比例很大而且分布均匀，对改善整个城市的气候卫生条件作用显著，因此在城市绿化中的地位十分重要。

不同性质的单位对环境功能的要求在改善气候卫生条件、美化景观、户外活动等方面重点不同，因而专用绿地的内容、布局、形式、植物结构等方面也应各有特点。

(3)防护绿地。防护绿地一般指专为防御、减轻自然灾害或工业交通等污染而营建的绿地，如防风林、固沙林、水土保持绿化、海岸防护林、卫生防护绿地等。

(4)道路绿地。道路绿地一般泛指道路两侧的植物种植，但在城市规划专业范围中则专指公共道路红线范围内除铺装界面以外全部绿化及园林布置内容，包括行道树、路边绿地、交通安全岛和分车带的绿化。这些绿地带与给水、排水、供电、供热、供气、电信等城市基础设施的用地混合配置，树冠又常覆盖在路面上方，因此不单独划拨绿化用地，但其绿化覆盖面积在许多城市的绿地覆盖总面积中占举足轻重的比例。

道路绿地的主要目的在于改善路上行人、车辆的气候和卫生环境；减少对两侧环境的污染；提高效率和安全率；美化道路景观。

(5)其他绿地。园林绿地的其他类型一般包括国家公园、风景名胜区及保护区等

图名	园林绿地的分类	图号	3-6

绿地整理工程施工简介(1)

序号	项 目	说 明
1	伐树、挖树根、砍挖灌木丛、挖竹根、清除草皮	(1)伐除树木。凡土方开挖深度不大于50cm或填方高度较小的土方施工,对于现场及排水沟中的树木应按当地有关部门的规定办理审批手续,如是名木古树,必须注意保护,并做好移植工作。伐树时必须连根拔除,清理树墩除用人工挖掘外,直径在50cm以上的大树墩可用推土机或用爆破方法清除。建筑物、构筑物基础下土方中不得混有树根、树枝、草及落叶等。 (2)掘苗。将树苗从某地连根(裸根或带土球)起出的操作叫掘苗。 (3)挖坑(槽)。挖坑看似简单,但其质量好坏,对今后植株生长有很大的影响。城市绿化植树必须保证位置准确,符合设计意图。挖坑的规格大小,应根据根系或土球的规格以及土质情况来确定,一般坑径应较根径大一些。挖坑深浅与树种根系分布深浅有直接联系,在确定挖坑深度规格时应予充分考虑,其主要方法有人力挖坑和机械挖坑,前者适合于规格比较小的坑槽挖掘。 (4)清理障碍物。绿化工程用地边界确定之后,凡地界之内,有碍施工的市政设施、农田设施、房屋、树木、坟墓、堆放杂物、违章建筑等,一律应进行拆除和迁移。对这些障碍物的处理,应在现场踏勘的基础上逐项落实,根据有关部门对这些地上障碍物的处理要求,办理各种手续,凡能自行拆除的限期拆除,无力清理的,施工单位应安排力量进行统一清理。对现有房屋的拆除要结合设计要求,如不妨碍施工,可物尽其用,保留一部分作为施工时的工棚或仓库,待施工后期进行拆除。对现有树木的处理要持慎重态度,对于病虫严重的、衰老的树木应予砍伐;凡能结合绿化设计可以保留的尽量保留,无法保留的可进行迁移。 (5)现场清理。植树工程竣工后(一般指定植灌完3次水后),应将施工现场彻底清理干净,其主要内容为封堰,单株浇水的应将树堰埋平,若是秋季植树,应在树堰内起约20m高的土堆;整畦,大畦灌水的应将畦埂整理整齐,畦内进行深中耕;清扫保洁,最后将施工现场全面清扫一次,将无用杂物处理干净,并注意保洁,真正做到场光地净、文明施工

图名	绿地整理工程施工简介(1)	图号	3-7

绿地整理工程施工简介(2)

序号	项目	说明
1	伐树、挖树根、砍挖灌木丛、挖竹根、清除草皮	(6)清除草皮。杂草与杂物的清除目的是为了便于土地的耕翻与平整,但更主要的是为了消灭多年生杂草,为避免草坪建成后杂草与草坪争水分、养料,所以在种草前应彻底加以消灭。可用"草甘膦"等灭生性的内吸传导型除草剂[0.2～0.4mL/m^2(成分量)],使用后2周可开始种草。此外还应把瓦块、石砾等杂物全部清出场地外。瓦砾等杂物多的土层应用10mm×10mm的网筛过一遍,以确保杂物除净
2	整理绿化用地	在土方调配图中,一般都按照就近挖方就近填方的原则,采取土石方就地平衡的方式。土石方就地平衡可以极大地减小土方的搬运距离,从而能够节省人力,降低施工费用。 (1)人工转运土方一般为短途的小搬运。搬运方式有用人力车拉、用手推车推或由人力肩挑背扛等,这种转运方式在有些园林局部或小型工程施工中常采用。 (2)机械转运土方通常为长距离运土或工程量很大时的运土,运输工具主要是装载机和汽车。根据工程施工特点和工程量大小的不同,还可采用半机械化和人工相结合的方式转运土方。另外,在土方转运过程中,应充分考虑运输路线的安排、组织,尽量使路线最短,以节省运力。土方的装卸应有专人指挥,要做到卸土位置准确,运土路线顺畅,能够避免混乱和窝工。汽车长距离转运土方需要经过城市街道时,车厢不能装得太满,在驶出工地之前应当将车轮粘上的泥土全扫掉,不得在街道上撒落泥土和污染环境

图名	绿地整理工程施工简介(2)	图号	3-7

栽植花木工程施工简介(1)

序号	项 目	说 明
1	栽植乔木、竹类、棕榈类、灌木	(1)起挖。起挖应先根据树干的种类、株行距和干径的大小确定在植株根部留土台的大小。一般按苗胸高直径的8～10倍确定土台。按照比土台大10cm左右,划一正方形,然后沿线印外缘挖一宽60～80cm的沟,沟深应与土台高度相等。挖掘树木时,应随时用箱板进行校正,保证土台的上端尺寸与箱板尺寸完全符合,土台下端可比上端略小。挖掘时如遇有较大的侧根,可用手锯或剪子切断。 1)选苗。在掘苗之前,首先要进行选苗,除了根据设计提出对规格和树形的特殊要求外,还要注意选择生长健壮、无病虫害、无机械损伤、树形端正和根系发达的苗木。做行道树种植的苗木分枝点应不低于2.5m。选苗时还应考虑起苗包装运输的方便,苗木选定后,要挂牌或在根基部位画出明显标记,以免挖错。 2)掘苗前的准备工作。起苗时间最好是在秋天落叶后或土冻前、解冻后均可,因此时正值苗木休眠期,生理活动微弱,起苗对它们影响不大,起苗时间和栽植时间最好能紧密配合,做到随起随栽。为了便于挖掘,起苗前1～3d可适当浇水使泥土松软,对起裸根苗来说也便于多带宿土,少伤根系。 3)掘苗规格。掘苗规格主要指根据苗高或苗木胸径确定苗木的根系大小。苗木的根系是苗木的重要器官,受伤的、不完整的根系将影响苗木生长和苗木成活,苗木根系是苗木分级的重要指标。因此,起苗时要保证苗木根系符合有关的规格要求。 4)掘苗。掘苗时间和栽植时间最好能紧密配合,做到随起随栽。为了挖掘方便,掘苗前1～3d可适当浇水使泥土松软,对起裸根苗来说也便于多带宿土,少伤根系。掘苗时,常绿苗应当带有完整的根团土球,土球散落的苗木成活率会降低。土球的大小一般可按树木胸径的10倍左右确定。对于特别难成活的树种要考虑加大土球,土球高度一般可比宽度少5～10cm。一般的落叶树苗也多带有土球,但在秋季和早春起苗移栽时,也可裸根起苗。裸根苗木若运输距离比较远,需要在根蔸里填塞湿草,或在其外包裹塑料薄膜保湿,以免根系失水过多,影响栽植成活率。为了减少树苗水分蒸腾,提高移栽成活率,掘苗后,装车前应进行粗略修剪。 5)包装。花木在掘苗后装车前应进行粗略修剪,以便于装车运输和减少树木水分的蒸发

图名	栽植花木工程施工简介(1)	图号	3-8

栽植花木工程施工简介(2)

序号	项　目	说　　明
1	栽植乔木、竹类、棕榈类、灌木	包装前应先对根系进行处理，一般是先用泥浆或水凝胶等吸水保水物质蘸根，以减少根系失水，然后再包装。泥浆一般是用黏度比较大的土壤，加水调成糊状，水凝胶是由吸水极强的高分子树脂加水稀释而成的。 包装要在背风庇荫处进行，有条件时可在室内、棚内进行。包装材料可用麻袋、蒲包、稻草包、塑料薄膜、牛皮纸袋、塑膜纸袋等。无论是包裹根系，还是全苗包装，包裹后要将封口扎紧，减少水分蒸发、防止包装材料脱落。将同一品种相同等级的存放在一起，挂上标签，便于管理和销售。包装的程度视运输距离和存放时间确定。运距短，存放时间短，包装可简便一些；运距长，存放时间长，包装要细致一些。 (2)运输。 1)装运根苗。装运乔木时，应将树根朝前，树梢向后，顺序安(码)放。车后厢板，应铺垫草袋、蒲包等物，以防碰伤树根、干皮。树梢不得拖地，必要时要用绳子围绕吊起，捆绳子的地方也要用蒲包垫上，不要使其勒伤树皮。装车不得超高，压得不要太紧。装完后用苫布将树根盖严、捆好，以防树根失水。 2)装运带土球苗。2m以下的苗木可以立装；2m以上的苗木必须斜放或平放。土球朝前，树梢向后，并用木架将树冠架稳。土球直径大于20cm的苗木只装一层，小土球可以码放2～3层。土球之间必须安(码)放紧密，以防摇晃，土球上不准站人或放置重物。 3)卸车。苗木在装卸车时应轻吊轻放，不得损伤苗木和造成散球。起吊带土球(台)的小型苗木时，应用绳网兜土球吊起，不得用绳索缚捆根茎起吊。重量超过1t的大型土球，应在土球外部套钢丝缆起吊。 (3)栽植。 1)栽植的方法。栽植应根据树木的习性和当地的气候条件，选择最适宜的时期进行。首先将苗木的土球或根蔸放入种植穴内，使其居中，再将树干立起扶正，使其保持垂直；然后分层回填种植土，填土后将树根稍向上提一提，使根群舒展开，每填一层土就要用锄把土压紧实，直到填满穴坑，并使土面能够盖住树木的根茎部位，检查扶正后，把余下的穴土绕根茎一周进行培土，做成环形的拦水围堰，其围堰的直径应略大于种植穴的直径。堰土要拍压紧实，不能松散

图名	栽植花木工程施工简介(2)	图号	3-8

栽植花木工程施工简介(3)

序号	项目	说明
1	栽植乔木、竹类、棕榈类、灌木	种植裸根树木时,将原根基埋下 3～5cm 即可。应将种植穴底填土呈半圆土堆,置入树木填土至 1/3 时,轻提树干使根系舒展,并充分接触土壤,随填土分层踏实。带土球树木必须踏实穴底土层,而后置入种植穴,填土踏实。绿篱成块种植或群植时,应由中心向外顺序退植。坡式种植时应由上向下种植。大型块植或不同彩色丛植时,宜分区分块。假山或岩缝间种植,应在种植土中掺入苔藓、泥炭等保湿透气材料。落叶乔木在非种植季节种植时,应根据不同情况分别采取以下技术措施: ①苗木必须提前采取疏枝、环状断根或在适宜季节起苗用容器假植等处理。 ②苗木应进行强修剪,剪除部分侧枝,保留的侧枝也应疏剪或短截,并应保留原树冠的 1/3,同时必须加大土球体积。 ③可摘叶的应摘去部分叶片,但不得伤害幼芽。 ④夏季可搭棚遮阴、树冠喷雾、树干保湿,保持空气湿润;冬季应防风防寒。 ⑤干旱地区或干旱季节,种植裸根树木应采取根部喷布生根激素、增加浇水次数等措施。 ⑥对排水不良的种植穴,可在穴底铺 10～15cm 沙砾或铺设渗入管、盲沟,以利排水。 ⑦栽植较大的乔木时,在定植后应加支撑,以防浇水后大风吹倒苗木。 2)栽植注意事项和要求。 ①树身上、下应垂直,如果树干有弯曲,其弯向应朝当下风方向。行列式栽植必须保持横平竖直,左右相差最多不超过树干一半。 ②栽植深度,裸根乔木苗,应较原根茎土痕深 5～10cm;灌木应与原土痕齐;带土球苗木比土球顶部深 2～3cm。 ③行列式植树,应事先栽好"标杆树"。方法是每隔 20 株左右,用皮尺量好位置,先栽好一株,然后以这些标杆树为瞄准依据,全面开展栽植工作。 ④灌水堰筑完后,将捆拢树冠的草绳解开取下,使枝条舒展。 (4)养护。栽植后及时采取养护管理措施,具体如下: 1)立支柱。较大苗木为了防止被风吹倒,应立支柱支撑,多风地区尤应注意;沿海多台风地区,往往需埋水泥预制柱以固定高大乔木

图名	栽植花木工程施工简介(3)	图号	3-8

栽植花木工程施工简介(4)

序号	项　目	说　　　明
1	栽植乔木、竹类、棕榈类、灌木	①单支柱。用固定的木棍或竹竿,斜立于下风方向,深埋入土30cm。支柱与树干之间用草绳隔开,并将两者捆紧。 ②双支柱。用两根木棍在树干两侧,垂直钉入土中。支柱顶部捆一横挡,先用草绳将树干与横挡隔开以防擦伤树皮,然后用绳将树干与横挡捆紧。行道树立支柱,应注意不影响交通,一般不用斜支法,常用双支柱、三脚撑或定型四脚撑。 2)灌水。树木定植后24h内必须浇上第一遍水,定植后第一次灌水称为头水。水要浇透,使泥土充分吸收水分,灌头水主要目的是通过灌水将土壤缝隙填实,保证树根与土壤紧密结合以利根系发育,故亦称为压水。 水灌完后应作一次检查,由于踩不实树身会倒歪,要注意扶正,树盘被冲坏时要修好。之后应连续灌水,尤其是大苗,在气候干旱时,灌水极为重要,千万不可疏忽。常规做法为定植后必须连续灌3次水,之后视情况适时灌水。第一次连续3d灌水后,要及时封堰(穴),即将灌足水的树盘撒上细面土封住,称为封堰,以免蒸发和土表开裂透风。 3)扶直封堰。 ①扶直。浇第一遍水渗入后的次日,应检查树苗是否有倒、歪现象,发现后应及时扶直,并用细土将堰内缝隙填严,将苗木固定好。 ②中耕。水分渗透后,用小锄或铁耙等工具,将土堰内的土表锄松,称中耕。中耕可以切断土壤的毛细管,减少水分蒸发,有利保墒。植树后浇三水之间,都应中耕一次。 ③封堰。浇第三遍水并待水分渗入后,用细土将灌水堰内填平,使封堰土堆稍高于地面。土中如果含有砖石杂质等物,应挑拣出来,以免影响下次开堰。华北、西北等地秋季植树,应在树干基部堆成30cm高的土堆,以保持土壤水分,并能保护树根,防止风吹摇动,影响成活。 4)其他养护管理措施。 ①对受伤枝条和栽前修剪不理想的枝条,应进行复剪。 ②对绿篱进行造型修剪。 ③防治病虫害。 ④进行巡查、围护、看管,防止人为破坏。 ⑤清理场地,做到工完场净,文明施工

图名	栽植花木工程施工简介(4)	图号	3-8

栽植花木工程施工简介(5)

序号	项目	说明
2	栽植绿篱	(1)栽植单行绿篱。绿篱栽植时,先按设计的位置放线,绿篱中心线距道路的距离应等于绿篱养成后宽度的一半。绿篱栽植一般用沟植法,即按行距的宽度开沟,沟深应比苗根深 30～210cm,以便换土施肥,栽植后即日灌足水,次日扶正踩实,并保留一定高度将上部剪去。 (2)栽植双行绿篱。栽植绿篱时,栽植位点有矩形和三角形两种排列方式,株行距视苗木树冠而定。一般株距在 20～40cm 之间,最小可为 15cm,最大可达 60cm(如珊瑚树绿篱)。行距可和株距相等,也可略小于株距。一般的绿篱多采用双行三角形栽种方式,但最窄的绿篱则要采取单行栽种方式,最宽的绿篱也有栽成 5～6 行的。苗木一棵棵栽好后,要在根部均匀地覆盖细土,并用锄把插实;之后,还应全面检查一遍,发现有歪斜的应及时扶正。绿篱的种植沟两侧,要用余下的土做成直线形围堰,以便于拦水。土堰做好后,浇灌定根水,要一次浇透。 绿篱用苗要求下部枝条密集,为达到这一目的,应在苗木出圃的前一年春季剪梢,促使其下部多发枝条。用作绿篱的常绿树,如桧柏、侧柏的土球直径,可比一般常绿树的小一些(土球直径可按树高的 1/3 来确定),栽植绿篱,株行距要均匀,丰满的一面要向外,树冠的高矮和冠丛的大小,要搭配均匀合理。栽植深浅要合适,一般树木应与原土痕印相平,速生杨、柳树可较原土痕印深栽 3～5cm
3	栽植攀缘植物、色带、花卉	(1)攀缘植物栽植。在植物材料选择、具体栽种等方面,攀缘植物的栽植应当按下述方法处理: 1)植物材料处理。用于棚架栽种的植物材料,若是藤本植物,如紫藤、常绿油麻藤等,最好选一根独藤长 5m 以上的;如果是木香、蔷薇之类的攀缘类灌木,因其多为丛生状,要下决心剪掉多数的丛生枝条,只留 1～2 根最长的茎干,以集中养分供应,使今后能够较快地生长,较快地使枝叶盖满棚架。 2)种植槽、穴准备。在花架边栽植藤本植物或攀缘灌木,种植穴应当确定在花架柱子的外侧。穴深 40～60cm,直径 40～80cm,穴底应垫一层基肥并覆盖一层壤土,然后才栽种植物。不挖种植穴,而在花架边沿用砖砌槽填土,作为植物的种植槽,也是花架植物栽植的一种常见方式。种植槽净宽度在 35～100cm 之间,深度不限,但槽顶与槽外地坪之间的高度应控制在 30～70cm 为好。种植槽内所填的土壤,一定要肥沃的栽培土

图名	栽植花木工程施工简介(5)	图号	3-8

栽植花木工程施工简介(6)

序号	项　目	说　　明
3	栽植攀缘植物、色带、花卉	3)栽植。花架植物的具体栽种方法与一般树木基本相同。但是，在根部栽种施工完成之后，还要用竹竿搭在花架柱子旁，把植物的藤蔓牵引到花架顶上。若花架顶上的檩条比较稀疏，还应在檩条之间均匀地放一些竹竿，增加承托面积，以方便植物枝条生长和铺展开来。特别是对缠绕性的藤本植物如紫藤、金银花、常绿油麻藤等更需如此，不然以后新生的藤条相互缠绕一起，难以展开。 (2)栽植色带。栽植色带时，一般选用3～5年生的大苗造林，只有在人迹较少，且又允许造林周期拖长的地方，造林才可选用1～2年生小苗或营养杯幼苗。栽植时，按白灰点标记的种植点挖穴、栽苗、填土、插实、做围堰、灌水。栽植完毕后，最好在色带的一侧设立临时性的护栏，阻止行人横穿色带，保护新栽的树苗。 (3)栽植花卉。从花圃挖起花苗之前，应先灌水浸湿圃地，起苗时根土才不易松散。同种花苗的大小、高矮应尽量保持一致，过于弱小或过于高大的都不要选用。花卉栽植时间，在春、秋、冬三季基本没有限制，但夏季的栽植时间最好在上午11时之前和下午4时以后，要避开太阳暴晒。 花苗运到后，应及时栽植，不要放了很久才栽。栽植花苗时，一般的花坛都从中央开始栽，栽完中部图案纹样后，再向边缘部分扩展栽下去。在单面观赏花坛中栽植时，则要从后边栽起，逐步栽到前边。宿根花卉与1～2年生花卉混植时，应先种植宿根花卉，后种植1～2年生花卉；大型花坛，宜分区、分块种植。在单面观赏花坛中栽植时，则要从后边栽起，逐步栽到前边。若是模纹花坛和标题式花坛，则应先栽模纹、图线、字形，后栽底面的植物。在栽植同一模纹的花卉时，若植株稍有高矮不齐，应以矮植株为准，对较高的植株则栽得深一些，以保持顶面整齐。立体花坛制作模型后，按上述方法种植。 花苗的株行距应随植株大小高低而确定，以成苗后不露出地面为宜。植株小的，株行距可为15cm×15cm；植株中等大小的，可为20cm×20cm至40cm×40cm；对较大的植株，则可采用50cm×50cm的株行距，五色苋及草皮类植物是覆盖型的草类，可不考虑株行距，密集铺种即可。 栽植的深度，对花苗的生长发育有很大的影响，栽植过深，花苗根系生长不良，甚至会腐烂死亡；栽植过浅，则不耐干旱，而且容易倒伏，一般栽植深度，以所埋之土刚好与根茎处相齐为最好。球根类花卉的栽植深度，应更加严格掌握，一般覆土厚度应为球根高度的1～2倍。栽植完成后，要立即浇一次透水，使花苗根系与土壤密切接合，并应保持植株清洁

图名	栽植花木工程施工简介(6)	图号	3-8

栽植花木工程施工简介(7)

序号	项目	说明
4	草坪的施工	(1)草种选择。影响草坪草种或具体品种选择的因素很多。要在了解掌握各类草坪草生物学特性和生态适应性的基础上,根据当地的气候、土壤、用途、对草坪质量的要求及管理水平等因素,进行综合考虑后加以选择。具体步骤包括确定草坪建植区的气候类型,分析掌握其气候特点,决定可供选择的草坪草种,选择具体的草坪草种。 (2)种子建植。大部分冷季型草坪草都能用种子建植法建坪。暖季型草坪草中,假俭草、斑点雀稗、地毯草、野牛草和普通狗牙根均可用种子建植法来建植,也可用无性建植法来建植。马尼拉结缕草、杂交狗牙根则一般常用无性繁殖的方法建坪。 1)播种时间。主要根据草种与气候条件来决定。播种草籽,自春季至秋季均可进行。冬季不过分寒冷的地区,以早秋播种为最好,此时土温较高,根部发育好,耐寒力强,有利越冬,如在初夏播种,冷季型草坪草的幼苗常因受热和干旱而不易存活,同时,夏季一年生杂草也会与冷季型草坪草发生激烈竞争,而且夏季胁迫前根系生长不充分,抗性差。反之,如果播种延误至晚秋,较低的温度会不利于种子的发芽和生长,幼苗越冬时出现发育不良、缺苗、霜冻和随后的干燥脱水会使幼苗死亡。最理想的情况是在冬季到来之前,新植草坪已成坪,草坪草的根和匍匐茎纵横交错,这样才具有抵抗霜冻和土壤侵蚀的能力。 2)播种量。播种量的多少受多种因素限制,包括草坪草种类及品种、发芽率、环境条件、苗床质量、播后管理水平和种子价格等。一般由两个基本要素决定:生长习性和种子大小。每个草坪草种的生长特性各不相同。匍匐茎型和根茎型草坪草一旦发育良好,其蔓伸能力将强于母体。因此,相对低的播种量也能够达到所要求的草坪密度,成坪速度要比种植丛生型草坪草快得多。草地早熟禾具有较强的根茎生长能力,在草地早熟禾草皮生产中,播种量常低于推荐的正常播种量。 3)播种方法按以下方法执行: ①撒播法。播种草坪草时要求把种子均匀地撒于坪床上,并把它们混入6mm深的表土中。播深取决于种子大小,种子越小,播种越浅。播得过深或过浅都会导致出苗率低,如播得过深,在幼苗进行光合作用和从土壤中吸收营养元素之前,胚胎内储存的营养不能满足幼苗的营养需求而导致幼苗死亡。播得过浅,没有充分混合时,种子会被地表径流冲走、被风刮走或发芽后干枯

图名	栽植花木工程施工简介(7)	图号	3-8

栽植花木工程施工简介(8)

序号	项　目	说　　明
4	草坪的施工	②喷播法。喷播是一种把草坪草种子、覆盖物、肥料等混合后加入液流中进行喷射播种的方法。喷播机上安装有大功率、大出水量单嘴喷射系统，把预先混合均匀的种子、黏结剂、覆盖物、肥料、保湿剂、染色剂和水的浆状物，通过高压喷到土壤表面。施肥、播种与覆盖一次操作完成，特别适宜陡坡场地，如高速公路、堤坝等大面积草坪的建植。该方法中，混合材料选择及其配比是保证播种质量效果的关键。喷播使种子留在表面，不能与土壤混合和进行滚压，通常需要在上面覆盖植物(秸秆或无纺布)才能获得满意的效果。当气候干旱、土壤水分蒸发太大、太快时，应及时喷水。 (3)营养体建植。用于建植草坪的营养体繁殖方法包括铺草皮、栽草块、栽枝条和匍匐茎。除铺草皮之外，以上方法仅限于在强匍匐茎或强根茎生长习性的草坪草繁殖建坪中使用。营养体建植与播种相比，其主要优点是见效快。 1)草皮铺栽法。这种方法的主要优点是形成草坪快，可以在任何时候(北方封冻期除外)进行，且栽后管理容易；缺点是成本高，并要求有丰富的草源。质量良好的草皮均匀一致、无病虫、杂草，根系发达，在起卷、运输和铺植操作过程中不会散落，并能在铺植后1～2周内扎根。起草皮时，厚度应该越薄越好，所带土壤以1.5～2.5cm为宜，草皮中无或有少量枯草层形成。也可以把草皮上的土壤洗掉以减轻重量，促进扎根，减少草皮土壤与移植地土壤质地差异较大而引起土壤层次形成的问题。 2)直栽法。直栽法是将草块均匀栽植在坪床上的一种草坪建植方法。草块是由草坪或草皮分割成的小的块状草坪。草块上带有约5cm厚的土壤。 3)枝条匍茎法。枝条和匍匐茎是单株植物或者是含有几个节的植株的一部分，节上可以长出新的植株。插枝条法通常的做法是把枝条种在条沟中，相距15～30cm，深5～7cm。每根枝条要有2～4个节，栽植过程中，要在条沟填土后使一部分枝条露出土壤表层。插入枝条后要立刻滚压和灌溉，以加速草坪草的恢复和生长。也可使用直栽法中使用的机械来栽植，它把枝条(而非草坪块)成束地送入机器的滑槽内，并且自动地种植在条沟中。有时也可直接把枝条放在土壤表面，然后用扁棍把枝条插入土壤中

图名	栽植花木工程施工简介(8)	图号	3-8

花坛工程施工简介(1)

序号	项　目	说　　明
1	整地	开辟花坛之前，一定要先整地，将土壤深翻40～50cm，挑出草根、石头及其他杂物。如果栽植深根性花木，还要翻得更深一些；如土质很坏，则应全都换成好土。根据需要，施加适量肥性平和、肥效长久、经充分腐熟的有机肥作底肥。 为便于观赏和有利排水，花坛表面应处理成一定坡度，可根据花坛所在位置，决定坡的形状，若从四面观赏，可处理成尖顶状、台阶状、圆丘状等形式；如果只单面观赏，则可处理成一面坡的形式。 花坛的地面，应高出所在地平面，尤其是四周地势较低之处，更应该如此。同时，应作边界，以固定土壤
2	花坛边缘石砌筑	(1)基槽施工。沿着已有的花坛边线开挖边缘石基槽。基槽的开挖宽度应比边缘石基础宽10cm左右，深度可在12～20cm之间。槽底土面要整平、夯实，有松软处要进行加固，不得留下不均匀沉降的隐患。在砌基础之前，槽底还应做一个3～5cm厚的粗砂垫层，作基础施工找平用。 (2)矮墙施工。边缘石多以砖砌筑15～45cm高的矮墙，其基础和墙体可用1∶2水泥砂浆或M2.5混合砂浆砌MU10标准砖做成。矮墙砌筑好之后，回填泥土将基础埋上，并夯实泥土。再用水泥和粗砂配成1∶2.5的水泥砂浆，对边缘石的墙面抹面，抹平即可，不可抹光。最后，按照设计，用磨制花岗石石片、釉面墙地砖等贴面装饰，或者用彩色水磨石、干粘石等方法饰面。 (3)花饰施工。对于设计有金属矮栏花饰的花坛，应在边缘石饰面之前安装好。矮栏的柱脚要埋入边缘石，用水泥砂浆浇筑固定。待矮栏花饰安装好后，才进行边缘石的饰面工序

图名	花坛工程施工简介(1)	图号	3-9

花坛工程施工简介(2)

序号	项　目	说　　　明
3	栽植	(1)起苗。 1)裸根苗:应随栽随起,尽量保持根系完整。 2)带土球苗:如果花圃土地干燥,应事先灌水。起苗时要保持土球完整,根系丰满,如果土壤过于松散,可用手轻轻捏实,起苗后,最好于阴凉处囤放 1～2d,再运苗栽植。这样,可以保证土壤不松散,又可以缓缓苗,有利于成活。 3)盆育花苗:栽时最好将盆退去,但应保证盆土不散。也可以连盆栽入花坛。 (2)花苗栽入花坛的基本方式。 1)一般花坛。如果是小花苗就具有一定的观赏价值,可以将幼苗直接定植,但应保持合理的株行距,甚至还可以直接在花坛内播花籽,出苗后及时间苗管理。这种方式不但省人力、物力,而且也有利于花卉的生长。 2)重点花坛。一般应事先在花圃内育苗。待花苗基本长成后,在适当时期,选择符合要求的花苗,栽入花坛内。这种方法比较复杂,各方面的花费也较多,但可以及时发挥效果。 宿根花卉和一部分盆花,也可以按上述方法处理

图名	花坛工程施工简介(2)	图号	3-9

绿地喷灌工程施工简介(1)

序号	项　目	说　　明
1	喷灌设备及布置	喷灌机主要是由压水、输水和喷头 3 个主要结构部分构成的。压水部分通常有发动机和离心式水泵，主要是为喷灌系统提供动力和为水加压，使管道系统中的水压保持在一个较高的水平上。输水部分是由输水主管和分管构成的管道系统。喷头部分则有以下所述类别： (1)喷头。按照喷头的工作压力与射程来分，可把喷灌用的喷头分为高压远射程、中压中射程和低压近射程 3 类喷头。而根据喷头的结构形式与水流形状，则可把喷头分为旋转类、漫射类和孔管类 3 种类型。 (2)喷头的布置。喷灌系统喷头的布置形式有矩形、正方形、正三角形和等腰三角形 4 种。在实际工作中采用什么样的喷头布置形式，主要取决于喷头的性能和拟灌溉的地段情况。表 1 中的图主要表示出喷头的不同组合方式与灌溉效果的关系

喷头的布置形式　　表 1

序号	喷头组合图形	喷洒方式	喷头间距 L 支管间距 b 与射程 R 的关系	有效控制面积 S	适用情况
A	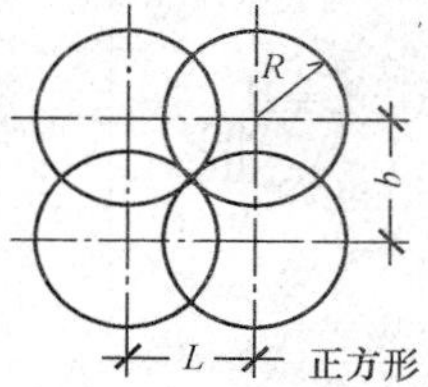	全圆形	$L=b=1.42R$	$S=2R^2$	在风向改变频繁的地方效果较好

图名	绿地喷灌工程施工简介(1)	图号	3-10

绿地喷灌工程施工简介(2)

续表

序号	项目	说明					
		序号	喷头组合图形	喷洒方式	喷头间距 L 支管间距 b 与射程 R 的关系	有效控制面积 S	适用情况
1	喷灌设备及布置	B	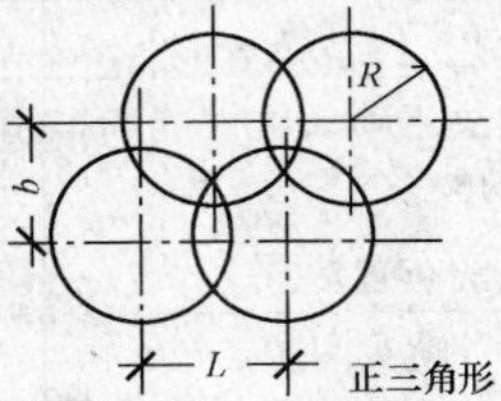	全圆形	$L=1.73R$ $b=1.5R$	$S=2.6R^2$	在无风的情况下喷灌的均度最好
		C	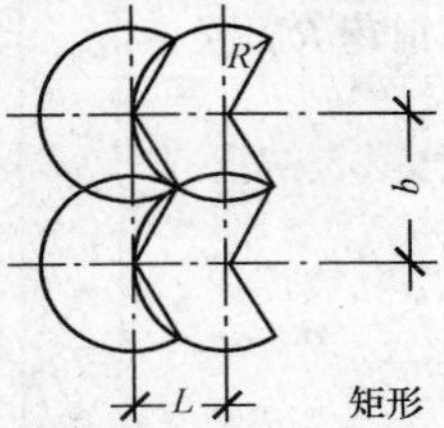	扇形	$L=R$ $b=1.73R$	$S=1.73R^2$	较 A、B 节省管道

图名	绿地喷灌工程施工简介(2)	图号	3-10

绿地喷灌工程施工简介(3)

<table>
<tr><th>序号</th><th>项 目</th><th>说 明</th></tr>
<tr><td>1</td><td>喷灌设备及布置</td><td>
续表
<table>
<tr><th>序号</th><th>喷头组合图形</th><th>喷洒方式</th><th>喷头间距 L
支管间距 b
与射程 R 的关系</th><th>有效控制面积 S</th><th>适用情况</th></tr>
<tr><td>D</td><td>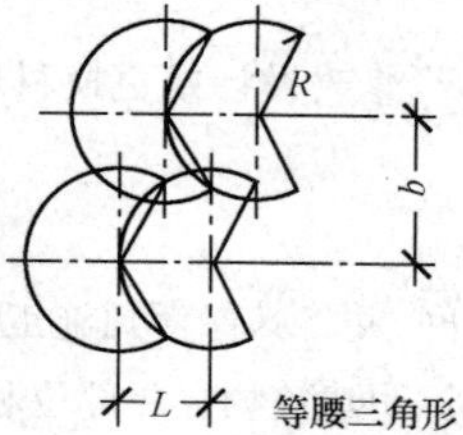

等腰三角形</td><td>扇形</td><td>$L=R$
$b=1.87R$</td><td>$S=1.865R^2$</td><td>同 C</td></tr>
</table>
注:R 是喷头的设计射程,应小于喷头的最大射程。根据喷灌系统形式、当地的风速、动力的可靠程度等来确定一个系数,对于移动式喷灌系统一般可采用 0.9;对于固定式系统,由于竖管装好后就无法移动,如有空白就无法补救,故可以考虑采用 0.8;对于多风地区可采用 0.7。
(3)设备选择。
1)喷头的选择应符合喷灌系统设计要求。灌溉季节风大的地区或树下喷灌的喷灌系统,宜采用低仰角喷头
</td></tr>
</table>

图名	绿地喷灌工程施工简介(3)	图号	3-10

绿地喷灌工程施工简介(4)

序号	项　目	说　　明
1	喷灌设备及布置	2)管及管件的选择,应使其工作压力符合喷灌系统设计工作压力的要求。 3)水泵的选择应满足喷灌系统设计流量和设计水头的要求,水泵应在高效区运行。对于采用多台水泵的恒压喷灌泵站来说,所选各泵的流量—扬程曲线,在规定的恒压范围内应能相互搭接。 4)喷灌机应根据灌区的地形、土壤、作物等条件进行选择,并满足系统设计要求。 (4)喷灌施工。 1)喷灌工程施工、安装应按已批准的设计进行,修改设计或更换材料设备应经设计部门同意,必要时需经主管部门批准。 2)工程施工,应符合下列程序和要求: ①施工放样。施工现场应设置施工测量控制网,并将其保存到施工完毕;应定出建筑物的主轴线或纵横轴线、基坑开挖线与建筑物轮廓线等;应标明建筑物主要部位和基坑开挖的高程。 ②基坑开挖。必须保证基坑边坡稳定。若基坑挖好后不能进行下道工序,应预留15～30cm土层不挖,待下道工序开始前再挖至设计标高。 ③基坑排水。应设置明沟或井点排水系统,将基坑积水排走。 ④基础处理。基坑地基承载力小于设计要求时,必须进行基础处理。 ⑤回填。砌筑完毕,应待砌体砂浆或混凝土凝固达到设计强度后回填,回填土应干湿适宜,分层夯实,与砌体接触密实

图名	绿地喷灌工程施工简介(4)	图号	3-10

绿地整理工程工程量清单项目设置及工程量计算规则(1)

绿地整理(编码:050101)

项目编码	项目名称	项目特征	计量单位	工程量计算规则	工作内容
050101001	砍伐乔木	树干胸径	株	按数量计算	1. 砍伐 2. 废弃物运输 3. 场地清理
050101002	挖树根(蔸)	地径	株	按数量计算	1. 挖树根 2. 废弃物运输 3. 场地清理
050101003	砍挖灌木丛及根	丛高或蓬径	1. 株 2. m^2	1. 以株计量,按数量计算 2. 以平方米计量,按面积计算	1. 砍挖 2. 废弃物运输 3. 场地清理
050101004	砍挖竹及根	根盘直径	株(丛)	按数量计算	1. 砍挖 2. 废弃物运输 3. 场地清理
050101005	砍挖芦苇(或其他水生植物)及根	根盘丛径	m^2	按面积计算	1. 砍挖 2. 废弃物运输 3. 场地清理
050101006	清除草皮	草皮种类	m^2	按面积计算	1. 除草 2. 废弃物运输 3. 场地清理
050101007	清除地被植物	植物种类	m^2	按面积计算	1. 清除植物 2. 废弃物运输 3. 场地清理

图名	绿地整理工程工程量清单项目设置及工程量计算规则(1)	图号	3-11

绿地整理工程工程量清单项目设置及工程量计算规则(2)

绿地整理(编码:050101)

项目编码	项目名称	项目特征	计量单位	工程量计算规则	工作内容
050101008	屋面清理	1. 屋面做法 2. 屋面高度	m^2	按设计图示尺寸以面积计算	1. 原屋面清扫 2. 废弃物运输 3. 场地清理
050101009	种植土回(换)填	1. 回填土质要求 2. 取土运距 3. 回填厚度 4. 弃土运距	1. m^3 2. 株	1. 以立方米计量,按设计图示回填面积乘以回填厚度以体积计算 2. 以株计量,按设计图示数量计算	1. 土方挖、运 2. 回填 3. 找平、找坡 4. 废弃物运输
0501010010	整理绿化用地	1. 回填土质要求 2. 取土运距 3. 回填厚度 4. 找平找坡要求 5. 弃渣运距	m^2	按设计图示尺寸以面积计算	1. 排地表水 2. 土方挖、运 3. 耙细、过筛 4. 回填 5. 找平、找坡 6. 拍实 7. 废弃物运输

图名	绿地整理工程工程量清单项目设置及工程量计算规则(2)	图号	3-11

绿地整理工程工程量清单项目设置及工程量计算规则(3)

绿地整理(编码:050101)

项目编码	项目名称	项目特征	计量单位	工程量计算规则	工作内容
0501010011	绿地起坡造型	1. 回填土质要求 2. 取土运距 3. 起坡平均高度	m^3	按设计图示尺寸以体积计算	1. 排地表水 2. 土方挖、运 3. 耙细、过筛 4. 回填 5. 找平、找坡 6. 废弃物运输
0501010012	屋顶花园基底处理	1. 找平层厚度、砂浆种类、强度等级 2. 防水层种类、做法 3. 防水层厚度、材质 4. 过滤层厚度、材质 5. 回填轻质土厚度、种类 6. 屋面高度 7. 阻根层厚度、材质、做法	m^2	按设计图示尺寸以面积计算	1. 抹找平层 2. 防水层铺设 3. 排水层铺设 4. 过滤层铺设 5. 填轻质土壤 6. 阻根层铺设 7. 运输

注:整理绿化用地项目包含厚度≤300mm的回填土。厚度>300mm的回填土应按现行国家标准《房屋建筑与装饰工程工程量计算规范》(GB 50854)相应项目编码列项。

图名	绿地整理工程工程量清单项目设置及工程量计算规则(3)	图号	3-11

栽植花木工程工程量清单项目设置及工程量计算规则(1)

栽植花木(编码:050102)

项目编码	项目名称	项目特征	计量单位	工程量计算规则	工作内容
050102001	栽植乔木	1. 种类 2. 胸径或干径 3. 株高、冠径 4. 起挖方式 5. 养护期	株	按设计图示数量计算	1. 起挖 2. 运输 3. 栽植 4. 养护
050102002	栽植灌木	1. 种类 2. 根盘直径 3. 冠丛高 4. 蓬径 5. 起挖方式 6. 养护期	1. 株 2. m^2	1. 以株计量,按设计图示数量计算 2. 以平方米计量,按设计图示尺寸以绿化水平投影面积计算	
050102003	栽植竹类	1. 竹种类 2. 竹胸径或根盘丛径 3. 养护期	株(丛)	按设计图示数量计算	
050102004	栽植棕榈类	1. 种类 2. 株高、地径 3. 养护期	株		

图名	栽植花木工程工程量清单项目设置及工程量计算规则(1)	图号	3-12

栽植花木工程工程量清单项目设置及工程量计算规则(2)

栽植花木(编码:050102)

项目编码	项目名称	项目特征	计量单位	工程量计算规则	工作内容
050102005	栽植绿篱	1. 种类 2. 篱高 3. 行数、蓬径 4. 单位面积株数 5. 养护期	1. m 2. m^2	1. 以米计量,按设计图示长度以延长米计算 2. 以平方米计量,按设计图示尺寸以绿化水平投影面积计算	1. 起挖 2. 运输 3. 栽植 4. 养护
050102006	栽植攀缘植物	1. 植物种类 2. 地径 3. 单位长度株数 4. 养护期	1. 株 2. m	1. 以株计量,按设计图示数量计算 2. 以米计量,按设计图示种植长度以延长米计算	
050102007	栽植色带	1. 苗木、花卉种类 2. 株高或蓬径 3. 单位面积株数 4. 养护期	m^2	按设计图示尺寸以绿化水平投影面积计算	
050102008	栽植花卉	1. 花卉种类 2. 株高或蓬径 3. 单位面积株数 4. 养护期	1. 株(丛、缸) 2. m^2	1. 以株(丛、缸)计量,按设计图示数量计算 2. 以平方米计量,按设计图示尺寸以水平投影面积计算	

图名	栽植花木工程工程量清单项目设置及工程量计算规则(2)	图号	3-12

栽植花木工程工程量清单项目设置及工程量计算规则(3)

栽植花木(编码:050102)

项目编码	项目名称	项目特征	计量单位	工程量计算规则	工作内容
050102009	栽植水生植物	1. 种植种类 2. 株高或蓬径或芽数/株 3. 单位面积株数 4. 养护期	1. 丛(缸) 2. m^2	1. 以株(丛、缸)计量,按设计图示数量计算 2. 以平方米计量,按设计图示尺寸以绿化水平投影面积计算	1. 起挖 2. 运输 3. 栽植 4. 养护
0501020010	垂直墙体绿化种植	1. 种植种类 2. 生长年数或地(干)径 3. 栽植容器材质、规格 4. 栽植基质种类、厚度 5. 养护期	1. m^2 2. m	1. 以平方米计量,按设计图示尺寸以绿化水平投影面积计算 2. 以米计量,按设计图示种植长度以延长米计算	1. 起挖 2. 运输 3. 栽植容器安装 4. 栽植 5. 养护
0501020011	花卉立体布置	1. 草木花卉种类 2. 高度或蓬径 3. 单位面积株数 4. 种植形式 5. 养护期	1. 单体(处) 2. m^2	1. 以单体(处)计量,按设计图示数量计算 2. 以平方米计量,按设计图示尺寸以面积计算	1. 起挖 2. 运输 3. 栽植 4. 养护

图名	栽植花木工程工程量清单项目设置及工程量计算规则(3)	图号	3-12

栽植花木工程工程量清单项目设置及工程量计算规则(4)

栽植花木(编码:050102)

项目编码	项目名称	项目特征	计量单位	工程量计算规则	工作内容
0501020012	铺种草皮	1. 草皮种类 2. 铺种方式 3. 养护期	m^2	按设计图示尺寸以绿化投影面积计算	1. 起挖 2. 运输 3. 铺底沙(土) 4. 栽植 5. 养护
0501020013	喷播植草(灌木)籽	1. 基层材料种类规格 2. 草(灌木)籽种类 3. 养护期			1. 基层处理 2. 坡地细整 3. 喷播 4. 覆盖 5. 养护
0501020014	植草砖内植草	1. 草坪种类 2. 养护期			1. 起挖 2. 运输 3. 覆土(砂) 4. 铺设 5. 养护
0501020015	挂网	1. 种类 2. 规格		按设计图示尺寸以挂网投影面积计算	1. 制作 2. 运输 3. 安放

图名	栽植花木工程工程量清单项目设置及工程量计算规则(4)	图号	3-12

栽植花木工程工程量清单项目设置及工程量计算规则(5)

栽植花木(编码:050102)

项目编码	项目名称	项目特征	计量单位	工程量计算规则	工作内容
0501020016	箱/钵栽植	1. 箱/钵体材料品种 2. 箱/钵外形尺寸 3. 栽植植物种类、规格 4. 土质要求 5. 防护材料种类 6. 养护期	个	按设计图示箱/钵数量计算	1. 制作 2. 运输 3. 安放 4. 栽植 5. 养护

注:1. 挖土外运、借土回填、挖(凿)土(石)方应包括在相关项目内。
2. 苗木计算应符合下列规定:
(1)胸径应为地表面向上1.2m高处树干直径。
(2)冠径又称冠幅,应为苗木冠丛垂直投影面的最大直径和最小直径之间的平均值。
(3)蓬径应为灌木、灌丛垂直投影面的直径。
(4)地径应为地表面向上0.1m高处树干直径。
(5)干径应为地表面向上0.3m高处树干直径。
(6)株高应为地表面至树顶端的高度。
(7)冠丛高应为地表面至乔(灌)木顶端的高度。
(8)篱高应为地表面至绿篱顶端的高度。
(9)养护期应为招标文件中要求苗木种植结束后承包人负责养护的时间。
3. 苗木移(假)植应按花木栽植相关项目单独编码列项。
4. 土球包裹材料、树体输液保湿及喷洒生根剂等费用包含在相应项目内。
5. 墙体绿化浇灌系统按绿地喷灌相关项目单独编码列项。
6. 发包人如有成活率要求时,应在特征描述中加以描述。

图名	栽植花木工程工程量清单项目设置及工程量计算规则(5)	图号	3-12

绿地喷灌工程工程量清单项目设置及工程量计算规则

绿地喷灌(编码:050103)

项目编码	项目名称	项目特征	计量单位	工程量计算规则	工作内容
050103001	喷灌管线安装	1. 管道品种、规格 2. 管件品种、规格 3. 管道固定方式 4. 防护材料种类 5. 油漆品种、刷漆遍数	m	按设计图示管道中心线长度以延长米计算,不扣除检查(阀门)井、阀门、管件及附件所占的长度	1. 管道铺设 2. 管道固筑 3. 水压试验 4. 刷防护材料、油漆
050103002	喷灌配件安装	1. 管道附件、阀门、喷头品种、规格 2. 管道附件、阀门、喷头固定方式 3. 防护材料种类 4. 油漆品种、刷漆遍数	个	按设计图示数量计算	1. 管道附件、阀门、喷头安装 2. 水压试验 3. 刷防护材料、油漆

注:1. 挖填土石方应按现行国家标准《房屋建筑与装饰工程工程量计算规范》(GB 50854)附录A相关项目编码列项。
2. 阀门井应按现行国家标准《市政工程工程量计算规范》(GB 50857)相关项目编码列项。

图名	绿地喷灌工程工程量清单项目设置及工程量计算规则	图号	3-13

土(石)方工程工程量计算(1)

序号	项　目	说　　明
1	横截面法	横截面法适用于地形起伏变化较大或形状狭长地带，其方法是： 首先，根据地形图及总平面图，将要计算的场地划分成若干个横截面，相邻两个横截面距离视地形变化而定，在起伏变化大的地段，布置密一些(即距离短一些)，反之则可适当长一些，如线路横断面在平坦地区，可取50m一个，山坡地区可取20m一个，遇到变化大的地段再加测断面；然后，实测每个横截面特征点的标高，量出各点之间距离(如果测区已有比较精确的大比例尺地形图，也可在图上设置横截面，用比例尺直接量取距离，按等高线求算高程，方法简捷，就其精度来说，没有实测的高)，按比例尺把每个横截面绘制到厘米方格纸上，并套上相应的设计断面，则自然地面和设计地面两轮廓线之间的部分，即是需要计算的施工部分。 具体计算步骤： (1)划分横截面。根据地形图(或直接测量)及竖向布置图，将要计算的场地划分横截面 $A-A'$，$B-B'$，$C-C'$，……划分原则为垂直等高线，或垂直主要建筑物边长，横截面之间的间距可不等，地形变化复杂的间距宜小，反之宜大一些，但最大不宜大于100m。 (2)划截面图形。按比例划制每个横截面的自然地面和设计地面的轮廓线。设计地面轮廓线之间的部分，即为填方和挖方的截面。 (3)计算横截面面积。按表1的面积计算公式，计算每个截面的填方或挖方截面积

图名	土(石)方工程工程量计算(1)	图号	3-14

土(石)方工程工程量计算(2)

序号	项目	说明
1	横截面法	常用横截面计算公式（表1）

常用横截面计算公式　　表 1

图示	面积计算公式
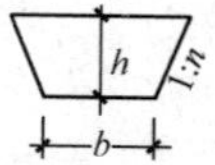	$A=h(b+nh)$
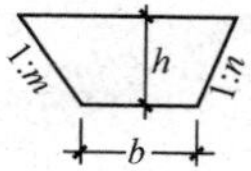	$A=h\left[b+\frac{h(m+n)}{2}\right]$
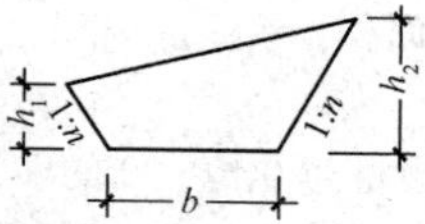	$A=b\frac{h_1+h_2}{2}+nh_1h_2$
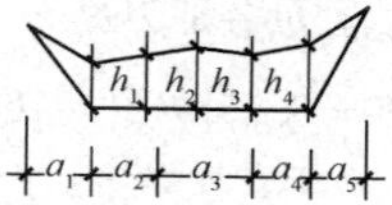	$A=h_1\frac{a_1+a_2}{2}+h_2\frac{a_2+a_3}{2}+h_3\frac{a_3+a_4}{2}+h_4\frac{a_4+a_5}{2}$

图名	土(石)方工程工程量计算(2)	图号	3-14

土(石)方工程工程量计算(3)

<table>
<tr><th>序号</th><th>项　目</th><th>说　　　明</th></tr>
<tr><td>1</td><td>横截面法</td><td>
续表
<table>
<tr><th>图　示</th><th>面积计算公式</th></tr>
<tr><td>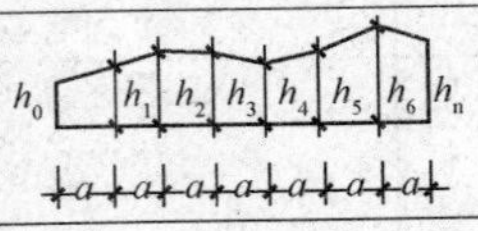
</td><td>$A=\frac{a}{2}(h_0+2h+h_n)$
$h=h_1+h_2+h_3+h_4+h_5$</td></tr>
</table>
(4)计算土方量:根据截面面积计算土方量:
$$V=\frac{1}{2}(F_1+F_2)\times L$$
式中　V——表示相邻两截面间的土方量(m^3);
F_1、F_2——表示相邻两截面的挖(填)方截面积(m^2);
L——表示相邻截面间的间距(m)。
(5)按土方量汇总:如图 1 中 $A-A'$所示,设桩号 0+0.00 的填方横截面积为 2.80m^2,挖方横截面积为 3.90m^2;图 1 中 $B-B'$中,桩号0+0.20的填方横断面积为 2.35m^2,挖方横截面面积为 6.75m^2,两桩间的距离为 20m(图 1),则其挖填方量分别为:
$$V_{挖方}=\frac{1}{2}\times(3.90+6.75)\times20=106.5m^3$$
$$V_{填方}=\frac{1}{2}\times(2.80+2.35)\times20=51.5m^3$$
</td></tr>
</table>

图名	土(石)方工程工程量计算(3)	图号	3-14

土(石)方工程工程量计算(4)

序号	项 目	说 明
1	横截面法	见下图及表 2

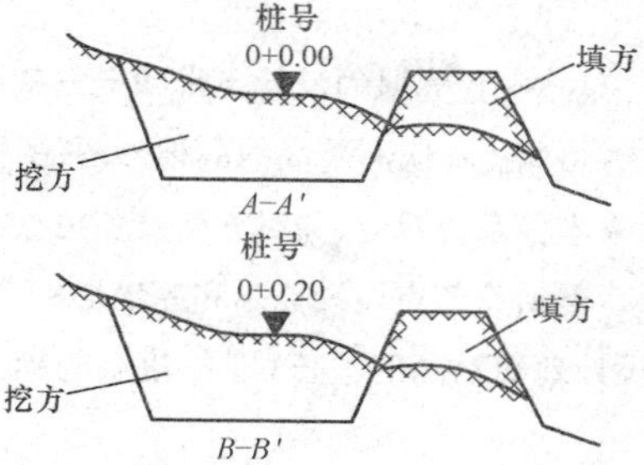

图 1 横截面示意图

计算出土方量见表 2 所示

土方量汇总 表 2

断面	填方面积(m^2)	挖方面积(m^2)	截面间距(m)	填方体积(m^3)	挖方体积(m^3)
A—A′	2.80	3.90	20	28	39
B—B′	2.35	6.75	20	23.5	67.5
合 计				51.5	106.5

图名	土(石)方工程工程量计算(4)	图号	3-14

土(石)方工程工程量计算(5)

序号	项　目	说　　明
2	方格网法	方格网法是把平整场地的设计工作和土方量计算工作结合在一起进行的。 (1)划分方格网。在附有等高线的地形图(图样常用比例为1∶500)上作方格网,方格各边最好与测量的纵、横坐标系统对应,并对方格及各角点进行编号。方格边长在园林中一般用20m×20m或40m×40m。然后将各点设计标高和原地形标高分别标注于方格桩点的右上角和右下角,再将原地形标高与设计地面标高的差值(即各角点的施工标高)填土方格点的左上角,挖方为(+)、填方为(−)。 其中原地形标高用插入法求得,方法是设 H_x 为欲求角点的原地面高程,过此点作相邻两等高线间最小距离 L。 则　$H_x = H_a \pm \dfrac{xh}{L}$ 式中　H_a——低边等高线的高程(m); x——角点至低边等高线的距离(m); h——等高差(m)。 插入法求某点地面高程通常会遇到以下3种情况(图2)

图名	土(石)方工程工程量计算(5)	图号	3-14

土(石)方工程工程量计算(6)

<table>
<tr><th>序号</th><th>项目</th><th>说明</th></tr>
<tr><td>2</td><td>方格网法</td><td>
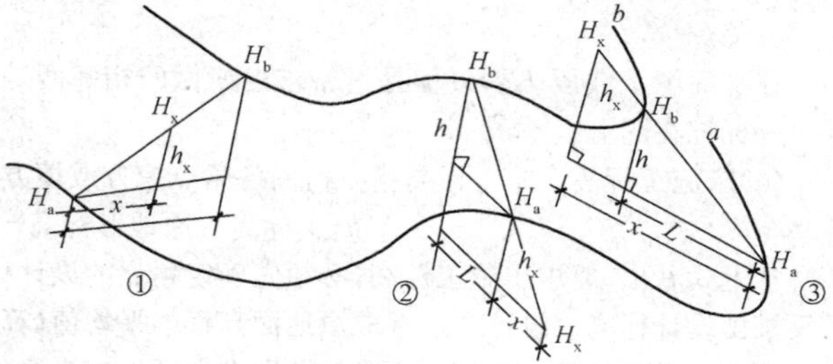

图 2　插入法求任意点高程示意图

1)待求点标高 H_x 在二等高线之间,如图 2 中①所示:

$$H_x=H_a+\frac{xh}{L}$$

2)待求点标高 H_x 在低边等高线的下方,如图 2 中②所示:

$$H_x=H_a-\frac{xh}{L}$$

3)待求点标高 H_x 在低边等高线的上方,如图 2 中③所示

$$H_x=H_a+\frac{xh}{L}$$
</td></tr>
</table>

图名	土(石)方工程工程量计算(6)	图号	3-14

土(石)方工程工程量计算(7)

序号	项 目	说 明
2	方格网法	在平面图上线段 $H_a—H_b$ 是过待求点所做的相邻两等高线间最小水平距离 L,求出的标高数值一一标记在图上。 (2)求施工标高。施工标高指方格网各角点挖方或填方的施工高度,其导出式为: 施工标高=原地形标高－设计标高 从上式看出,要求出施工标高,必须先确定角点的设计标高。为此,具体计算时,要通过平整标高反推出设计标高。设计中通常取原地面高程的平均值(算术平均或加权平均)作为平整标高。平整标高的含义就是将一块高低不平的地面在保证土方平衡的条件下,挖高垫低使地面水平,这个水平地面的高程就是平整标高,它是根据平整前和平整后土方数相等的原理求出的。当平整标高求得后,就可用图解法或数学分析法来确定平整标高的位置,再通过地形设计坡度,可算出各角点的设计标高,最后将施工标高求出。 (3)零点位置。零点是指不挖不填的点,零点的连线即为零点线,它是填方与挖方的界定线,因而零点线是进行土方计算和土方施工的重要依据之一。要识别是否有零点存在,只要看一个方格内是否同时有填方与挖方,如果同时有,则说明一定存在零点线。为此,应将此方格的零点求出,并标于方格网上,再将零点相连,即可分出填挖方区域,该连线即为零点线。 零点可通过下式求得[图 3(a)] $x=\dfrac{h_1}{h_1+h_2}a$

图名	土(石)方工程工程量计算(7)	图号	3-14

土(石)方工程工程量计算(8)

<table>
<tr><th>序号</th><th>项 目</th><th>说 明</th></tr>
<tr><td>2</td><td>方格网法</td><td>式中 x——零点距 h_1 一端的水平距离(m);
h_1、h_2——方格相邻二角点的施工标高绝对值(m);
a——方格边长(m)。
零点的求法还可采用图解法,如图 3 所示,方法是将直尺放在各角点上标出相应的比例,而后用尺相接,凡与方格交点的均为零点位置。
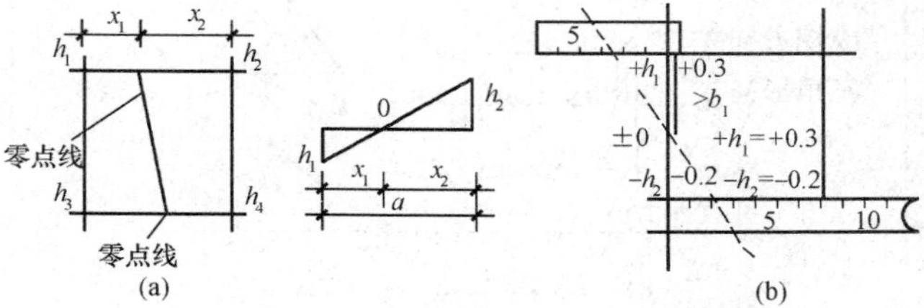

图 3 求零点位置示意图
(4)计算土方工程量。根据各方格网底面积图形以及相应的体积计算公式(表 3)来逐一求出方格内的挖方量或填方量。
(5)计算土方总量。将填方区所有方格的土方量(或挖方区所有方格的土方量)累计汇总,即得到该场地填方和挖方的总土方量,最后填入汇总表</td></tr>
</table>

图名	土(石)方工程工程量计算(8)	图号	3-14

土(石)方工程工程量计算(9)

序号	项　目	说　　明
2	方格网法	方格网计算土方量计算公式表（表 3）

方格网计算土方量计算公式表　　表 3

项目	图　式	计　算　公　式
一点填方或挖方（三角形）	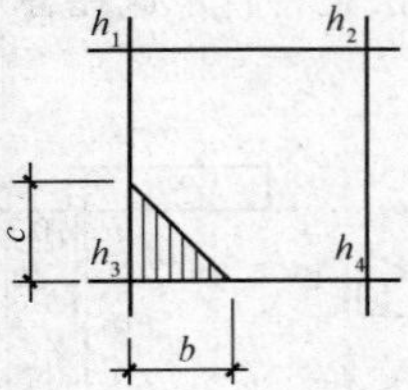 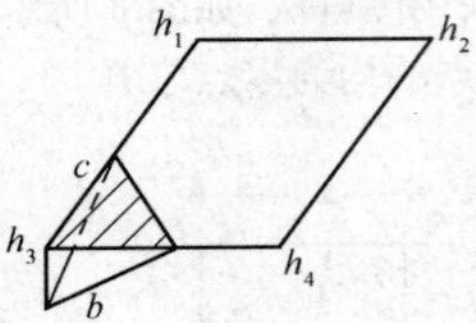	$V=\frac{1}{2}bc\frac{\sum h}{3}=\frac{bch_3}{6}$ 当 $b=c=a$ 时，$V=\frac{a^2h_3}{6}$
二点填方或挖方（梯形）	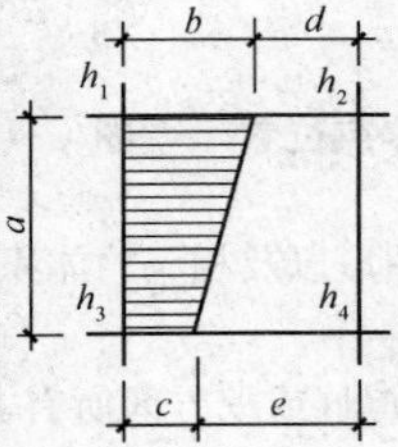 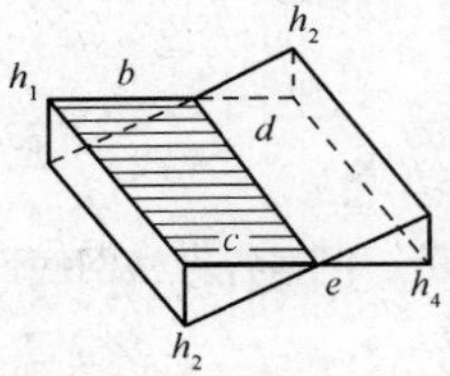	$V_+=\frac{b+c}{2}a\frac{\sum h}{4}=\frac{a}{8}(b+c)(h_1+h_3)$ $V_-=\frac{d+e}{2}a\frac{\sum h}{4}=\frac{a}{8}(d+e)(h_2+h_4)$

土(石)方工程工程量计算(10)

序号	项　目	说　　明
2	方格网法	续表（见下）

续表

项　目	图　式	计　算　公　式
三点填方或挖方（五角形）	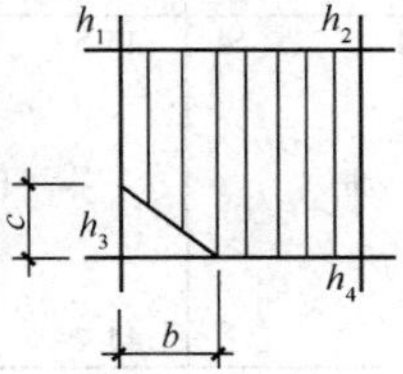 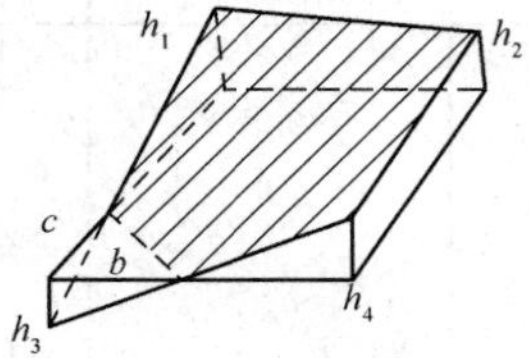	$V=\left(a^2-\frac{bc}{2}\right)\frac{\sum h}{5}=\left(a^2-\frac{bc}{2}\right)\frac{h_1+h_2+h_4}{5}$
四点填方或挖方（正方形）	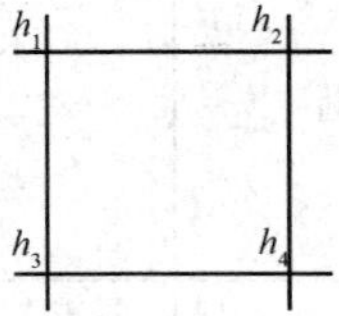 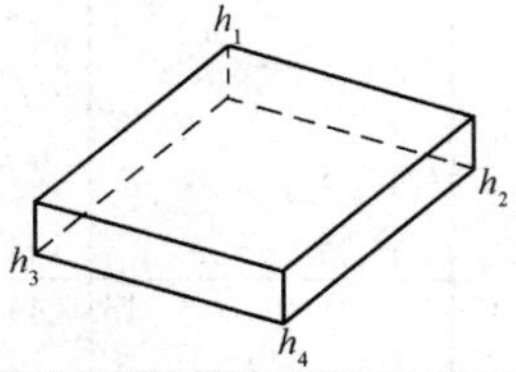	$V=\frac{a^2}{4}\sum h=\frac{a^2}{4}(h_1+h_2+h_3+h_4)$

注：1. a 为方格网的边长(m)；b、c 为零点到一角的边长(m)；h_1、h_2、h_3、h_4 为方格网四角点的施工高程(m)，用绝对值代入；$\sum h$ 为填方或挖方施工高程的总和(m)，用绝对值代入；V 为挖方或填方体积(m^3)。

2. 本表公式是按各计算图形底面积乘以平均施工高程而得出的

图名	土(石)方工程工程量计算(10)	图号	3-14

土(石)方工程工程量计算实例(1)

【例 1】 某公园绿地整理施工场地的地形方格网如图 1 所示,方格网边长为 20m,试计算土方量。

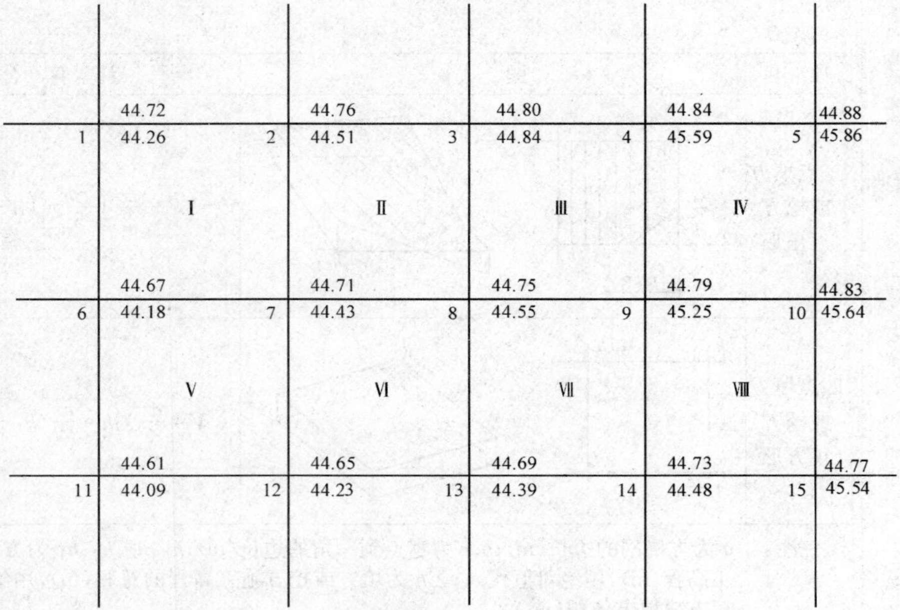

图 1 绿地整理施工场地方格网

图名	土(石)方工程工程量计算实例(1)	图号	3-15

土(石)方工程工程量计算实例(2)

【解】 (1)根据方格网各角点地面标高和设计标高,计算施工高度,如图2所示。

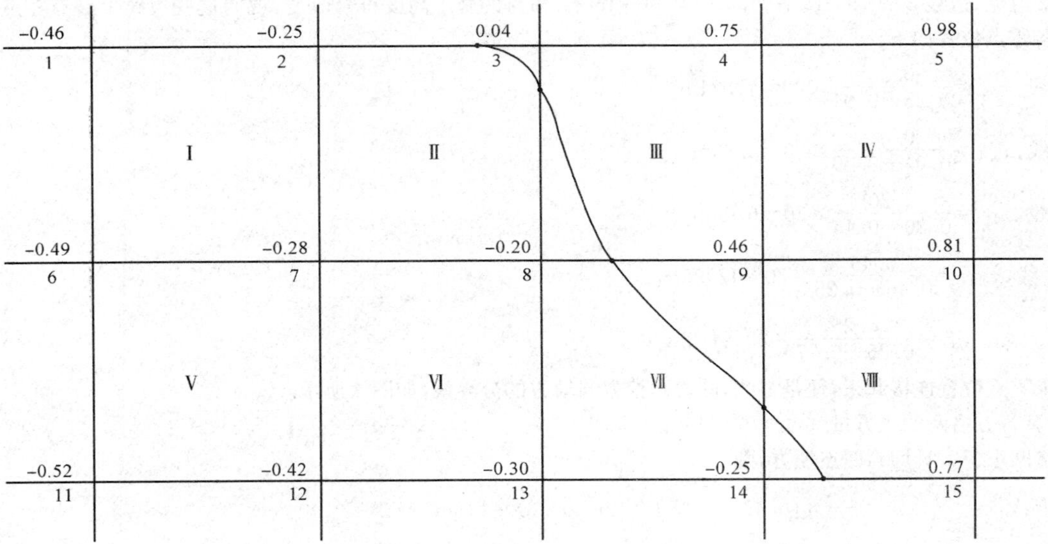

图2 方格网各角点的施工高度及零线

图名	土(石)方工程工程量计算实例(2)	图号	3-15

土(石)方工程工程量计算实例(3)

(2)计算零点,求零线。

由图 2 可见,边线 2—3,3—8,8—9,9—14,14—15 上,角点的施工高度符号改变,说明这些边线上必有零点存在,按公式可计算各零点位置如下:

2—3 线,$x_{2.3}=\frac{0.25}{0.25+0.04}\times20=17.24\text{m}$

3—8 线,$x_{3.8}=\frac{0.04}{0.04+0.20}\times20=3.33\text{m}$

8—9 线,$x_{8.9}=\frac{0.20}{0.20+0.46}\times20=6.06\text{m}$

9—14 线,$x_{9.14}=\frac{0.46}{0.46+0.25}\times20=12.96\text{m}$

14—15 线,$x_{14.15}=\frac{0.25}{0.25+0.77}\times20=4.9\text{m}$

将所求零点位置连接起来,便是零线,即表示挖方与填方的分界线,如图 2 所示。

(3)计算各方格网的土方量。

1)方格网Ⅰ、Ⅴ、Ⅵ均为四点填方,则

方格Ⅰ:$V_{\text{I}}^{(-)}=\frac{a^2}{4}\sum h=\frac{20^2}{4}\times(0.46+0.25+0.49+0.28)=148\text{m}^3$

方格Ⅴ:$V_{\text{V}}^{(-)}=\frac{20^2}{4}\times(0.49+0.28+0.52+0.42)=171\text{m}^3$

图名	土(石)方工程工程量计算实例(3)	图号	3-15

土(石)方工程工程量计算实例(4)

方格Ⅵ：$V_{Ⅵ}^{(-)}=\frac{20^2}{4}\times(0.28+0.2+0.42+0.30)=120\text{m}^3$

2)方格Ⅳ为四点挖方，则：

$$V_{Ⅳ}^{(+)}=\frac{20^2}{4}\times(0.75+0.98+0.46+0.81)=300\text{m}^3$$

3)方格Ⅱ，Ⅶ为三点填方一点挖方，计算图形如图3所示。

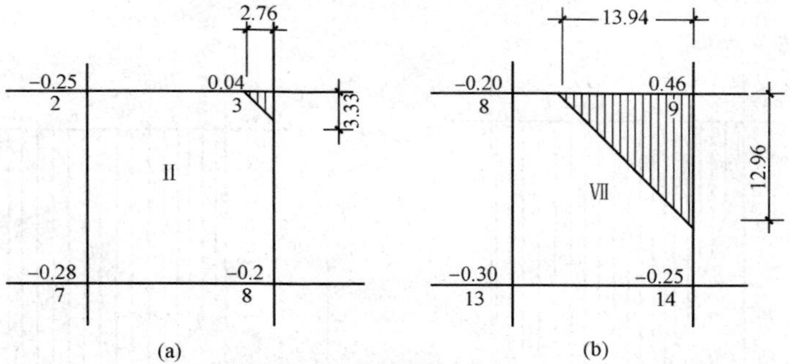

图3 三填一挖方格网

方格Ⅱ：

$V_{Ⅱ}^{(+)}=\frac{bc}{6}\sum h=\frac{2.76\times3.33}{6}\times0.04=0.06\text{m}^3$

图名	土(石)方工程工程量计算实例(4)	图号	3-15

土(石)方工程工程量计算实例(5)

$$V_{\text{Ⅱ}}^{(-)}=\left(a^2-\frac{bc}{2}\right)\frac{\sum h}{5}=\left(20^2-\frac{2.76\times 3.33}{2}\right)\times\left(\frac{0.25+0.28+0.20}{5}\right)=57.73\text{m}^3$$

方格Ⅶ：

$$V_{\text{Ⅶ}}^{(+)}=\frac{13.94\times 12.96}{6}\times 0.46=13.85\text{m}^3$$

$$V_{\text{Ⅶ}}^{(-)}=\left(20^2-\frac{13.94\times 12.96}{2}\right)\times\left(\frac{0.2+0.3+0.25}{5}\right)=46.45\text{m}^3$$

4)方格Ⅲ，Ⅷ为三点挖方一点填方，如图4所示。

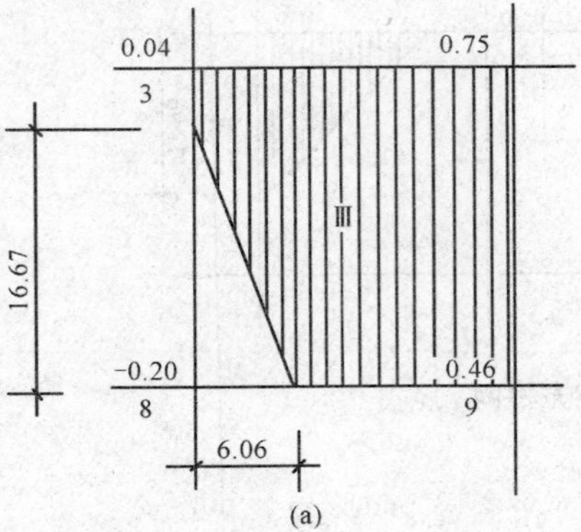

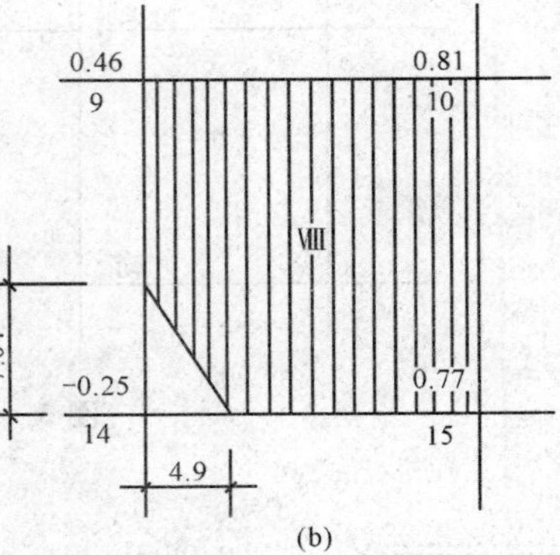

图4　三挖一填方格网

图名	土(石)方工程工程量计算实例(5)	图号	3-15

土(石)方工程工程量计算实例(6)

方格Ⅲ：

$$V_{\text{Ⅲ}}^{(+)}=\left(a^2-\frac{bc}{2}\right)\frac{\sum h}{5}=\left(20^2-\frac{16.67\times6.06}{2}\right)\times\left(\frac{0.04+0.75+0.46}{5}\right)$$

$$=87.37\text{m}^3$$

$$V_{\text{Ⅲ}}^{(-)}=\frac{bc}{6}h=\frac{16.67\times6.06}{6}\times0.2=3.37\text{m}^3$$

方格Ⅷ：

$$V_{\text{Ⅷ}}^{(+)}=\left(20^2-\frac{7.04\times4.9}{2}\right)\times\left(\frac{0.46+0.81+0.77}{5}\right)=156.16\text{m}^3$$

$$V_{\text{Ⅷ}}^{(-)}=\frac{7.04\times4.9}{6}\times0.25=1.44\text{m}^3$$

(4)将以上计算结果汇总于表1，并求余(缺)土外运(内运)量。

土方工程量汇总表(m^3) **表1**

方格网号	Ⅰ	Ⅱ	Ⅲ	Ⅳ	Ⅴ	Ⅵ	Ⅶ	Ⅷ	合计
挖　　方		0.06	87.37	300			13.85	156.16	557.44
填　　方	148	57.73	3.37		171	120	46.45	1.44	547.99
土方外运	$V=557.44-547.99=+9.45$								

图名	土(石)方工程工程量计算实例(6)	图号	3-15

喷灌系统计算(1)

序号	项　目	说　　明
1	灌水量计算	喷灌一次的灌水量可采用以下公式来计算： $$h=\frac{h_{净}}{\varphi}$$ 式中　h——一次灌水量(mm)； $h_{净}$——根据树种确定的每日每次需要的纯灌水量(mm)； φ——利用系数，一般在65%～85%之间。 计算时，利用系数φ的确定可根据水分蒸发量大小而定。气候干燥，蒸发量大的喷灌不容易做到均匀一致，而且水分损失多，因此利用系数应选较小值，具体设计时常取$\varphi=70\%$，如果是在湿润环境中，水分蒸发较少，则应取较大的系数值
2	灌溉时间计算	灌水量多少和灌溉时间的长短有关系。每次灌溉的时间长短可以按照以下公式计算确定： $$T=\frac{h}{\rho}$$ 式中　T——支管或喷头每次喷灌纯工作时间(h)； h——一次灌水量(mm)； ρ——喷灌强度(mm/h)

图名	喷灌系统计算(1)	图号	3-16

喷灌系统计算(2)

序号	项目	说明
3	喷灌系统的用水量计算	整个喷灌系统需要的用水量数据，是确定给水管管径及水泵选择所必需的设计依据。这个数据可用如下公式求出： $$Q=nq$$ 式中 Q——用水量(m^3/h)； n——同时喷灌的喷头数(个)； q——喷头流量(m^3/h)，$q=\frac{LbP}{1000}$； L——相邻喷头的间距(m)； b——支管的间距(m)； P——设计喷灌强度(mm/h)。 在采用水泵供水时，显然，用水量 Q 实际上就是水泵的流量
4	水头计算	水头要求是设计喷灌系统不可缺少的依据之一。喷灌系统中管径的确定、引水时对水压的要求及对水泵的选择等，都离不开水头数据。以城市给水系统为水源的喷灌系统，其设计水头可用下式来计算： $$H=H_{管}+H_{弯}+H_{喷}+H_{立管高度}+H_{地形高差}$$

图名	喷灌系统计算(2)	图号	3-16

喷灌系统计算(3)

序号	项 目	说 明
4	水头计算	式中　H——设计水头(m)； $H_{管}$——管道沿程水头损失(m)； $H_{弯}$——管道中各弯道、阀门的水头损失(m)； $H_{喷}$——最后一个喷头的工作水头(m)。 如果公园内是自设水泵的独立给水系统，则水泵扬程(水头)可按下式算出： $H=H_{实}+H_{管}+H_{弯}+H_{喷}$ 式中　H——水泵的扬程(m)； $H_{实}$——实际扬程等于水泵的扬程与水泵轴到最末一个喷头的垂直高度之和(m)。 喷灌系统设计流量应大于全部同时工作的喷头流量之和。$Q=nq$［Q 为喷灌系统设计流量，q 为一个喷头的流量(m^3/h)，n 为喷头数量］。水泵选择中功率大小计算可采用下列公式： $N=\frac{1000\gamma K}{75\eta_{泵}\ \eta_{传动}}Q_{泵}\ H_{泵}$ 式中　N——动力功率(马力)； K——动力备用系数，1.1～1.3； $\eta_{泵}$——水泵的效率； $\eta_{传动}$——传动效率，0.8～0.95； $Q_{泵}$——水泵的流量(m^3/h)

图名	喷灌系统计算(3)	图号	3-16

喷灌系统计算(4)

序号	项 目	说 明
4	水头计算	$H_{泵}$——水泵扬程(m)； γ——水的密度(t/m³)。 因为1马力=0.736kW，所以上式可改为： $$N=\frac{9.818K}{\eta_{泵}\ \eta_{传动}}Q_{泵}\ H_{泵}$$ 于是两点之间的水头损失 H_f 计算如下： 伯努利定理的数学表达式为(图1)： $$H_t=h_1+\frac{v_1^2}{2g}+Z_1+H_{f(0-1)}$$ $$=h_2+\frac{v_2^2}{2g}+Z_2+H_{f(0-2)}$$ $$=h_3+\frac{v_3^2}{2g}+Z_3+H_{f(0-3)}$$ 式中 H_t——断面(0)处的总水头，或高程基准面以上的总高度(m)； h_1、h_2、h_3——断面(1)、(2)、(3)处的静水头，即测压管水柱高度(m)； v_1、v_2、v_3——断面(1)、(2)、(3)处管道中的平均流速(m/s)； Z_1、Z_2、Z_3——断面(1)、(2)、(3)处管道轴线高； $H_{f(0-1)}$、$H_{f(0-2)}$、$H_{f(0-3)}$——断面(0)－(1)、(0)－(2)、(0)－(3)之间的水头损失，它包括沿程水头损失和局部水头损失(m)。

图名	喷灌系统计算(4)	图号	3-16

喷灌系统计算(5)

序号	项　目	说　　　明
4	水头计算	

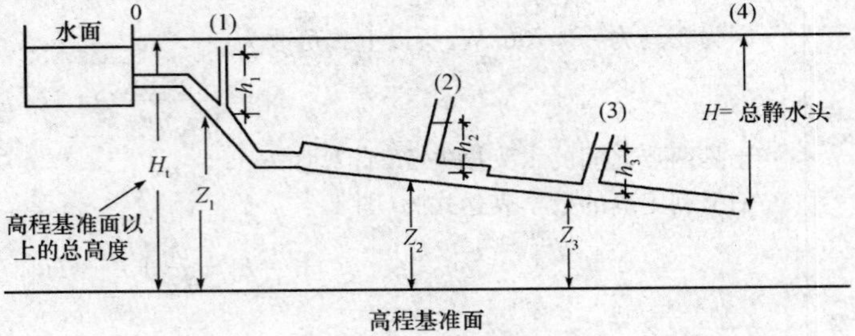

图 1　有压管流“能量守恒”原理

沿程水头损失的计算公式如下：

(1)有压管流程水头损失的计算通常采用达西-魏斯巴赫公式：

$$h_f=\lambda\frac{l}{d}\frac{v^2}{2g}$$

喷灌系统计算(6)

序号	项 目	说 明
4	水头计算	式中 h_f——管道沿程水头损失(m); λ——管道沿程阻力系数; l——管道长度(m); d——管道内径(m); v——管道断面平均流速(m/s); g——重力加速度,为9.81m/s²。 (2)管道沿程阻力系数λ随管道中水的流态不同而异。对于层流($Re<2300$),沿程阻力系数可由下式求得: $$\lambda=\frac{64}{Re}$$ 式中 λ——管道沿程阻力系数; Re——雷诺数。 对于紊流($Re>2300$),沿程阻力系数由试验研究确定。 (3)为了便于实际应用,通常将沿程水头损失表示为流量(或流速)的指数函数和管径的指数函数的单项式,即

图名	喷灌系统计算(6)	图号	3-16

喷灌系统计算(7)

序号	项　目	说　　明
4	水头计算	$$h_f = f\frac{Q^m}{d^b}l = S_0 Q^m l$$ 式中 h_f——管道沿程水头损失(m)； f——摩阻系数； l——管道长度(m)； Q——流量(m^3/s)； d——管道内径(m)； m——流量指数，与沿程阻力系数有关； b——管径指数，与沿程阻力系数有关； S_0——比阻，即单位管长、单位流量时的沿程水头损失。 比阻 S_0 可用下式表示： $$S_0 = \frac{f}{d^b} = \frac{8\lambda}{\pi^2 g d^b}$$ 式中符号的意义同前，其中摩阻系数、流量指数和管径指数与管道材质和内壁粗糙度有关

图名	喷灌系统计算(7)	图号	3-16

绿化工程工程量清单计价编制实例(1)

【例 1】 某公园绿地喷灌设施,从供水主管接出,分管为 43m,管外径 $\phi32$;从分管至喷头支管为 54m,管外径 $\phi20$,共 97m;喷头采用美国鱼鸟牌旋转喷头 2″共 6 个;分管、支管均采用川路牌 PPR 塑料管。

1. 业主根据施工图计算:分管为 $\phi32$、43m,支管为 $\phi20$、54m,共 97m,喷头 6 个,低压塑料丝扣阀门 1 个,水表 1 个。

2. 投标人计算:

(1)喷灌管线安装。

1)挖管沟土方及回填 19.4m^3。

①人工费:25 元/工日×(0.3374 工日/m^3+0.2940 工日/m^3)×19.4m^3=306.23 元

②机械费:11 元/台班×(0.0018 台班/m^3+0.0798 台班/m^3)×19.4m^3=17.41 元

③合计:323.64 元

2)塑料管安装 $\phi32$、$\phi20$。

①人工费:25 元/工日×0.086 工日/m×43m+25 元/工日×0.068 工日/m×54m=184.25 元

②材料费:5.4 元/m×43m+3.23 元/m×54m=406.62 元

③机械费:0.07 元/m×43m+0.06 元/m×54m=6.25 元

④合计:597.12 元

3)综合。

①人工费、材料费、机械费合计:920.76 元

②管理费:①×34%=313.06 元

③利润:①×8%=73.66 元

④合计:1307.48 元

⑤综合单价:1307.48 元÷97m=13.48 元/m

(2)低压塑料丝扣阀门安装。

1)人工费:25 元/工日×0.44 工日/个×1 个=11.0 元

2)材料费:9.46 元+64 元/个×1 个+5.6 元/个×2 个=84.66 元

图名	绿化工程工程量清单计价编制实例(1)	图号	3-17

绿化工程工程量清单计价编制实例(2)

3)机械费:7.69 元

4)人工费、材料费、机械费合计:103.35 元(包括主材价)

5)管理费:4)×34%=35.14 元

6)利润:4)×8%=8.27 元

7)合计:146.76 元

8)综合单价:146.76 元/1 个=146.76 元/个

(3)水表安装。

1)人工费:25 元/工日×0.56 工日/组×1 组=14.0 元

2)材料费:37.44 元/组×1 组+18.2 元/个×1 个=55.64 元

3)人工费、材料费、机械费合计:69.64 元

4)管理费:3)×34%=23.68 元

5)利润:3)×8%=5.57 元

6)合计:98.89 元

7)综合单价:98.89 元/1 个=98.89 元/个

(4)喷头安装。

1)人工费:25 元/工日×0.039 工日/个×6 个=5.85 元

2)材料费:120.14 元/个×6 个=720.84 元

3)机械费:0.04 元/个×6 个=0.24 元

4)人工费、材料费、机械费合计:726.93 元

5)管理费:4)×34%=247.16 元

6)利润:4)×8%=58.15 元

7)合计:1032.24 元

8)综合单价:1032.24 元/6 个=172.04 元/个

图名	绿化工程工程量清单计价编制实例(2)	图号	3-17

绿化工程工程量清单计价编制实例(3)

以上绿化工程分部分项工程工程量清单计价及综合单价计算见表1和表2。

分部分项工程量清单计价表 **表1**

工程名称:公园绿地　　标段:　　第　页　共　页

序号	项目编码	项目名称	项目特征描述	计量单位	工程数量	金额(元)		
						综合单价	合价	其中 暂估价
1	050103001001	喷灌管线安装	分管 ϕ32、43m(川路 PPR 塑料管) 支管 ϕ20、54m(川路 PPR 塑料管) 挖土深度 0.5m　一类土	m	97	13.48	1307.48	
2	050103002001	喷灌配件安装	低压塑料丝扣阀门	个	1	146.76	146.76	
3	050103002002	喷灌配件安装	速度式水表	个	1	98.89	98.89	
4	050103002003	喷灌配件安装	美国鱼鸟旋转喷头 2″	个	6	172.04	1032.24	
本页小计							2585.37	
合计							2585.37	

图名	绿化工程工程量清单计价编制实例(3)	图号	3-17

绿化工程工程量清单计价编制实例(4)

综合单价分析表

工程名称:某园区园林绿化工程　　标段:　　第　页　共　页

项目编码	050103001001	项目名称	喷灌管线安装	计量单位	m	工程量	97				
清单综合单价组成明细											
定额编号	定额名称	定额单位	数量	单价				合价			
				人工费	材料费	机械费	管理费和利润	人工费	材料费	机械费	管理费和利润
基1—5,1—66	挖管沟土方及回填	m^3	0.2	15.79	—	0.90	7.01	3.16	—	0.18	1.40
北5—30	塑料管安装	m	1	1.90	4.19	0.06	2.58	1.90	4.19	0.06	2.58
人工单价		小计						5.06	4.19	0.24	3.98
25元/工日		未计价材料费									
清单项目综合单价								13.47			
材料费明细	主要材料名称、规格、型号			单位	数量			单价(元)	合价(元)	暂估单价(元)	暂估合价(元)
	塑料管			m	1			4.19	4.19		
	其他材料费							—		—	
	材料费小计							—	4.19	—	

注:1. 如不使用省级或行业建设主管部分发布的计价依据,可不填写定额编号、名称等

2. 招标文件提供了暂估单价的材料,按暂估的单价计入表内“暂估单价”栏及“暂估合价”栏。

图名	绿化工程工程量清单计价编制实例(4)	图号	3-17

绿化工程工程量清单计价编制实例(5)

【例 2】 某园区园林绿化工程工程量清单计价

某园区园林绿化______工程

招标工程量清单

招　标　人：×××
（单位盖章）

造价咨询人：×××
（单位盖章）

年　月　日

图名	绿化工程工程量清单计价编制实例(5)	图号	3-17

绿化工程工程量清单计价编制实例(6)

某园区园林绿化　工程

招标工程量清单

招　标　人：××公司
（单位盖章）

造价咨询人：××工程造价咨询
（单位资质专用章）

法定代表人
或其授权人：××
（签字或盖章）

法定代表人
或其授权人：××
（签字或盖章）

编　制　人：××
（造价人员签字盖专用章）

复　核　人：××
（造价工程师签字盖专用章）

编制时间：××年××月××日

复核时间：××年××月××日

图名	绿化工程工程量清单计价编制实例(6)	图号	3-17

绿化工程工程量清单计价编制实例(7)

总　说　明

工程名称:某园区园林绿化工程　　　　　　　　　　　　　　　　第　页　共　页

1　工程概况:本园区位于××区,交通便利园区中建筑与市政建设均已完成。园林绿化面积约为 850m²,整个工程由圆形花坛、伞亭、连做花坛、花架、八角花坛以及绿地等组成。栽种的植物主要有桧柏、垂柳、龙爪槐、大叶黄杨、金银木、珍珠梅、月季等。

2　招标范围:绿化工程、庭院工程。

3　工程质量要求:优良工程。

4　工程量清单编制依据:本工程依据《建设工程工程量清单计价规范》编制招标工程量清单,依据××单位设计的本工程施工设计图纸计算实物工程量。

5　投标人在投标文件中应按《建设工程工程量清单计价规范》规定的统一格式,提供"综合单价分析表"、"措施项目费分析表"。

其他:略

图名	绿化工程工程量清单计价编制实例(7)	图号	3-17

绿化工程工程量清单计价编制实例(8)

分部分项工程和单价措施项目清单与计价表

工程名称:某园区园林绿化工程　　　　标段:　　　　第　页　共　页

序号	项目编码	项目名称	项目特征描述	计量单位	工程量	金额(元)		
						综合单价	合价	其中 暂估价
			0501　绿化工程					
1	050101010001	整理绿化用地	整理绿化用地,普坚土	m^2	834.32			
2	050102001001	栽植乔木	桧柏,高1.2～1.5m,土球苗木	株	3			
3	050102001002	栽植乔木	垂柳,胸径4.0～5.0m露根乔木	株	6			
4	050102001003	栽植乔木	龙爪槐,胸径3.5～4m,露根乔木	株	5			
5	050102001004	栽植乔木	大叶黄杨,胸径1～1.2m露根乔木	株	5			
6	050102002001	栽植灌木	金银木,高1.5～1.8m,露根灌木	株	90			
7	050102001005	栽植乔木	珍珠梅,高1～1.2m露根乔木	株	60			

图名	绿化工程工程量清单计价编制实例(8)	图号	3-17

绿化工程工程量清单计价编制实例(9)

序号	项目编码	项目名称	项目特征描述	计量单位	工程量	金额(元)		
						综合单价	合价	其中 暂估价
8	050102008001	栽植花卉	月季,各色月季,二年生,露地花卉	株	120			
9	050102012001	铺种草皮	野牛草,草皮	m^2	466			
10	050103001001	喷灌管线安装	主线管 1m,支线管挖土深度 1m,支线管深度 0.6m,二类土。主管 75UPVC 管长 21m,直径 40YPVC 管长 35m;支管直径 32UPVC 管长 98.6m	m	154.60			
11	050103002001	喷灌配件安装	美国雨鸟喷头 5004 型	个	41			
12	050103002002	喷灌配件安装	美国雨鸟快速取水阀 P33 型	个	10			
13	050103002003	喷灌配件安装	水表	组	1			
		分部小计						

图名	绿化工程工程量清单计价编制实例(9)	图号	3-17

绿化工程工程量清单计价编制实例(10)

序号	项目编码	项目名称	项目特征描述	计量单位	工程量	金额(元)		
						综合单价	合价	其中
								暂估价
		0502 园路、园桥工程						
14	050201001001	园路	200mm厚砂垫层,150mm厚3:7灰土垫层,水泥方格砖路面	m^2	180.25			
15	010101002001	挖一般土方	普坚土,挖土平均厚度350mm,弃土运距100m	m^3	61.79			
16	050201003001	路牙铺设	3:7灰土垫层150mm厚,花岗石	m	96.23			
		分部小计						
		0503 园林景观工程						
17	050304001001	现浇混凝土花架柱、梁	柱6根,高2.2m	m^3	2.22			
18	050305005001	预制混凝土桌凳	C20预制混凝土座凳,水磨石面	个	7			

图名	绿化工程工程量清单计价编制实例(10)	图号	3-17

绿化工程工程量清单计价编制实例(11)

序号	项目编码	项目名称	项目特征描述	计量单位	工程量	金额(元)		
						综合单价	合价	其中 暂估价
19	011203001001	零星项目一般抹灰	檩架抹水泥砂浆	m^2	60.04			
20	010101002002	挖一般土方	挖八角花坛上方,人工挖地槽,土方运距100m	m^3	10.64			
21	010507007001	其他构件	八角花坛混凝土池壁,C10混凝土现浇	m^3	7.30			
22	011204001001	石材墙面	圆形花坛混凝土池壁贴大理石	m^2	11.02			
23	010101002003	挖一般土方	连座花坛土方,平均挖土深度870mm,普坚土,弃土运距100m	m^3	9.22			
24	010501003001	独立基础	3∶7灰土垫层,100mm厚	m^3	1.06			
25	011202001001	柱面一般抹灰	混凝土柱水泥砂浆抹面	m^2	10.13			
26	010401003001	实心砖墙	M5混合砂浆砌筑,普通砖	m^3	4.87			

图名	绿化工程工程量清单计价编制实例(11)	图号	3-17

绿化工程工程量清单计价编制实例(12)

序号	项目编码	项目名称	项目特征描述	计量单位	工程量	金额(元)		
						综合单价	合　价	其中 暂估价
27	010507007002	其他构件	连座花坛混凝土花池,C25混凝土现浇	m^3	2.68			
28	010101002004	挖一般土方	挖座凳土方,平均挖土深度80mm,普坚土,弃土运距100m	m^3	0.03			
29	010101002005	挖一般土方	挖花台土方,平均挖土深度640mm,普坚土,弃土运距100m	m^3	6.65			
30	010501003002	独立基础	3∶7灰土垫层,300mm厚	m^3	1.02			
31	010401003002	实心砖墙	砖砌花台,M5混合砂浆,普通砖	m^3	2.37			
32	010507007003	其他构件	花台混凝土花池,C25混凝土现浇	m^3	2.72			
33	011204001002	石材墙面	花台混凝土花池池面贴花岗石	m^2	4.56			
34	010101002006	挖一般土方	挖花墙花台土方,平均深度940mm,普坚土,弃土运距100m	m^3	11.73			

图名	绿化工程工程量清单计价编制实例(12)	图号	3-17

绿化工程工程量清单计价编制实例(13)

序号	项目编码	项目名称	项目特征描述	计量单位	工程量	金额(元)		
						综合单价	合价	其中 暂估价
35	010501002001	带形基础	花墙花台混凝土基础,C25混凝土现浇	m^3	1.25			
36	010401003003	实心砖墙	砖砌花台,M5混合砂浆,普通砖	m^3	8.19			
37	011204001003	石材墙面	花墙花台墙面贴青石板	m^2	27.73			
38	010606013001	零星钢构件	花墙花台铁花式,-60×6,2.83kg/m	t	0.11			
39	010101001007	挖一般土方	挖圆形花坛土方,平均深度800mm,普坚土,弃土运距100m	m^3	3.82			
40	010507007004	其他构件	圆形花坛混凝土池壁,C25混凝土现浇	m^3	2.63			

图名	绿化工程工程量清单计价编制实例(13)	图号	3-17

绿化工程工程量清单计价编制实例(14)

序号	项目编码	项目名称	项目特征描述	计量单位	工程量	金额(元)		
						综合单价	合价	其中
								暂估价
41	011204001004	石材墙面	圆形花坛混凝土池壁贴大理石	m^2	10.05			
42	010502001001	矩形柱	现浇混凝土柱,C25 混凝土现浇	m^3	1.80			
43	011202001002	柱面一般抹灰	混凝土柱水泥砂浆抹面	m^2	10.20			
44	011407001001	墙面喷刷涂料	混凝土柱面刷白色涂料	m^2	10.20			
		分部小计						
		0504　措施项目						
45	050401002001	抹灰脚手架		m^2	10.20			
		分部小计						
合计								

注:为计取规费等使用,可在表中增设基中:“定额人工费”。

图名	绿化工程工程量清单计价编制实例(14)	图号	3-17

绿化工程工程量清单计价编制实例(15)

总价措施项目清单与计价表

工程名称:某园区园林绿化工程　　　　标段:　　　　第　页　共　页

序号	项目编码	项目名称	计算基础	费率(%)	金额(元)	调整费率(%)	调整后金额(元)	备注
1	050405001001	安全文明施工费						
2	050405004001	二次搬运费						
3	050405005001	冬雨季施工增加费						
4	050405007001	已完工程及设备保护费						
合　计								

编制人(造价人员):　　　　复核人(造价工程师):

注:1. "计算基础"中安全文明施工费可为"定额基价"、"定额人工费"或"定额人工费+定额机械费",其他项目可为"定额人工费"或"定额人工费+定额机械费"。

2. 按施工方案计算的措施费,若无"计算基础"和"费率"的数值,也可只填"金额"数值,但应在备注栏说明施工方案出处或计算方法。

图名	绿化工程工程量清单计价编制实例(15)	图号	3-17

绿化工程工程量清单计价编制实例(16)

其他项目清单与计价汇总表

工程名称:某园区园林绿化工程　　标段:　　第　页　共　页

序　号	项目名称	金额(元)	结算金额(元)	备　注
1	暂列金额	50000.00		
2	暂估价	—		
2.1	材料(工程设备)暂估价/结算价	—		
2.2	专业工程暂估价/结算价			
3	计日工			
4	总承包服务费			
5	索赔与现场签证			
合　计		50000.00		—

注:材料(工程设备)暂估单价计入清单项目综合单价,此处不汇总。

图名	绿化工程工程量清单计价编制实例(16)	图号	3-17

绿化工程工程量清单计价编制实例(17)

暂列金额明细表

工程名称:某园区园林绿化工程　　　标段:　　　第　页　共　页

序号	项目名称	计量单位	暂列金额(元)	备注
1	政策性调整和材料价格风险	项	25000.00	
2	工程量清单中工程量变更和设计变更	项	15000.00	
3	其他	项	10000.00	
合　计			50000.00	—

注:此表由招标人填写,如不能详列,也可只列暂定金额总额,投标人应将上述暂列金额计入投标总价中。

图名	绿化工程工程量清单计价编制实例(17)	图号	3-17

绿化工程工程量清单计价编制实例(18)

材料(工程设备)暂估单价及调整表

工程名称:某园区园林绿化工程　　标段:　　第　页　共　页

序号	材料(工程设备)名称、规格、型号	计量单位	数量		暂估(元)		确认(元)		差额±(元)		备注
			暂估	确认	单价	合价	单价	合价	单价	合价	
1	桧柏	株	3		9.50	28.50					用于栽植桧柏项目
2	龙爪槐	株	5		30.20	151.00					用于栽植龙爪槐项目
合计						179.50					

注:此表由招标人填写"暂估单价",并在备注栏说明暂估单价的材料、工程设备拟用在哪些清单项目上,投标人应将上述材料、工程设备暂估单价计入工程量清单综合单价报价中。

图名	绿化工程工程量清单计价编制实例(18)	图号	3-17

绿化工程工程量清单计价编制实例(19)

计日工表

工程名称:某园区园林绿化工程　　　　标段:　　　　第　页　共　页

编号	项目名称	单位	暂定数量	实际数量	综合单价(元)	合价(元)	
						暂定	实际
一	人工						
1	技工	工日	40				
人工小计							
二	材料						
1	32.5级普通水泥	t	15.00				
材料小计							
三	施工机械						
1	汽车起重机20t	台班	5				
施工机械小计							
四、企业管理费和利润							
总计							

注:此表"项目名称"、"暂定数量"由招标人填写,编制招标控制价时,单价由招标人按有关规定确定;投标时,单价由投标人自主报价,按暂定数量计算合价计入投标总价中;结算时,按发承包双方确定的实际数量计算合价。

图名	绿化工程工程量清单计价编制实例(19)	图号	3-17

绿化工程工程量清单计价编制实例(20)

规费、税金项目计价表

工程名称:某园区园林绿化工程　　标段:　　第　页　共　页

序号	项目名称	计算基础	计算基数	计算费率(%)	金额(元)
1	规费	定额人工费			
1.1	社会保险费	定额人工费			
(1)	养老保险费	定额人工费			
(2)	失业保险费	定额人工费			
(3)	医疗保险费	定额人工费			
(4)	工伤保险费	定额人工费			
(5)	生育保险费	定额人工费			
1.2	住房公积金	定额人工费			
1.3	工程排污费	按工程所在地环境保护部门收取标准,按实计入			
2	税金	分部分项工程费＋措施项目费＋其他项目费＋规费－按规定不计税的工程设备金额			
合计					

编制人(造价人员):　　复核人(造价工程师):

图名	绿化工程工程量清单计价编制实例(20)	图号	3-17

绿化工程工程量清单计价编制实例(21)

某园区园林绿化＿＿＿＿工程

竣工结算书

发　包　人：＿＿＿＿××公司＿＿＿＿
（单位盖章）

承　包　人：＿＿＿＿××建筑单位＿＿＿＿
（单位盖章）

造价咨询人：＿＿＿＿××工程造价咨询＿＿＿＿
（单位盖章）

年　　月　　日

图名	绿化工程工程量清单计价编制实例(21)	图号	3-17

绿化工程工程量清单计价编制实例(22)

某园区园林绿化 工程

竣工结算总价

签约合同价(小写)：198158.05 元 (大写)：壹拾玖万捌仟壹佰伍拾捌元零伍分

竣工结算价(小写)：173417.53 元 (大写)：壹拾柒万叁仟肆佰壹拾柒元伍角叁分

发 包 人：××公司 (单位盖章)

承 包 人：××建筑单位 (单位盖章)

造价咨询人：××工程造价企业 (单位资质专用章)

法定代表人或其授权人：×× (签字或盖章)

法定代表人或其授权人：×× (签字或盖章)

法定代表人或其授权人：×× (签字或盖章)

编 制 人：×× (造价人员签字盖专用章)

核 对 人：×× (造价工程师签字盖专用章)

编制时间：××年×月×日

核对时间：××年××月××日

图名	绿化工程工程量清单计价编制实例(22)	图号	3-17

绿化工程工程量清单计价编制实例(23)

总说明

工程名称:某园区园林绿化工程　　　　第　页　共　页

1 工程概况:本园区位于××区,交通便利园区中建筑与市政建设均已完成。园林绿化面积约为850m²,整个工程由圆形花坛、伞亭、连做花坛、花架、八角花坛以及绿地等组成。栽种的植物主要有桧柏、垂柳、龙爪槐、金银木、珍珠梅、月季等。合同工期为60d,实际施工工期55d。

2 竣工依据

2.1 施工合同、投标文件、招标文件。

2.2 竣工图、发包人确认的实际完成工程量和索赔及现场签证资料。

2.3 省建设主管部门颁发的计价定额和计价管理办法及相关计价文件。

2.4 省工程造价管理机构发布人工费调整文件。

3 本工程的合同价款198158.05元,结算价为173417.53元,结算价比合同价节省24740.52元

4 结算价说明

4.1 索赔及现场签证增加25000元。

4.2 规费及税金增加496.29元。

其他:略

图名	绿化工程工程量清单计价编制实例(23)	图号	3-17

绿化工程工程量清单计价编制实例(24)

建设项目竣工结算汇总表

工程名称:某园区园林绿化工程　　　　第　页　共　页

序号	单项工程名称	金额(元)	其中:(元)	
			安全文明施工费(元)	规费(元)
1	某园区园林绿化工程	173417.53	6965.19	7940.33
合　计		173417.53	6965.19	7940.33

图名	绿化工程工程量清单计价编制实例(24)	图号	3-17

绿化工程工程量清单计价编制实例(25)

单项工程竣工结算汇总表

工程名称:某园区园林绿化工程　　　　第　页　共　页

序号	单项工程名称	金额(元)	其中:(元)	
			安全文明施工费	规费
1	某园区园林绿化工程	173417.53	6965.19	7940.33
合计		173417.53	6965.19	7940.33

图名	绿化工程工程量清单计价编制实例(25)	图号	3-17

绿化工程工程量清单计价编制实例(26)

单位工程竣工结算汇总表

工程名称:某园区园林绿化工程　　标段:　　第　页　共　页

序号	汇总内容	金额(元)
1	分部分项工程	98918.89
1.1	其中:绿化工程	42412.70
1.2	其中:园路、园桥工程	20673.88
1.3	其中:园林景观工程	35832.31
2	措施项目	25905.73
2.1	其中:安全文明施工费	6965.19
3	其他项目	34900.00
3.1	其中:专业工程结算价	—
3.2	其中:计日工	9900.00
3.3	其中:总承包服务费	—
3.4	其中:索赔与现场鉴证	25000.00
4	规费	7940.33
5	税金	5752.58
竣工结算总价合计=1+2+3+4+5		173417.53

注:如无单位工程划分,单项工程也使用本表汇总。

图名	绿化工程工程量清单计价编制实例(26)	图号	3-17

绿化工程工程量清单计价编制实例(27)

分部分项工程和单价措施项目清单与计价表

工程名称:某园区园林绿化工程　　标段:　　第 页 共 页

序号	项目编码	项目名称	项目特征描述	计量单位	工程量	金额(元)		
						综合单价	合价	其中 暂估价
		0501 绿化工程						
1	050101010001	整理绿化用地	整理绿化用地,普坚土	m^2	834.32	1.21	1009.53	
2	050102001001	栽植乔木	桧柏,高 1.2～1.5m,土球苗木	株	3	69.54	208.62	
3	050102001002	栽植乔木	垂柳,胸径 4.0～5.0m 露根乔木	株	6	51.63	309.78	
4	050102001003	栽植乔木	龙爪槐,胸径 3.5～4m,露根乔木	株	5	73.12	365.60	
5	050102001004	栽植乔木	大叶黄杨,胸径 1～1.2m 露根乔木	株	5	82.15	410.75	
6	050102002001	栽植灌木	金银木,高 1.5～1.8m,露根灌木	株	90	30.12	2710.80	
7	050102001005	栽植乔木	珍珠梅,高 1～1.2m 露根乔木	株	60	22.48	1348.80	

图名	绿化工程工程量清单计价编制实例(27)	图号	3-17

绿化工程工程量清单计价编制实例(28)

序号	项目编码	项目名称	项目特征描述	计量单位	工程量	金额(元)		
						综合单价	合价	其中 暂估价
8	050102008001	栽植花卉	月季,各色月季,二年生,露地花卉	株	120	19.50	2340.00	
9	050102012001	铺种草皮	野牛草,草皮	m^2	466	19.15	8923.90	
10	050103001001	喷灌管线安装	主线管 1m,支线管挖土深度1m,支线管深度 0.6m,二类土。主管 75UPVC 管长 21m,直径40YPVC 管长 35m;支管直径32UPVC 管长 98.6m	m	154.60	147.85	22857.61	
11	050103002001	喷灌配件安装	美国雨鸟喷头 5004 型	个	41	46.32	1899.12	
12	050103002002	喷灌配件安装	美国雨鸟快速取水阀 P33 型	个	10	2.672	26.72	
13	050103002003	喷灌配件安装	水表	组	1	1.47	1.47	

图名	绿化工程工程量清单计价编制实例(28)	图号	3-17

绿化工程工程量清单计价编制实例(29)

序号	项目编码	项目名称	项目特征描述	计量单位	工程量	金额(元)		
						综合单价	合价	其中 暂估价
		0502 园路、园桥工程						
14	050201001001	园路	200mm 厚砂垫层，150mm 厚 3∶7 灰土垫层，水泥方格砖路面	m^2	180.25	60.23	10856.46	
15	010101002001	挖一般土方	普坚土，挖土平均厚度 350mm，弃土运距 100m	m^3	61.79	26.18	1617.66	
16	050201003001	路牙铺设	3∶7 灰土垫层 150mm 厚，花岗石	m	96.23	85.21	8199.76	
		0503 园林景观工程						
17	050304001001	现浇混凝土花架柱、梁	柱 6 根，高 2.2m	m^3	2.22	375.36	833.30	
18	050305005001	预制混凝土桌凳	C20 预制混凝土座凳，水磨石面	个	7	34.05	238.35	

图名	绿化工程工程量清单计价编制实例(29)	图号	3-17

绿化工程工程量清单计价编制实例(30)

序号	项目编码	项目名称	项目特征描述	计量单位	工程量	金额(元)		
						综合单价	合 价	其中 暂估价
19	011203001001	零星项目一般抹灰	檩架抹水泥砂浆	m^2	60.04	15.88	953.44	
20	010101002002	挖一般土方	挖八角花坛上方,人工挖地槽,土方运距100m	m^3	10.64	29.55	314.41	
21	010507007001	其他构件	八角花坛混凝土池壁,C10混凝土现浇	m^3	7.30	350.24	2556.75	
22	011204001001	石材墙面	圆形花坛混凝土池壁贴大理石	m^2	11.02	284.80	3138.50	
23	010101002003	挖一般土方	连座花坛土方,平均挖土深度870mm,普坚土,弃土运距100m	m^3	9.22	29.22	269.40	
24	010501003001	独立基础	3:7灰土垫层,100mm厚	m^3	1.06	452.32	479.46	
25	011202001001	柱面一般抹灰	混凝土柱水泥砂浆抹面	m^2	10.13	13.03	131.99	
26	010401003001	实心砖墙	M5混合砂浆砌筑,普通砖	m^3	4.87	195.06	949.94	

图名	绿化工程工程量清单计价编制实例(30)	图号	3-17

绿化工程工程量清单计价编制实例(31)

序号	项目编码	项目名称	项目特征描述	计量单位	工程量	金额(元)		
						综合单价	合价	其中 暂估价
27	010507007002	其他构件	连座花坛混凝土花池，C25混凝土现浇	m^3	2.68	318.25	852.91	
28	010101002004	挖一般土方	挖座凳土方，平均挖土深度80mm，普坚土，弃土运距100m	m^3	0.03	24.10	0.72	
29	010101002005	挖一般土方	挖花台土方，平均挖土深度640mm，普坚土，弃土运距100m	m^3	6.65	24.00	159.60	
30	010501003002	独立基础	3∶7灰土垫层，300mm厚	m^3	1.02	10.00	10.20	
31	010401003002	实心砖墙	砖砌花台，M5混合砂浆，普通砖	m^3	2.37	195.48	463.87	
32	010507007003	其他构件	花台混凝土花池，C25混凝土现浇	m^3	2.72	324.21	881.85	
33	011204001002	石材墙面	花台混凝土花池池面贴花岗石	m^2	4.56	2864.23	13060.89	

图名	绿化工程工程量清单计价编制实例(31)	图号	3-17

绿化工程工程量清单计价编制实例(32)

序号	项目编码	项目名称	项目特征描述	计量单位	工程量	金额(元)		
						综合单价	合价	其中 暂估价
34	010101002006	挖一般土方	挖花墙花台土方,平均深度940mm,普坚土,弃土运距100m	m^3	11.73	28.25	331.37	
35	010501002001	带形基础	花墙花台混凝土基础,C25混凝土现浇	m^3	1.25	234.25	292.81	
36	010401003003	实心砖墙	砖砌花台,M5混合砂浆,普通砖	m^3	8.19	194.54	1593.28	
37	011204001003	石材墙面	花墙花台墙面贴青石板	m^2	27.73	100.88	2797.40	
38	010606013001	零星钢构件	花墙花台铁花式,—60×6,2.83kg/m	t	0.11	4525.23	497.78	
39	010101001007	挖一般土方	挖圆形花坛土方,平均深度800mm,普坚土,弃土运距100m	m^3	3.82	26.99	103.10	

图名	绿化工程工程量清单计价编制实例(32)	图号	3-17

绿化工程工程量清单计价编制实例(33)

序号	项目编码	项目名称	项目特征描述	计量单位	工程量	金额(元)		
						综合单价	合价	其中
								暂估价
40	010507007004	其他构件	圆形花坛混凝土池壁,C25混凝土现浇	m^3	2.63	364.58	958.85	
41	011204001004	石材墙面	圆形花坛混凝土池壁贴大理石	m^2	10.05	286.45	2878.82	
42	010502001001	矩形柱	现浇混凝土柱,C25混凝土现浇	m^3	1.80	309.56	557.21	
43	011202001002	柱面一般抹灰	混凝土柱水泥砂浆抹面	m^2	10.20	13.02	132.80	
44	011407001001	墙面喷刷涂料	混凝土柱面刷白色涂料	m^2	10.20	38.56	393.31	
		0504 措施项目						
45	050401002001	抹灰脚手架		m^2	10.20	6.53	66.61	
合计							92869.13	

注:为计取规费等使用,可在表中增设其中"定额人工费"。

图名	绿化工程工程量清单计价编制实例(33)	图号	3-17

绿化工程工程量清单计价编制实例(34)

综合单价分析表

工程名称：某园区园林绿化工程　　标段：　　第　页　共　页

<table>
<tr><td>项目编码</td><td colspan="3">050102001001</td><td colspan="2">项目名称</td><td colspan="2">栽植乔木</td><td colspan="2">计量单位</td><td>株</td><td>工程量</td><td>3</td></tr>
<tr><td colspan="13">清单综合单价组成明细</td></tr>
<tr><td rowspan="2">定额编号</td><td rowspan="2" colspan="2">定额项目名称</td><td rowspan="2">定额单位</td><td rowspan="2">数量</td><td colspan="4">单价</td><td colspan="4">合价</td></tr>
<tr><td>人工费</td><td>材料费</td><td>机械费</td><td>管理费和利润</td><td>人工费</td><td>材料费</td><td>机械费</td><td>管理费和利润</td></tr>
<tr><td>EA0920</td><td colspan="2">普坚土种桧柏</td><td>株</td><td>1</td><td>5.14</td><td>12.85</td><td>0.33</td><td>2.06</td><td>5.14</td><td>12.85</td><td>0.33</td><td>2.06</td></tr>
<tr><td>EA0960</td><td colspan="2">桧柏后期管理</td><td>株</td><td>1</td><td>11.71</td><td>12.13</td><td>2.21</td><td>4.11</td><td>11.71</td><td>12.13</td><td>2.21</td><td>4.11</td></tr>
<tr><td colspan="3">人工单价</td><td colspan="6">小计</td><td>16.85</td><td>24.98</td><td>2.54</td><td>6.17</td></tr>
<tr><td colspan="3">41.8元/工日</td><td colspan="6">未计价材料费</td><td colspan="4"></td></tr>
<tr><td colspan="9">清单项目综合单价</td><td colspan="4">69.54</td></tr>
<tr><td rowspan="6">材料费明细</td><td colspan="4">主要材料名称、规格、型号</td><td>单位</td><td colspan="3">数量</td><td>单价（元）</td><td>合价（元）</td><td>暂估单价（元）</td><td>暂估合价（元）</td></tr>
<tr><td colspan="4">桧柏</td><td>株</td><td colspan="3">1</td><td>8.68</td><td>8.68</td><td></td><td></td></tr>
<tr><td colspan="4">毛竹竿</td><td>根</td><td colspan="3">1.10</td><td>11.40</td><td>12.54</td><td></td><td></td></tr>
<tr><td colspan="4">水</td><td>t</td><td colspan="3">0.99</td><td>3.20</td><td>3.17</td><td></td><td></td></tr>
<tr><td colspan="8">其他材料费</td><td>—</td><td>0.66</td><td>—</td><td></td></tr>
<tr><td colspan="8">材料费小计</td><td>—</td><td>24.98</td><td>—</td><td></td></tr>
</table>

注：1. 如不使用省级或行业建设主管部门发布的计价依据，可不填定额编号、名称等。
2. 招标文件提供了暂估单价的材料，按暂估的单价填入表内"暂估单价"栏及"暂估合价"栏。

图名	绿化工程工程量清单计价编制实例(34)	图号	3-17

绿化工程工程量清单计价编制实例(35)

综合单价分析表

工程名称:某园区园林绿化工程　　标段:　　第 页 共 页

项目编码	050102001002		项目名称		栽植乔木,垂柳		计量单位	株	工程量	6
清单综合单价组成明细										
定额编号	定额项目名称	定额单位	数量	单价				合价		
				人工费	材料费	机械费	管理费和利润	人工费	材料费	机械费	管理费和利润
EA0920	普坚土种垂柳	株	1	5.38	12.85	0.31	2.09	5.38	12.85	0.31	2.09
EA0960	垂柳后期管理	株	1	11.71	12.13	2.21	4.13	11.71	12.13	2.21	4.13
人工单价		小计						17.09	25.98	2.51	6.22
41.8 元/工日		未计价材料费									
清单项目综合单价								51.63			
材料费明细	主要材料名称、规格、型号			单位		数量		单价(元)	合价(元)	暂估单价(元)	暂估合价(元)
	垂柳			株		1		10.60	10.60		
	毛竹竿			根		1.10		12.54	12.54		
	水			t		0.68		3.20	2.18		
	其他材料费							—	0.66	—	
	材料费小计							—	25.98	—	

注:1. 如不使用省级或行业建设主管部门发布的计价依据,可不填定额编号、名称等。
2. 招标文件提供了暂估单价的材料,按暂估的单价填入表内“暂估单价”栏及“暂估合价”栏。

图名	绿化工程工程量清单计价编制实例(35)	图号	3-17

绿化工程工程量清单计价编制实例(36)

综合单价分析表

工程名称:某园区园林绿化工程　　　　标段:　　　　第　页　共　页

项目编码	050102001003		项目名称		栽植乔木,龙爪槐		计量单位		株	工程量	5
清单综合单价组成明细											
定额编号	定额项目名称	定额单位	数量	单价				合价			
				人工费	材料费	机械费	管理费和利润	人工费	材料费	机械费	管理费和利润
EA0922	普坚土种龙爪槐	株	1	5.38	12.85	0.13	14.18	5.38	12.85	0.13	14.18
EA0962	龙爪槐后期管理	株	1	11.71	12.13	2.21	16.11	11.71	12.13	2.21	16.11
人工单价		小计						16.85	25.98	2.34	28.29
41.8元/工日		未计价材料费									
清单项目综合单价								73.12			

材料费明细	主要材料名称、规格、型号	单位	数量	单价(元)	合价(元)	暂估单价(元)	暂估合价(元)
	龙爪槐	株	1	11.38	11.38		
	毛竹竿	根	1.11	11.4	12.65		
	水	t	0.33	3.20	1.06		
	其他材料费			—	0.89	—	
	材料费小计			—	25.98	—	

注:1. 如不使用省级或行业建设主管部门发布的计价依据,可不填定额编号、名称等。
2. 招标文件提供了暂估单价的材料,按暂估的单价填入表内“暂估单价”栏及“暂估合价”栏。

图名	绿化工程工程量清单计价编制实例(36)	图号	3-17

绿化工程工程量清单计价编制实例(37)

总价措施项目清单与计价表

工程名称:某园区园林绿化工程　　　　标段:　　　　第　页　共　页

序号	项目编码	项目名称	计算基础	费率(%)	金额(元)	调整费率(%)	调整后金额(元)	备注
1	050405001001	安全文明施工费	定额人工费	25	6268.67	25	6965.19	
2	050405004001	二次搬运费	定额人工费	1.8	451.34	1.8	501.49	
3	050405005001	冬雨季施工增加费	定额人工费	1	250.75	1	278.61	
4	050405007001	已完工程及设备保护费			16000.00		18093.83	
合　计					22970.76		25839.12	

编制人(造价人员):　　　　复核人(造价工程师):

注:1. "计算基础"中安全文明施工费可为"定额基价"、"定额人工费"或"定额人工费+定额机械费",其他项目可为"定额人工费"或"定额人工费+定额机械费"。

2. 按施工方案计算的措施费,若无"计算基础"和"费率"的数值,也可只填"金额"数值,但应在备注栏说明施工方案出处或计算方法。

图名	绿化工程工程量清单计价编制实例(37)	图号	3-17

绿化工程工程量清单计价编制实例(38)

其他项目清单与计价汇总表

工程名称:某园区园林绿化工程　　　　标段:　　　　第　页　共　页

序　号	项目名称	金额(元)	结算金额(元)	备　注
1	暂列金额	—	—	
2	暂估价	—	—	
2.1	材料(工程设备)暂估价/结算价	—	—	
2.2	专业工程暂估价/结算价			
3	计日工	8110.00	9900.00	
4	总承包服务费			
5	索赔与现场签证		25000.00	
合　计				34900.00

注:材料(工程设备)暂估单价计入清单项目综合单价,此处不汇总。

图名	绿化工程工程量清单计价编制实例(38)	图号	3-17

绿化工程工程量清单计价编制实例(39)

计日工表

工程名称:某园区园林绿化工程　　　标段:　　　第 页 共 页

编号	项目名称	单位	暂定数量	实际数量	综合单价(元)	合价(元)	
						暂定	实际
一	人工						
1	技工	工日	40.00	50.00	50.00	2000.00	2500.00
人 工 小 计							
二	材料						
1	32.5级普通水泥	t	15.00	16.50	300.00	4500.00	4950.00
材 料 小 计							4500.00
三	施工机械						
1	汽车起重机20t	台班	5.00	8.00	250.00	1250.00	2000.00
施工机械小计							12500.00
四、企业管理费和利润 按人工费的18%计算						360.00	450.00
总 计						8110.00	9900.00

注:此表"项目名称"、"暂定数量"由招标人填写,编制招标控制价时,单价由招标人按有关规定确定;投标时,单价由投标人自主确定,按暂定数量计算合价计入投标总价中;结算时,按发承包双方确定的实际数量计算合价。

图名	绿化工程工程量清单计价编制实例(39)	图号	3-17

绿化工程工程量清单计价编制实例(40)

索赔与现场签证计价汇总表

工程名称:某园区园林绿化工程　　　　标段:　　　　第　页　共　页

序号	签证及索赔项目名称	计量单位	数量	单价(元)	合价(元)	索赔及签证依据
1	暂停施工				7312.50	001
2	砌筑花池	座	2	1000.00	2000.00	002
	其他:(略)					
—	本页小计	—	—	—	25000.00	—
—	合 计	—	—	—	25000.00	—

注:签证及索赔依据是指经双方认可的签证单和索赔依据的编号。

图名	绿化工程工程量清单计价编制实例(40)	图号	3-17

绿化工程工程量清单计价编制实例(41)

规费、税金项目计价表

工程名称:某园区园林绿化工程　　标段:　　第 页 共 页

序号	项目名称	计算基础	计算基数	计算费率(%)	金额(元)
1	规费	定额人工费			7940.33
1.1	社会保险费	定额人工费	(1)+…+(5)		6268.68
(1)	养老保险费	定额人工费		14	3900.51
(2)	失业保险费	定额人工费		2	557.22
(3)	医疗保险费	定额人工费		6	1671.65
(4)	工伤保险费	定额人工费		0.25	69.65
(5)	生育保险费	定额人工费		0.25	69.65
1.2	住房公积金	定额人工费		6	1671.65
1.3	工程排污费	按工程所在地环境保护部门收取标准,按实计入			
2	税金	分部分项工程费+措施项目费+其他项目费+规费-按规定不计税的工程设备金额		3.431	5752.58
合计					13693.21

编制人(造价人员):　　复核人(造价工程师):

图名	绿化工程工程量清单计价编制实例(41)	图号	3-17

绿化工程工程量清单计价编制实例(42)

费用索赔申请(核准)表

工程名称：　　　　　　　　　　　　标段：　　　　　　　　　　　　编号:001

<table>
<tr><td colspan="2">致：　××公司　　　　　　　　　　　　（发包人全称）
根据施工合同条款第　12　条的约定，由于　你方工作需要　原因，我方要求索赔金额（大写）　柒仟叁佰壹拾贰元伍角　，（小写　7312.5 元　），请予核准。
附：1. 费用索赔的详细理由和依据：根据发包人“关于停工的通知”（详见附件 1）
2. 索赔金额的计算：（详见附件 2）
3. 证明材料：监理工程师确认的现场工人、机械、周转材料数量及租赁合同（略）
承包人（章）
造价人员　×××　　承包人代表　×××　　日　期　×月×日</td></tr>
<tr><td>复核意见：
根据施工合同条款第　12　条的约定，你方提出的费用索赔申请经复核：
□不同意此项索赔，具体意见见附件。
☑同意此项索赔，索赔金额的计算，由造价工程师复核。
监理工程师　×××
日　期　×月×日</td><td>复核意见：
根据施工合同条款第　12　条的约定，你方提出的费用索赔申请经复核，索赔金额为（大写）　柒仟叁佰壹拾贰元伍角　，（小写　7312.5 元　）。
造价工程师　×××
日　期　×月×日</td></tr>
<tr><td colspan="2">审核意见：
□不同意此项索赔。
☑同意此项索赔，与本期进度款同期支付。
发包人（章）
发包人代表　×××
日　期　×月×日</td></tr>
</table>

注：1. 在选择栏中的“□”内做标识“√”。
2. 本表一式四份，由承包人填报，发包人、监理人、造价咨询人、承包人各存一份。

表—12—7

图名	绿化工程工程量清单计价编制实例(42)	图号	3-17

绿化工程工程量清单计价编制实例(43)

现场签证表

工程名称:某园区园林绿化工程　　　　标段:　　　　编号:002

施工部位	指定位置	日期	××年×月×日
致:××公司 (发包人全称) 根据 ×× (指令人姓名)××年×月×日的口头指令或你方______(或监理人)××年×月×日的书面通知,我方要求完成此项工作应支付价款金额为(大写) 贰仟元 ,(小写 2000元),请予核准。 附:1. 签证事由及原因: 2. 附图及计算式: 造价人员 ×××　　承包人代表 ×××　　承包人(章) 日　期 ×月×日			
复核意见: 你方提出的此项签证申请经复核: □不同意此项签证,具体意见见附件。 ☑同意此项签证,签证金额的计算,由造价工程师复核。 监理工程师 ××× 日　期 ×月×日		复核意见: ☑此项签证按承包人中标的计日工单价计算,金额为(大写) 贰仟元 ,(小写) 2000 元。 □此项签证因无计日工单价,金额为(大写)____元,(小写____)。 造价工程师 ××× 日　期 ×月×日	
审核意见: □不同意此项签证。 ☑同意此项签证,价款与本期进度款同期支付。 发包人(章) 发包人代表 ××× 日　期 ×月×日			

注:1. 在选择栏中的"□"内做标识"√"。
2. 本表一式四份,由承包人在收到发包人(监理人)的口头或书面通知后填写,发包人、监理人、造价咨询人、承包人各存一份。

图名	绿化工程工程量清单计价编制实例(43)	图号	3-17

绿化工程工程量清单计价编制实例(44)

附件 1

关于停工的通知

××建筑公司:

为使考生有一个安静的复习、休息和考试环境,为响应国家环保总局和省环保局"关于加强高考期间环境噪声监督管理"的有关规定,请你们在高考期间(6 月 6 日～8 日)3d 暂停施工。期间并配合上级主管部门进行工程质量检查工作。

××公司(章)

××××年××月××日

附件 2

索赔费用计算

编号:第××号

一、人工费

1. 普工 40 人　　30 人×40 元/工日×3d=3600 元
2. 技工 20 人　　15 人×50 元/工日×3d=2250 元

小计:5850 元

二、管理费

5850 元×25%=1462.50 元

索赔费用合计:7312.50 元

图名	绿化工程工程量清单计价编制实例(44)	图号	3-17

4　园路、园桥工程

园路及地面工程图例

园路及地面工程图例

序号	名称	图例	说明
1	道路		
2	铺装路面		
3	台阶		箭头指向表示向上
4	铺砌场地	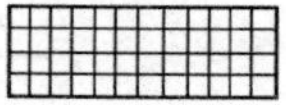	也可依据设计形态表示

图名	园路及地面工程图例	图号	4-1

驳岸挡土墙工程图例(1)

驳岸挡土墙工程图例

序　号	名　　称	图　　例
1	护　坡	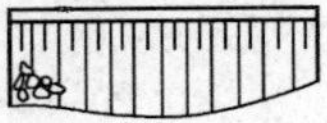
2	挡土墙	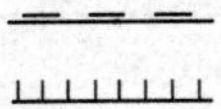
3	驳　岸	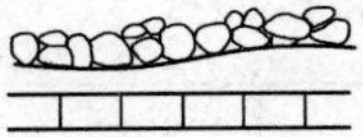
4	台　阶	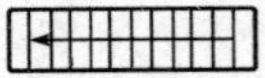
5	排水明沟	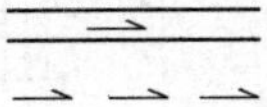

图名	驳岸挡土墙工程图例(1)	图号	4-2

驳岸挡土墙工程图例(2)

序号	名称	图例
6	有盖的排水沟	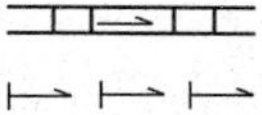
7	天然石材	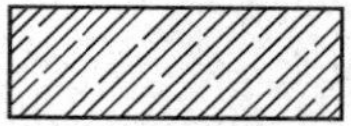
8	毛石	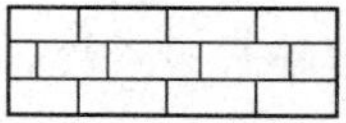
9	普通砖	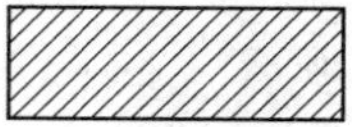
10	耐火砖	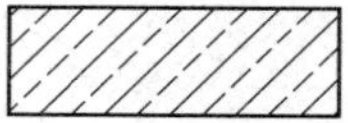
11	空心砖	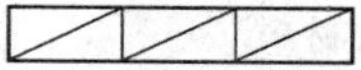

图名	驳岸挡土墙工程图例(2)	图号	4-2

驳岸挡土墙工程图例(3)

序号	名称	图例
12	饰面砖	
13	混凝土	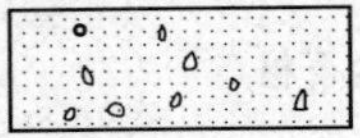
14	钢筋混凝土	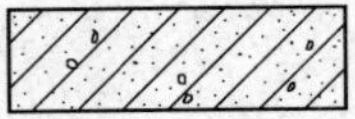
15	焦渣、矿渣	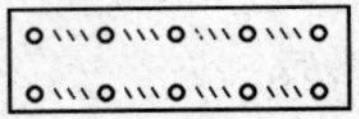
16	金　属	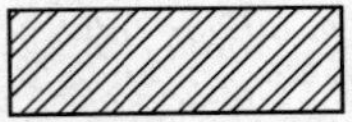
17	松散材料	

图名	驳岸挡土墙工程图例(3)	图号	4-2

驳岸挡土墙工程图例(4)

序　号	名　　称	图　　例
18	木　材	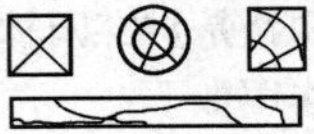
19	胶合板	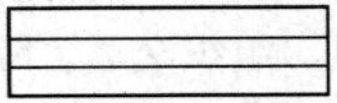
20	石膏板	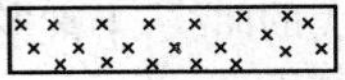
21	多孔材料	
22	玻　璃	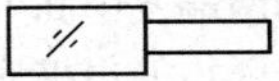
23	纤维材料或人造板	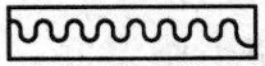

图名	驳岸挡土墙工程图例(4)	图号	4-2

园路工程施工简介(1)

序号	项　目	说　　　明
1	园路工程概述	园路是贯穿园林的交通脉络，是联系若干个景区和景点的纽带，是构成园景的重要因素，其具体作用如下： (1)引导游览。园路是组织园林风景的动态序列，能引导人们按照设计的意愿、路线和角度来欣赏景物的最佳画面并到达各功能分区。 (2)组织交通。园路对于园林绿化、维修养护、商业服务、消防安全、职工生活、园务管理等方面的交通运输作用也是必不可少的。 (3)组织空间，构成景色。园林中各个功能分区、景色分区往往是以园路作为分界线。园路有优美的曲线，丰富多彩的路面铺装，两旁有花草树木，还有山、水、建筑、山石等，构成一幅幅美丽的画面。 (4)奠定水电工程的基础。园林中的给排水、供电系统常与园路相结合，所以在园路施工时，也要考虑到这些因素
2	地基与路面基层施工	(1)放线。按路面设计中的中线，在地面上每 20～50m 放一中心桩，在弯道的曲线上，应在曲线的两端及中间各放一中心桩。在每一中心桩上要写上桩号，然后以中心桩为基准，定出边桩。沿着两边的边桩连成圆滑的曲线，这就是路面的平曲线。 (2)准备路槽。按设计路面的宽度，每侧放出 20cm 挖槽。路槽的深度应与路面的厚度相等，并且要有 2%～3%的横坡度，使其成为中间高、两边低的圆弧形或折线形。路槽挖好后，洒上水，使土壤湿润，然后用蛙式跳夯夯 2～3 遍，槽面平整度允许误差在 2cm 以下

图名	园路工程施工简介(1)	图号	4-3

园路工程施工简介(2)

序号	项目	说明
2	地基与路面基层施工	(3)地基施工。首先确定路基作业使用的机械及其进入现场的日期，重新确认水准点，调整路基表面高程与其他高程的关系；然后进行路基的填挖、整平、碾压作业，按已定的园路边线，每侧放宽200mm开挖路基的基槽，路槽深度应等于路面的厚度，按设计的横坡度，进行路基表面整平，再碾压或打夯，压实路槽地面，路槽的平整度允许误差不大于20mm。对填土路基，要分层填土分层碾压，对于软弱地基，要做好加固处理，施工中注意随时检查横断面坡度和纵断面坡度；最后，要用暗渠、侧沟等排出流入路基的地下水、涌水、雨水等。 (4)垫层施工。运入垫层材料，将灰土、砂石按比例混合。进行垫层材料的铺垫、刮平和碾压，如用灰土做垫层，铺垫一层灰土就叫一步灰土，一步灰土的夯实厚度应为150mm；而铺填时的厚度根据土质不同，在210～240mm之间。 (5)路面基层施工。确认路面基层的厚度与设计标高后运入基层材料，分层填筑。基层的每层材料施工碾压厚度是下层为200mm以下，上层150mm以下；基层的下层要进行检验性碾压。基层经碾压后，没有达到设计标高的，应该翻起已压实部分，一面摊铺材料，一面重新碾压，直到压实为设计标高的高度。施工中的接缝，应将上次施工完成的末端部分翻起来，与本次施工部分一起滚碾压实。 (6)面层施工准备。在完成的路面基层上，重新定点、放线，放出路面的中心线及边线。设置整体现浇路面边线处的施工挡板，确定砌块路面的砌块行列数及拼装方式，面层材料运入现场

图名	园路工程施工简介(2)	图号	4-3

园路工程施工简介(3)

序号	项　目	说　　明
3	散料类面层铺砌	(1)土路。完全用当地的土加入适量砂和消石灰铺筑。常用于游人少的地方,或作为临时性道路。 (2)草路。一般用在排水良好,游人不多的地段,要求路面不积水,并选择耐践踏的草种,如绊根草、结缕草等。 (3)碎料路。是指用碎石、卵石、瓦片、碎瓷等碎料拼成的路面。图案精美丰富,色彩素艳和谐,风格或圆润细腻或朴素粗犷,做工精细,具有很好的装饰作用和较高的观赏性,有助于强化园林意境,具有浓厚的民族特色和情调,多见于古典园林中。 施工方法:先铺设基层,一般用砂作基层,当砂不足时,可以用煤渣代替。基层厚约 20～25cm,铺后用轻型压路机压 2～3 次。面层(碎石层)一般为 14～20cm 厚,填后平整压实。当面层厚度超过 20cm 时,要分层铺压,下层 12～16cm,上层 10cm。面层铺设的高度应比实际高度大些
4	块料类面层铺砌	用石块、砖、预制水泥板等做路面的,统称为块料路面。此类路面花纹变化较多,铺设方便,因此在园林中应用较广。 施工总的要求是要有良好的路基,并加砂垫层,块料接缝处要加填充物。 (1)砖铺路面。目前我国机制标准砖的大小为 240mm×115mm×53mm,有青砖和红砖之分。园林铺地多用青砖,风格朴素、淡雅,施工简便,可以拼凑成各种图案,以席纹和同心圆弧放射式排列为多(图 1、图 2)。砖铺地适于庭院和古建筑物附近,因其耐磨性差,容易吸水,易生青苔而行走不便,适用于冰冻不严重和排水良好之处,坡度较大和阴湿地段不宜采用。目前已有采用彩色水泥仿砖铺地的,效果较好。红砖或仿缸砖铺地,色彩明快、艳丽。大青方砖规格为 500mm×500mm×100mm,平整、庄重、大方,多用于古典庭院

图名	园路工程施工简介(3)	图号	4-3

园路工程施工简介(4)

序号	项　目	说　　明
4	块料类面层铺砌	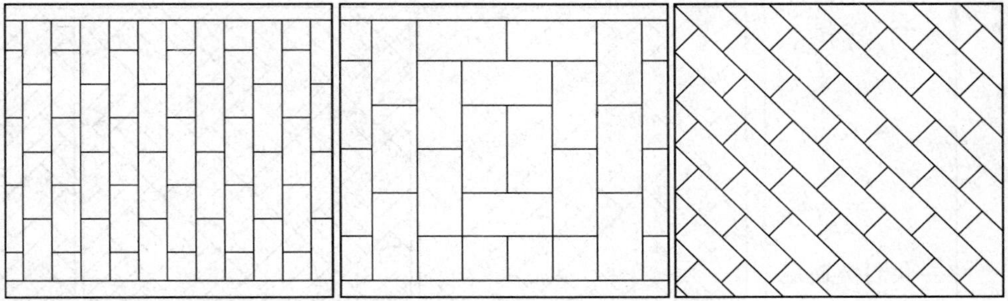 (a)　(b)　(c) **图1　砖铺路面(一)** (a)连环锦纹(平铺);(b)包袱底纹(平铺);(c)席纹(平铺) (2)冰纹路面。冰纹路面是用边缘挺括的石板模仿冰裂纹样铺砌的地面,石板间接缝呈不规则折线,用水泥砂浆勾缝,多为平缝和凹缝,以凹缝为佳。也可不勾缝,便于草皮长出成冰裂纹嵌草路面(图3);还可做成水泥仿冰纹路,即在现浇混凝土路面初凝时,模印冰裂纹图案,表面拉毛,效果也较好。冰纹路面适用于池畔、山谷、草地、林中的游步道

图名	园路工程施工简介(4)	图号	4-3

园路工程施工简介(5)

序号	项目	说明
4	块料类面层铺砌	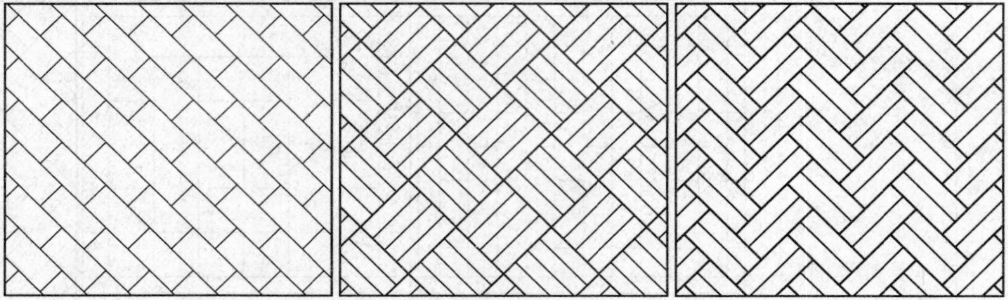 (a)　(b)　(c) **图 2　砖铺路面(二)** (a)人字纹(平铺);(b)间方纹(仄铺);(c)丹墀(仄铺) (3)混凝土预制块路面。用预先模制成的混凝土方砖铺砌的路面,形状多变,图案丰富(如各种几何图形、花卉、木纹、仿生图案等);也可添加无机矿物颜料制成彩色混凝土砖,色彩艳丽。路面平整、坚固、耐久,适用于园林中的广场和规则式路段,也可做成半铺装留缝嵌草路面,如图 4 和图 5 所示

图名	园路工程施工简介(5)	图号	4-3

园路工程施工简介(6)

序号	项　目	说　　明
4	块料类面层铺砌	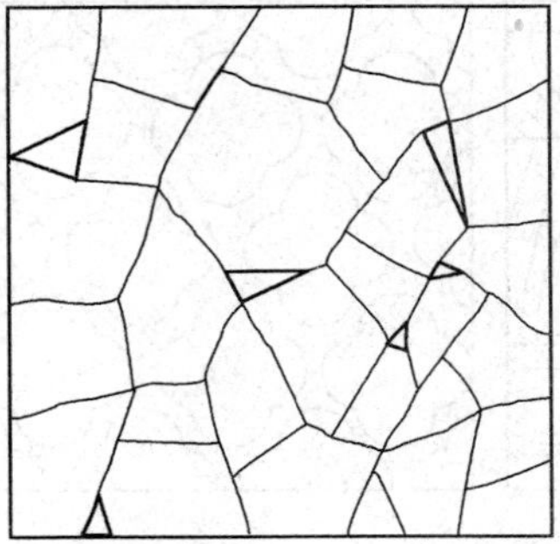 (a) 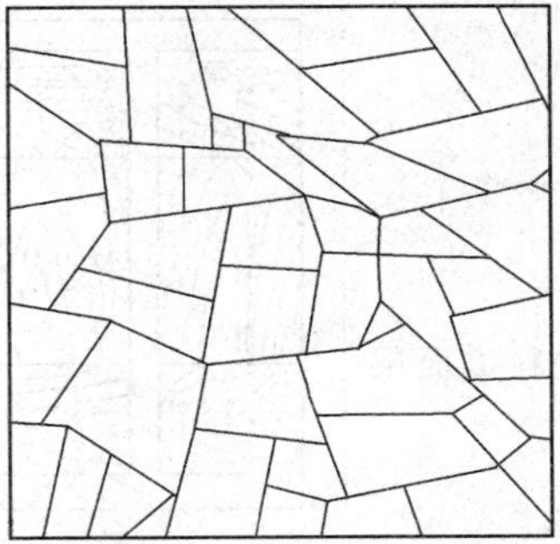 (b) **图 3　冰纹路面** (a)块石冰纹;(b)水泥仿冰纹

图名	园路工程施工简介(6)	图号	4-3

园路工程施工简介(7)

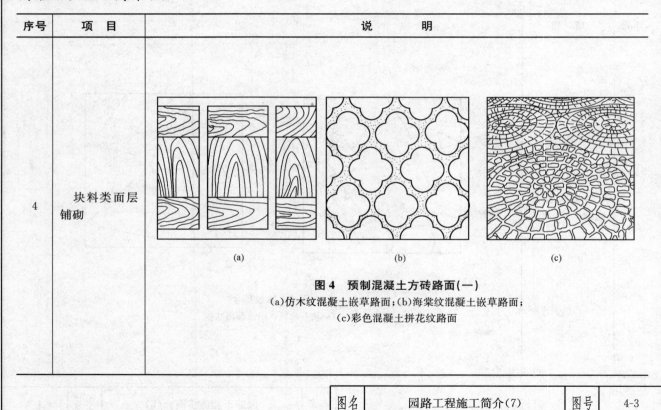

序号	项　目	说　　明
4	块料类面层铺砌	 (a)　(b)　(c) **图 4　预制混凝土方砖路面(一)** (a)仿木纹混凝土嵌草路面;(b)海棠纹混凝土嵌草路面; (c)彩色混凝土拼花纹路面

图名	园路工程施工简介(7)	图号	4-3

园路工程施工简介(8)

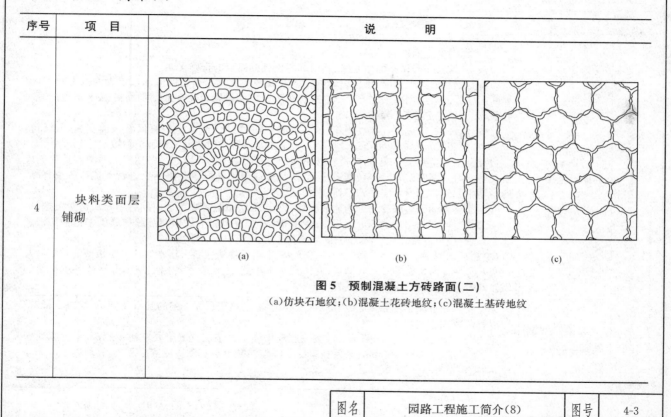

序号	项　目	说　　明
4	块料类面层铺砌	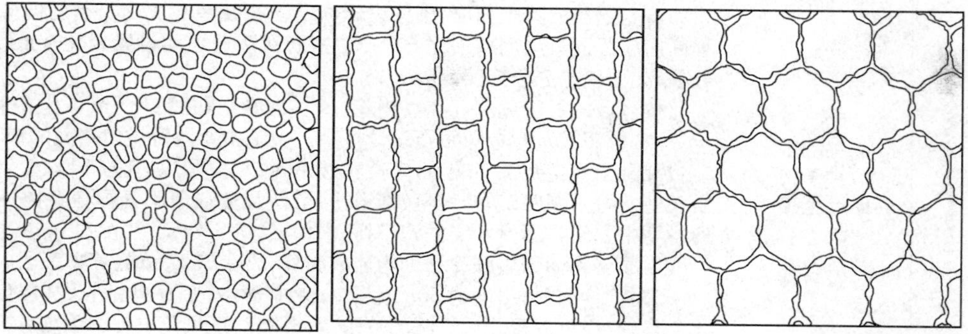 (a)　(b)　(c) **图 5　预制混凝土方砖路面(二)** (a)仿块石地纹;(b)混凝土花砖地纹;(c)混凝土基砖地纹

图名	园路工程施工简介(8)	图号	4-3

园路工程施工简介(9)

序号	项目	说明
5	胶结材料类的面层施工	(1)水泥混凝土面层施工： 1)核实、检验和确认路面中心线、边线和各设计标高点的正确无误。 2)若是钢筋混凝土面层，则按设计选定钢筋并编扎成网。钢筋网应在基层表面以上架离，架离高度应距混凝土面层顶面 50mm。钢筋网接近顶面设置要比在底部加筋更能保证防止表面开裂，也更便于充分捣实混凝土。 3)按设计的材料比例，配制、浇筑、捣实混凝土，并用长 1m 以上的直尺将顶面刮平。顶面稍干一点，再用抹灰砂板抹平至设计标高。施工中要注意做出路面的横坡与纵坡。 4)混凝土面层施工完成后，应及时开始养护。养护期应为 7d 以上，冬期施工后的养护期还应更长些。可用湿的织物、稻草、锯木粉、湿砂及塑料薄膜等覆盖在路面上进行养护。冬季寒冷，养护期中要经常用热水浇洒，要对路面保温。 4)混凝土路面因热胀冷缩可能造成破坏，故在施工完成、养护一段时间后用专用锯割机按6～9m 间距割伸缩缝，深度约 50mm，缝内要冲洗干净后用弹性胶泥嵌缝。园林施工中也常用楔形木条预埋、浇捣混凝土后拆除的方法留伸缩缝，还可免去锯割手续。 (2)简易水泥路。底层铺碎砖瓦 6～8cm 厚，也可用煤渣代替。压平后铺一层极薄的水泥砂浆(粗砂)抹平、浇水、保养 2～3d 即可，此法常用于小路；也可在水泥路上划成方格或各种形状的花纹，既增加艺术性，也增强实用性
6	嵌草路面的铺砌	无论用预制混凝土铺路板、实心砌块、空心砌块，还是用顶面平整的乱石、整形石块或石板，都可以铺装成砌块嵌草路面。 施工时，先在整平压实的路基上铺垫一层栽培壤土作垫层。壤土要求比较肥沃，不含粗颗粒物，铺垫厚度为 100～150mm；然后在垫层上铺砌混凝土空心砌块或实心砌块，砌块缝中半填壤土，并播种草籽

图名	园路工程施工简介(9)	图号	4-3

园路工程施工简介(10)

序号	项目	说明
6	嵌草路面的铺砌	实心砌块的尺寸较大，草皮嵌种在砌块之间预留的缝中。草缝设计宽度可在 20～50mm 之间，缝中填土达到砌块的 2/3 高。砌块下面如上所述用壤土作垫层并起找平作用，砌块要铺装得尽量平整。实心砌块嵌草路面上，草皮形成的纹理是线网状的。 空心砌块的尺寸较小，草皮嵌种在砌块中心预留的孔中。砌块与砌块之间不留草缝，常用水泥砂浆粘结，砌块中心孔填土亦为砌块的 2/3 高，砌块下面仍用壤土作垫层找平，使嵌草路面保持平整。空心砌块嵌草路面上，草皮呈点状有规律地排列。要注意的是空心砌块的设计制作，一定要保证砌块的结实坚固和不易损坏，因此其预留孔径不能太大，孔径最好不超过砌块直径的 1/3 长。 采用砌块嵌草铺装的路面，砌块和嵌草层是道路的结构面层，其下面只能有 1 个壤土垫层，在结构上没有基层，只有这样的路面结构才能有利于草皮的存活与生长
7	道牙、边床、槽块	道牙基础宜与地床同时填挖碾压，以保证有整体的均匀密实度。结合层用1:3的白灰砂浆 2cm。安道牙要平稳、牢固，后用 M10 水泥砂浆勾缝，道牙背后应用灰土夯实，其宽度 50cm，厚度 15cm，密实度值在 90%以上。 边条用于较轻的荷载处，且尺寸较小，一般 50mm 宽，150～250mm 高，特别适用于步行道、草地或铺砌场地的边界。施工时应减轻它作为垂直阻拦物的效果，增加它对地基的密封深度。边条铺砌的深度相对于地面应尽可能低些，如广场铺地，边条铺砌可与铺地地面相平。槽块分凹面槽块和空心槽块，一般紧靠道牙设置，以利于地面排水，路面应稍稍高于槽块

图名	园路工程施工简介(10)	图号	4-3

园桥工程施工简介(1)

序号	项　目	说　　明
1	园桥工程内容概述	步桥是指建筑在庭园内的、主桥孔洞 5m 以内、供游人通行兼有观赏价值的桥梁。园桥最基本的功能就是联系园林水体两岸上的道路,使园路不至于被水体阻断。由于它直接伸入水面,能够集中视线,就自然而然地成为某些局部环境的一种标识点,因而园桥能够起到导游作用,可作为导游点进行布置。低而平的长桥、栈桥还可以作为水面的过道和水面游览线,把游人引到水上,拉近游人与水体的距离,使水景更加迷人。 园林中桥的设计都很讲究造型和美观。为了造景的需要,在不同环境中就要采取不同的造型。园桥的造型形式很多,结构形式也有多种。在规划设计中,完全可以根据具体环境的特点来灵活地选配各种造型的园桥。 常见的园桥造型形式,归纳起来主要可分为以下 9 类: (1)平桥。 (2)平曲桥。 (3)拱桥。 (4)亭桥。 (5)廊桥。 (6)吊桥。 (7)栈桥与栈道。 (8)浮桥。 (9)汀步

图名	园桥工程施工简介(1)	图号	4-4

园桥工程施工简介(2)

序号	项 目	说 明
2	桥基施工	桥基是介于墩身与地基之间的传力结构。桥身指桥的上部结构,包括人行道、栏杆与灯柱等部分。 (1)基础与拱券工程施工。 1)模板安装。模板是施工过程中的临时性结构,对梁体的制作十分重要。桥梁工程中常用空心板梁的木制芯模构造。 模板在安装过程中,为避免壳板与混凝土粘结,通常均需在壳板面上涂以隔离剂,如石灰乳浆、肥皂水或废机油等。 2)钢筋成型绑扎。在钢筋绑扎前要先拟定安装顺序。一般的梁肋钢筋,先放箍筋,再安下排主筋,后装上排钢筋。 3)混凝土搅拌。混凝土一般应采用机械搅拌,上料的顺序一般是先石子,次水泥,后砂子。人工搅拌只许用于少量混凝土工程的塑性混凝土或硬性混凝土。不管采用机械或人工搅拌,都应使石子表面包满砂浆、拌合料混合均匀、颜色一致。人工拌和应在铁板或其他不渗水的平板上进行,先将水泥和细骨料拌匀,再加入石子和水,拌至材料均匀、颜色一致为止,如需掺外加剂,应先将外加剂调成溶液,再加入拌合水中,与其他材料拌匀。 4)浇捣。当构件的高度(或厚度)较大时,为了保证混凝土能振捣密实,就应采用分层浇筑法。浇筑层的厚度与混凝土的稠度及振捣方式有关,在一般稠度下,用插入式振捣器振捣时,浇筑层厚度为振捣器作用部分长度的1.25倍;用平板式振捣器时,浇筑厚度不超过20cm。薄腹T型梁或箱形的梁肋,当用侧向附着式振捣器振捣时,浇筑层厚度一般为30～40cm。采用人工捣固时,视钢筋密疏程度,通常取浇筑厚度为15～25cm

图名	园桥工程施工简介(2)	图号	4-4

园桥工程施工简介(3)

序号	项目	说明
2	桥基施工	5)养护。混凝土终凝后,在构件上覆盖草袋、麻袋、稻草或砂子,经常洒水,以保持构件经常处于湿润状态,这是5℃以上桥梁施工的自然养护。 6)灌浆。石活安装好后,先用麻刀灰对石活接缝进行勾缝(如缝子很细,可勾抹油灰或石膏)以防灌浆时漏浆。灌浆前最好先灌注适量清水,以湿润内部空隙,有利于灰浆的流动。灌浆应在预留的"浆口"进行,一般分3次灌入,第一次要用较稀的浆,后两次逐渐加稠,每次相隔约3~4h左右,灌完浆后,应将弄脏的石面洗刷干净。 (2)细石安装。石活的连接方法一般有3种,即构造连接、铁件连接和灰浆连接。 构造连接是指将石活加工成公母榫卯、做成高低企口的"磕绊",剔凿成凸凹仔口等形式,进行相互咬合的一种连接方式。 铁件连接是指用铁制拉接件,将石活连接起来,如铁"拉扯"、铁"银锭"、铁"扒锔"等。铁"拉扯"是一种长脚丁字铁,将石构件打凿成丁字口和长槽口,埋入其中,再灌入灰浆。铁"银锭"是两头大,中间小的铁件,需将石构件剔出大小槽口,将"银锭"嵌入。铁"扒锔"是一种两脚扒钉,将石构件凿眼钉入。 灰浆连接是最常用的一种方法,即采用铺垫坐浆灰、灌浆汁或灌稀浆灰等方式,进行砌筑连接,灌浆所用的灰浆多为桃花浆、生石灰浆或江米浆

图名	园桥工程施工简介(3)	图号	4-4

园桥工程施工简介(4)

序号	项　目	说　　明
2	桥基施工	1)砂浆。一般用水泥砂浆,指水泥、砂、水按一定比例配制成的浆体。对于配制构件的接头、接缝加固、修补裂缝应采用膨胀水泥。运输砂浆时,要保证砂浆具有良好的和易性,和易性良好的砂浆容易在粗糙的表面抹成均匀的薄层,砂浆的和易性包括流动性和保水性两个方面。 2)金刚墙。金刚墙是指券脚下的垂直承重墙,即现代的桥墩,有叫"平水墙"。梢孔(即边孔)内侧以内的金刚墙一般做成分水尖形,故称为"分水金刚墙"。梢孔外侧的叫"两边金刚墙"。 3)券石。在券外面的称券脸石,在券脸石内的叫券石,主要是加工面的多少不同,券脸石可雕刻花纹,也可加工成光面。 4)檐口和檐板。建筑物屋顶在檐墙的顶部位置称檐口。钉在檐口处起封闭作用的板称为檐板。 5)型钢。型钢指断面呈不同形状的钢材的统称。断面呈L形的叫角钢,呈U形的叫槽钢,呈圆形的叫圆钢,呈方形的叫方钢,呈工字形的叫工字钢,呈T形的叫T字钢。 将在炼钢炉中冶炼后的钢水注入锭模,浇铸成柱状的是钢锭。 (3)混凝土构件。 混凝土构件制作的工程内容有模板制作、安装、拆除、钢筋成型绑扎、混凝土搅拌运输、浇捣、养护等全过程。 1)模板制作: ①木模板配制时要注意节约,考虑周转使用以及以后的适当改制使用

图名	园桥工程施工简介(4)	图号	4-4

园桥工程施工简介(5)

序号	项目	说明
2	桥基施工	②配制模板尺寸时,要考虑模板拼装结合的需要。 ③拼制模板时,板边要找平刨直,接缝严密,不漏浆;木料上有结疤、缺口等疵病的部位,应放在模板反面或者截去,钉子长度一般宜为木板厚度的2~2.5倍。 ④直接与混凝土相接触的木模板宽度不宜大于20cm;工具式木模板宽度不宜大于15cm梁和板的底板,如采用整块木板,其宽度不加限制。 ⑤混凝土面不做粉刷的模板,一般宜刨光。 ⑥配制完成后,不同部位的模板要进行编号,写明用途,分别堆放,备用的模板要遮盖保护,以免变形。 2)拆模。模板安装主要是用定型模板和配制以及配件支承件根据构件尺寸拼装成所需模板。及时拆除模板,将有利于模板的周转和加快工程进度,拆模要把握时机,应使混凝土达到必要的强度。拆模时要注意以下几点: ①拆模时不要用力过猛过急,拆下来的木料要及时运走、整理。 ②拆模程序一般是后支的先拆,先支的后拆,先拆除非承重部分,后拆除承重部分,重大复杂模板的拆除,事先应预先制定拆模方案。 ③定型模板,特别是组合式钢模板要加强保护,拆除后逐块传递下来,不得抛掷,拆下后,立即清理干净,板面涂油,按规格堆放整齐,以利于再用,如背面油漆脱落,应补刷防锈漆

图名	园桥工程施工简介(5)	图号	4-4

园桥工程施工简介(6)

序号	项 目	说 明
3	桥面施工	桥面指桥梁上构件的上表面。通常布置要求为线型平顺，与路线顺利搭接。城市桥梁在平面上宜做成直桥，特殊情况下可做成弯桥，如采用曲线形时，应符合线路布设要求。桥梁平面布置应尽量采用正交方式，避免与河流或桥上路线斜交。若受条件限制时，跨线桥斜度不宜超过15°，在通航河流上不宜超过15°。 桥梁的桥面通常由桥面铺装、防水和排水设施、伸缩缝、人行道、栏杆、灯柱等构成。 (1)桥面铺装。桥面铺装的作用是防止车轮轮胎或履带直接磨耗行车道板，保护主梁免受雨水浸蚀，分散车轮的集中荷载。因此桥面铺装的要求是具有一定强度，耐磨，防止开裂。 桥面铺装一般采用水泥混凝土或沥青混凝土，厚6～8cm，混凝土强度等级不低于行车道板混凝土的强度等级。在不设防水层的桥梁上，可在桥面上铺装厚8～10cm有横坡的防水混凝土，其强度等级亦不低于行车道板的混凝土强度等级。 (2)桥面排水和防水。桥面排水是借助于纵坡和横坡的作用，使桥面水迅速汇向集水碗，并从泄水管排出桥外。横向排水是在铺装层表面设置1.5%～2%的横坡，横坡的形成通常是铺设混凝土三角垫层构成，对于板桥或就地建筑的肋梁桥，也可在墩台上直接形成横坡，而做成倾斜的桥面板。 当桥面纵坡大于2%而桥长小于50m时，桥上可不设泄水管，而在车行道两侧设置流水槽以防止雨水冲刷引道路基；当桥面纵坡大于2%但桥长大于50m时，应沿桥长方向12～15m设置一个泄水管，如桥面纵坡小于2%，则应将泄水管的距离减小至6～8m

图名	园桥工程施工简介(6)	图号	4-4

园桥工程施工简介(7)

序号	项目	说明
3	桥面施工	桥面防水是将渗透过铺装层的雨水挡住并汇集到泄水管排出。一般可在桥面上铺8～10cm厚的防水混凝土，其强度等级一般不低于桥面板混凝土强度等级。当对防水要求较高时，为了防止雨水渗入混凝土微细裂纹和孔隙，保护钢筋时，可以采用“三油三毡”防水层。 (3)伸缩缝。为了保证主梁在外界变化时能自由变形，就需要在梁与桥台之间，梁与梁之间设置伸缩缝(也称变形缝)。伸缩缝的作用除保证梁自由变形外，还能使车辆在接缝处平顺通过，防止雨水及垃圾泥土等渗入，其构造应方便施工安装和维修。 常用的伸缩缝有U形镀锌薄钢板式伸缩缝、钢板伸缩缝、橡胶伸缩缝。 (4)人行道、栏杆和灯柱。城市桥梁一般均应设置人行道，人行道一般采用肋板式构造。 栏杆是桥梁的防护设备，城市桥梁栏杆应美观实用、朴素大方，栏杆高度通常为1.0～1.2m，标准高度是1.0m。栏杆柱的间距一般为1.6～2.7m，标准设计为2.5m。 城市桥梁应设照明设备，照明灯柱可以设在栏杆扶手的位置上，也可靠近边缘石处，其高度一般高出车道5m左右。 (5)梁桥的支座。梁桥支座的作用是将上部结构的荷载传递给墩台，同时保证结构的自由变形，使结构的受力情况与计算简图相一致。 梁桥支座一般按桥梁的跨径、荷载等情况分为简易垫层支座、弧形钢板支座、钢筋混凝土摆柱、橡胶支柱。桥面的一般构造如图1所示

图名	园桥工程施工简介(7)	图号	4-4

园桥工程施工简介(8)

序号	项　目	说　　明
3	桥面施工	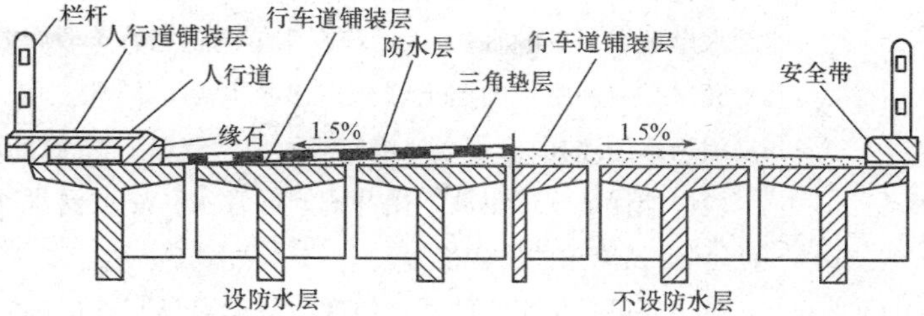 **图 1　桥面的一般构造**
4	栏杆安装	(1)寻杖栏板。寻杖栏板是指在两栏杆柱之间的栏板中,最上面为一根圆形模杆的扶手,即为寻杖,其下由雕刻云朵状石块承托,此石块称为云扶,再下为瓶颈状石件称为瘿项,支立于盆臀之上,再下为各种花饰的板件。 (2)罗汉板。罗汉板是指只有栏板而不用望板的栏杆,在栏杆端头用抱鼓石封头。 位于雁翅桥面里端拐角处的柱子叫“八字折柱”,其余的栏杆柱都叫“正柱”或“望柱”,简称栏杆柱。 (3)栏杆地栿。栏杆地栿是栏杆和栏板最下面一层的承托石,在桥长正中带弧形的叫“罗锅地栿”,在桥面两头的叫“扒头地栿”

图名	园桥工程施工简介(8)	图号	4-4

驳岸工程施工简介(1)

序号	项　目	说　　明
1	驳岸工程概述	园林中的各种水体需要有稳定、美观的岸线，并使陆地与水面之间保持一定的比例关系，防止因水岸坍塌而影响水体，因而应在水体的边缘修筑驳岸或进行护坡处理。 驳岸是一面临水的挡土墙，用来支撑墙后的陆地土壤。如果水际边缘不做驳岸处理，就很容易因为水的浮托、冻胀或风浪淘刷而使岸壁塌陷，导致陆地后退，岸线变形，影响园林景观。 驳岸能保证水体岸坡不受冲刷。通常水体岸坡受水冲刷的程度取决于水面的大小、水位高低、风速及岸土的密实度等。 驳岸还可强化岸线的景观层次。驳岸除具有支撑和防冲刷作用外，还可通过不同的形式处理，增加驳岸的变化，丰富水景的立面层次，增强景观的艺术效果。 图1表明驳岸的水位关系。由图可见，驳岸可分为湖底以下部分、常水位至低水位部分、常水位与高水位之间部分和高水位以上部分。 高水位以上部分是不淹没部分，主要受风浪撞击和淘刷、日晒风化或超重荷载，致使下部坍塌，造成岸坡损坏。 常水位至高水位部分(B～A)属周期性淹没部分，多受风浪拍击和周期性冲刷，使水岸土壤遭冲刷淤积水中，损坏岸线，影响景观。 常水位到低水位部分(B～C)是常年被淹部分，其主要受湖水浸渗冻胀，剪力破坏，风浪淘刷。我国北方地区因冬季结冻，常造成岸壁断裂或移位。有时因波浪淘刷，土壤被掏空后导致坍塌

图名	驳岸工程施工简介(1)	图号	4-5

驳岸工程施工简介(2)

序号	项　目	说　　明
1	驳岸工程概述	C以下部分是驳岸基础，主要影响地基的强度。 按照驳岸的造型形式将驳岸分为规则式驳岸、自然式驳岸和混合式驳岸3种。 规则式驳岸指用块石、砖、混凝土砌筑的几何形式的岸壁，如常见的扶壁式驳岸等(图2)。规则式驳岸多属永久性的，要求较好的砌筑材料和较高的施工技术，其特点是简洁、规整，但缺少变化 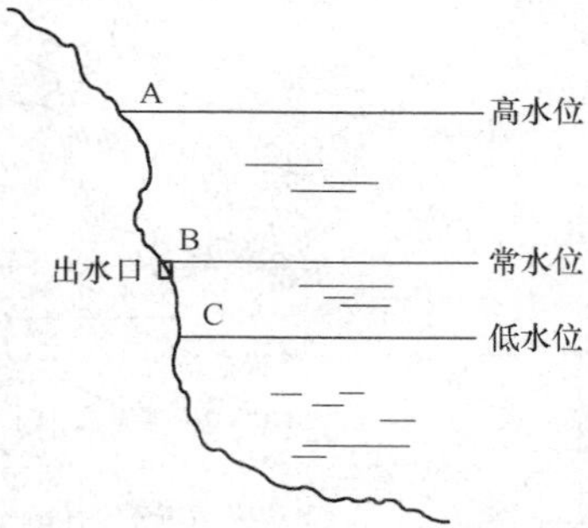 图1　驳岸的水位关系 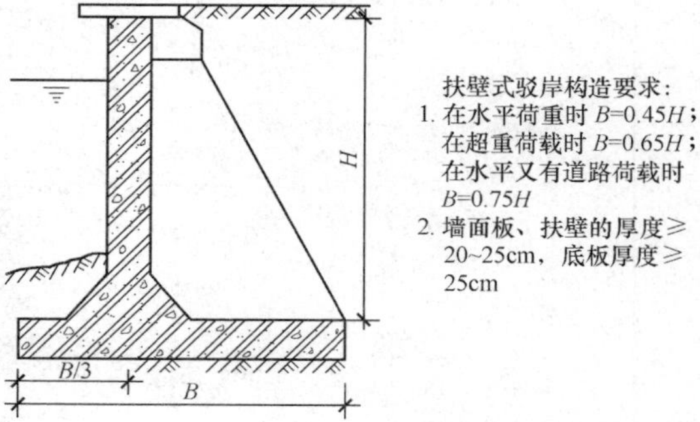 图2　扶壁式驳岸

图名	驳岸工程施工简介(2)	图号	4-5

驳岸工程施工简介(3)

序号	项　目	说　　明
2	驳岸的造型	自然式驳岸是指外观无固定形状或规格的岸坡处理，如常用的假山石驳岸、卵石驳岸。这种驳岸自然堆砌，景观效果好。 混合式驳岸是规则式与自然式驳岸相结合的驳岸造型(图 3 和图 4)。一般为毛石岸墙，自然山石岸顶。混合式驳岸易于施工，具有一定装饰性，适用于地形许可且有一定装饰要求的湖岸

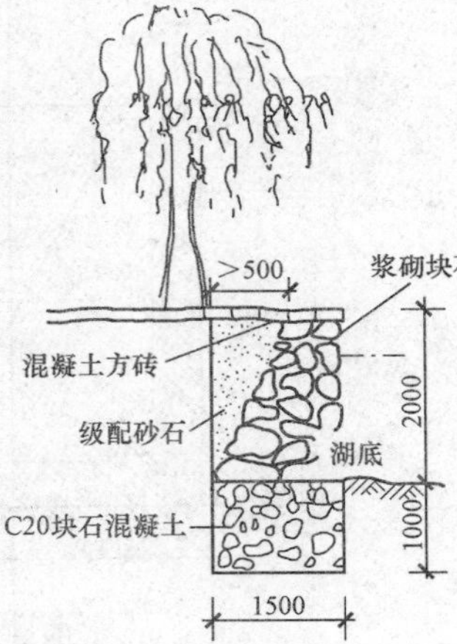

图 3　浆砌块石式(1)

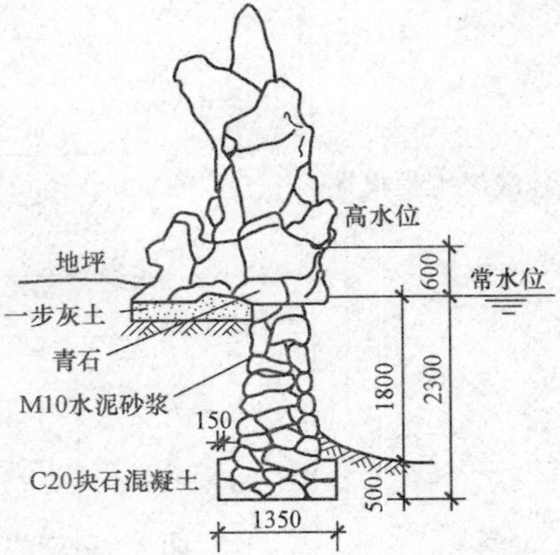

图 4　浆砌块石式(2)

图名	驳岸工程施工简介(3)	图号	4-5

驳岸工程施工简介(4)

序号	项 目	说 明
3	砌石类驳岸	砌石类驳岸是指在天然地基上直接砌筑的驳岸，埋设深度不大，但基址坚实、稳固，如块石驳岸中的虎皮石驳岸、条石驳岸、假山石驳岸等。此类驳岸的选择应根据基址条件和水景景观要求确定，既可处理成规则式，也可做成自然式。 图 5 是砌石驳岸的常见构造，它由基础、墙身和压顶 3 部分组成。基础是驳岸承重部分，通过它将上部重量传给地基。因此，驳岸基础要求坚固，埋入湖底深度不得小于 50cm，基础宽度 B 则视土壤情况而定，砂砾土为(0.35～0.4)h，砂壤土为 0.45h，湿砂土为(0.5～0.6)h。饱和水土壤为 0.75h。墙身处于基础与压顶之间，承受压力最大，包括垂直压力、水的水平压力及墙后土壤侧压力。因此，墙身应具有一定的厚度，墙体高度要以最高水位和水面浪高来确定，岸顶应以贴近水面为好，便于游人亲近水面，并显得蓄水丰盈饱满。压顶为驳岸最上部分，宽度 30～50cm，用混凝土或大块石做成，其作用是增强驳岸稳定，美化水岸线，阻止墙后土壤流失。图 6 是重力式驳岸结构尺寸图，与表 1 配合使用。整形式块石驳岸迎水面常采用 1∶10 边坡

图名	驳岸工程施工简介(4)	图号	4-5

驳岸工程施工简介(5)

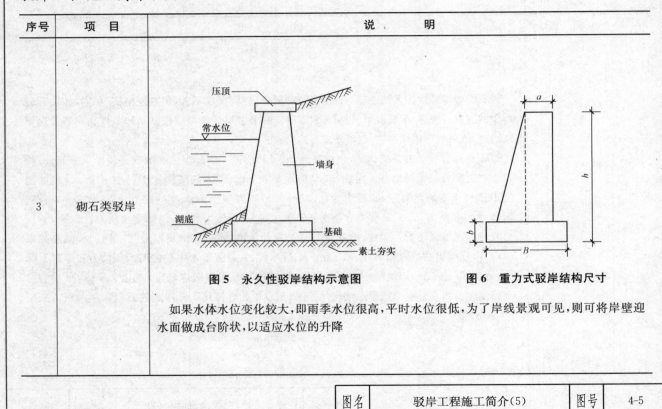

序号	项　目	说　明
3	砌石类驳岸	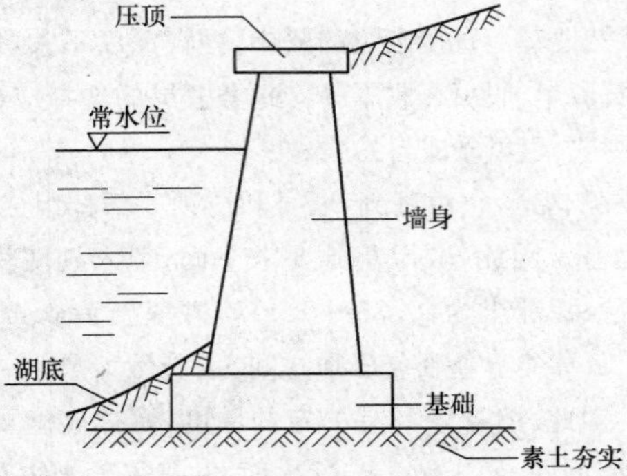 图 5　永久性驳岸结构示意图 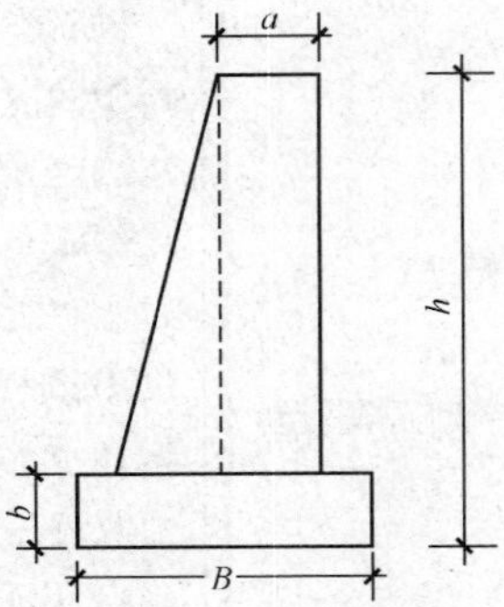 图 6　重力式驳岸结构尺寸 如果水体水位变化较大，即雨季水位很高，平时水位很低，为了岸线景观可见，则可将岸壁迎水面做成台阶状，以适应水位的升降

图名	驳岸工程施工简介(5)	图号	4-5

驳岸工程施工简介(6)

<table>
<tr><th>序号</th><th>项目</th><th>说明</th></tr>
<tr><td>3</td><td>砌石类驳岸</td><td>
常见砌石驳岸选用表(cm) 表1

h	a	B	b
100	30	40	30
200	50	80	30
250	60	100	50
300	60	120	50
350	60	140	70
400	60	160	70
500	60	200	70

驳岸施工前应进行现场调查,了解岸线地质及有关情况,作为施工时的参考。图 7 至图 11 为驳岸做法图,具体结构做法及施工程序如下:
(1)放线。布点放线应依据设计图上的常水位线,确定驳岸的平面位置,并在基础两侧各加宽 20cm 放线。
(2)挖槽。一般由人工开挖,工程量较大时采用机械开挖。为了保证施工安全,对需要放坡的地段,应根据规定进行放坡
</td></tr>
</table>

图名	驳岸工程施工简介(6)	图号	4-5

驳岸工程施工简介(7)

序号	项　目	说　　明
3	砌石类驳岸	(3)夯实地基。开槽后应将地基夯实。遇土层软弱时需进行加固处理。 (4)浇筑基础。一般为块石混凝土,浇筑时应将块石分隔,不得互相靠紧,也不得置于边缘 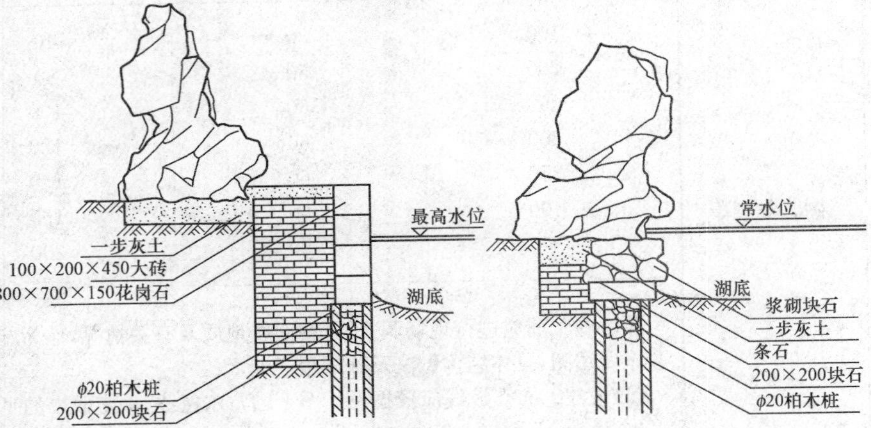 图7　驳岸做法(1)

图名	驳岸工程施工简介(7)	图号	4-5

驳岸工程施工简介(8)

序号	项目	说明
3	砌石类驳岸	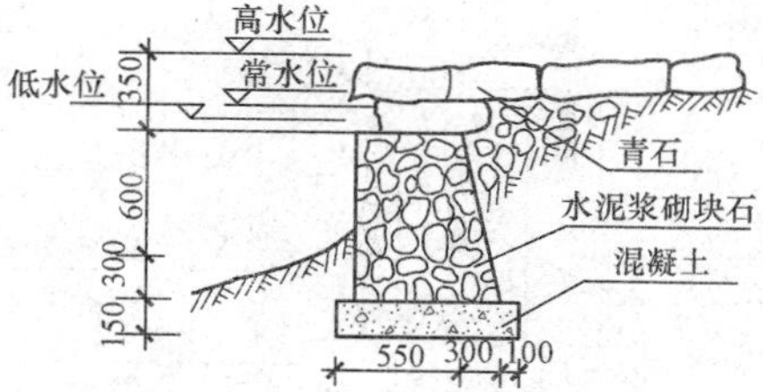 图 8 驳岸做法(2) 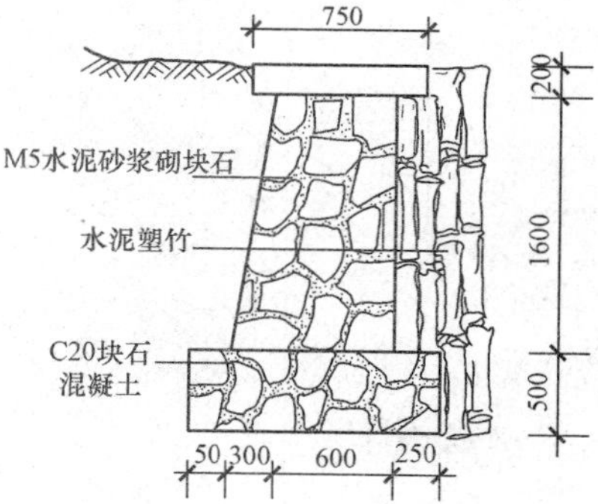 图 9 驳岸做法(3) (5)砌筑岸墙。浆砌块石岸墙的墙面应平整、美观；砌筑砂浆饱满，勾缝严密。每隔 25～30m 做伸缩缝，缝宽 3cm，可用板条、沥青、石棉绳、橡胶、止水带或塑料等防水材料填充。填充时应略低于砌石墙面，缝用水泥砂浆勾满。如果驳岸有高差变化，则应做沉降缝，确保驳岸稳固。驳岸墙体应于水平方向 2～4m、竖直方向1～2m 处预留泄水孔，口径为 120mm×120mm，便于排除墙后积水，保护墙体，也可于墙后设置暗沟，填置砂石排除积水

图名	驳岸工程施工简介(8)	图号	4-5

驳岸工程施工简介(9)

序号	项目	说明
3	砌石类驳岸	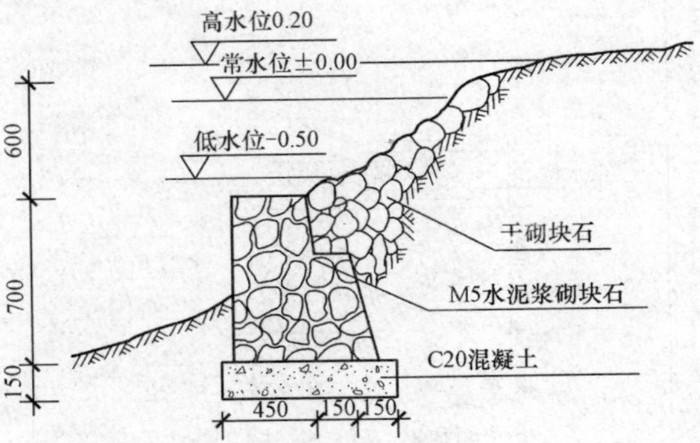 **图 10　驳岸做法(4)** (6)砌筑压顶。可采用预制混凝土板块压顶,也可采用大块方整石压顶。顶石应向水中至少挑出 5～6cm,并使顶面高出最高水位 50cm 为宜

图名	驳岸工程施工简介(9)	图号	4-5

驳岸工程施工简介(10)

序号	项　目	说　　明
3	砌石类驳岸	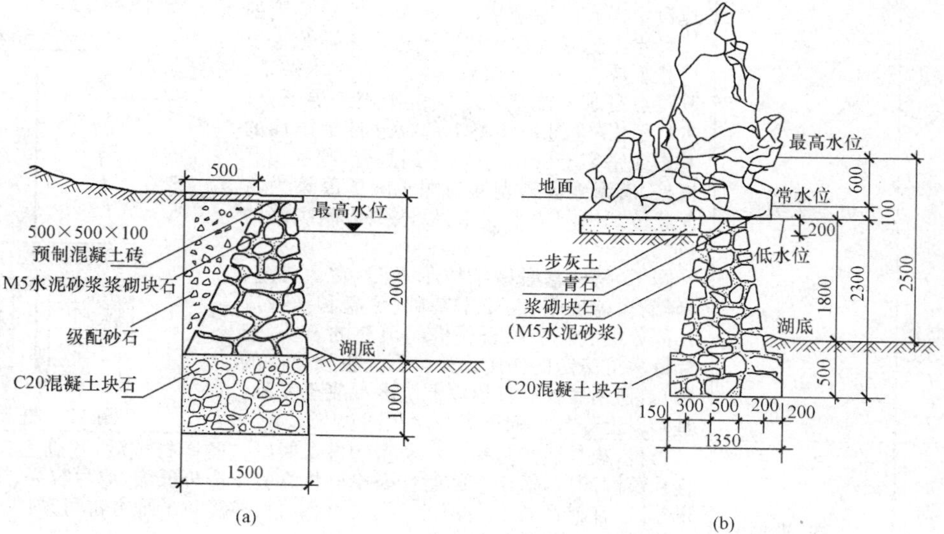 图 11　驳岸做法(5)

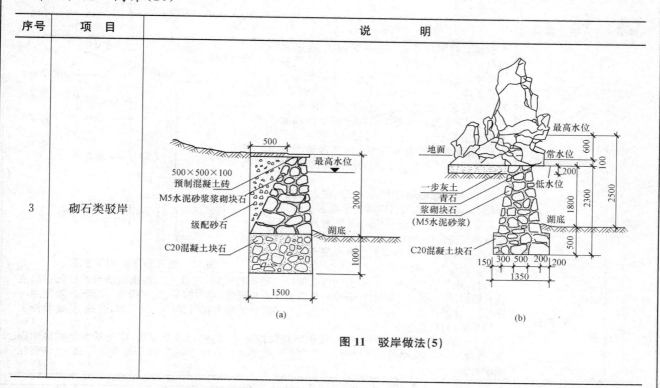

图名	驳岸工程施工简介(10)	图号	4-5

驳岸工程施工简介(11)

<table>
<tr><th>序号</th><th>项　目</th><th>说　　明</th></tr>
<tr><td>4</td><td>桩基类驳岸</td><td>桩基是我国古老的水工基础做法,在园林建设中得到广泛应用,直至现在仍是常用的一种水工地基处理手法。当地基表面为松土层且下层为坚实土层或基岩时最宜用桩基,其特点是基岩或坚实土层位于松土层下,桩尖打下去,通过桩尖将上部荷载传给下面的基岩或坚实土层;若桩打不到基岩,则利用摩擦桩,借摩擦桩侧表面与泥土间的摩擦力将荷载传到周围的土层中,以达到控制沉陷的目的。
图 12 是桩基驳岸结构示意图,它由桩基、卡裆石、盖桩石、混凝土基础、墙身和压顶等几部分组成。卡裆石是桩间填充的石块,起保持木桩稳定的作用。盖桩石为桩顶浆砌的条石,作用是找平桩顶以便浇灌混凝土基础,基础以上部分与砌石类驳岸相同
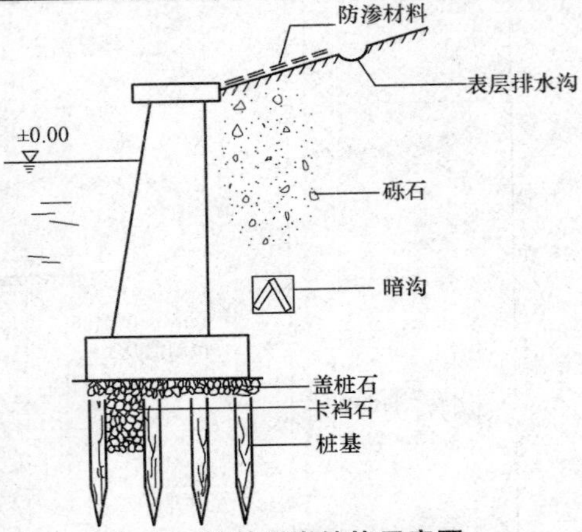

图 12　桩基驳岸结构示意图</td></tr>
<tr><td>5</td><td>竹篱、板桩驳岸</td><td>竹桩、板桩驳岸是另一种类型的桩基驳岸。驳岸打桩后,基础上部临水面墙身由竹篱(片)或板片镶嵌而成,适用于临时性驳岸。竹篱驳岸造价低廉,取材容易,施工简单,工期短,能使用一定年限,凡盛产竹子,如毛竹、大头竹、勤竹、撑篙竹的地方都可采用。施工时,竹桩、竹篱要涂上一层柏油,目的是防腐。
由于竹篱缝很难做得密实,这种驳岸不耐风浪冲击、淘刷和游船撞击,岸土很容易被风浪淘刷,造成岸篱分开,最终失去护岸功能。因此,此类驳岸适用于风浪小,岸壁要求不高,土壤较黏的临时性护岸地段</td></tr>
</table>

图名	驳岸工程施工简介(11)	图号	4-5

园路、园桥工程工程量清单项目设置及工程量计算规则(1)

园路、园桥工程(编码:050201)

项目编码	项目名称	项目特征	计量单位	工程量计算规则	工程内容
050201001	园路	1. 路床土石类别 2. 垫层厚度、宽度、材料种类 3. 路面厚度、宽度、材料种类 4. 砂浆强度等级	m^2	按设计图示尺寸以面积计算,不包括路牙	1. 路基、路床整理 2. 垫层铺筑 3. 路面铺筑 4. 路面养护
050201002	踏(蹬)道			按设计图示尺寸以水平投影面积计算,不包括路牙	
050201003	路牙铺设	1. 垫层厚度、材料种类 2. 路牙材料种类、规格 3. 砂浆强度等级	m	按设计图示尺寸以长度计算	1. 基层清理 2. 垫层铺设 3. 路牙铺设
050201004	树池围牙、盖板(箅子)	1. 围牙材料种类、规格 2. 铺设方式 3. 盖板材料种类、规格	1. m 2. 套	1. 以米计量,按设计图示尺寸以长度计算 2. 以套计量,按设计图示数量计算	1. 清理基层 2. 围牙、盖板运输 3. 围牙、盖板铺设
050201005	嵌草砖(格)铺装	1. 垫层厚度 2. 铺设方式 3. 嵌草砖(格)品种、规格、颜色 4. 漏空部分填土要求	m^2	按设计图示尺寸以面积计算	1. 原土夯实 2. 垫层铺设 3. 铺砖 4. 填土

图名	园路、园桥工程工程量清单项目设置及工程量计算规则(1)	图号	4-6

园路、园桥工程工程量清单项目设置及工程量计算规则(2)

项目编码	项目名称	项目特征	计量单位	工程量计算规则	工程内容
050201006	桥基础	1. 基础类型 2. 垫层及基础材料种类、规格 3. 砂浆强度等级	m^3	按设计图示尺寸以体积计算	1. 垫层铺筑 2. 起重架搭、拆 3. 基础砌筑 4. 砌石
050201007	石桥墩、石桥台	1. 石料种类、规格 2. 勾缝要求 3. 砂浆强度等级、配合比	m^3	按设计图示尺寸以体积计算	1. 石料加工 2. 起重架搭、拆 3. 墩、台、券石、券脸砌筑 4. 勾缝
050201008	拱券石	1. 石料种类、规格 2. 券脸雕刻要求 3. 勾缝要求 4. 砂浆强度等级、配合比			
050201009	石券脸		m^2	按设计图示尺寸以面积计算	
0502010010	金刚墙砌筑		m^3	按设计图示尺寸以体积计算	1. 石料加工 2. 起重架搭、拆 3. 砌石 4. 填土夯实

图名	园路、园桥工程工程量清单项目设置及工程量计算规则(2)	图号	4-6

园路、园桥工程工程量清单项目设置及工程量计算规则(3)

项目编码	项目名称	项目特征	计量单位	工程量计算规则	工程内容
0502010011	石桥面铺筑	1. 石料种类、规格 2. 找平层厚度、材料种类 3. 勾缝要求 4. 混凝土强度等级 5. 砂浆强度等级	m^2	按设计图示尺寸以面积计算	1. 石材加工 2. 抹找平层 3. 起重架搭、拆 4. 桥面、桥面踏步铺设 5. 勾缝
0502010012	石桥面檐板	1. 石料种类、规格 2. 勾缝要求 3. 砂浆强度等级、配合比			1. 石材加工 2. 檐板铺设 3. 铁锔、银锭安装 4. 勾缝
0502010013	石汀步（步石、飞石）	1. 石料种类、规格 2. 砂浆强度等级、配合比	m^3	按设计图示尺寸以体积计算	1. 基层整理 2. 石材加工 3. 砂浆调运 4. 砌石

图名	园路、园桥工程工程量清单项目设置及工程量计算规则(3)	图号	4-6

园路、园桥工程工程量清单项目设置及工程量计算规则(4)

项目编码	项目名称	项目特征	计量单位	工程量计算规则	工程内容
0502010014	木制步桥	1. 桥宽度 2. 桥长度 3. 木材种类 4. 各部位截面长度 5. 防护材料种类	m^2	按桥面板设计图示尺寸以面积计算	1. 木桩加工 2. 打木桩基础 3. 木梁、木桥板、木桥栏杆、木扶手制作、安装 4. 连接铁件、螺栓安装 5. 刷防护材料
0502010015	栈道	1. 栈道宽度 2. 支架材料种类 3. 面层材料种类 4. 防护材料种类		按栈道面板设计图示尺寸以面积计算	1. 凿洞 2. 安装支架 3. 铺设面板 4. 刷防护材料

注:1. 园路、园桥工程的挖土方、开凿石方、回填等应按现行国家标准《市政工程工程量计算规范》(GB 50857)相关项目编码列项。
2. 如遇某些构配件使用钢筋混凝土或金属构件时,应按现行国家标准《房屋建筑与装饰工程工程量计算规范》(GB 50854)或《市政工程工程量计算规范》(GB 50857)相关项目编码列项。
3. 地伏石、石望柱、石栏杆、石栏板、扶手、撑鼓等应按现行国家标准《仿古建筑工程工程量计算规范》(GB 50855)相关项目编码列项。
4. 亲水(小)码头各分部分项项目按照园桥相应项目编码列项。
5. 台阶项目应按现行国家标准《房屋建筑与装饰工程工程量计算规范》(GB 50854)相关项目编码列项。
6. 混合类构件园桥应按现行国家标准《房屋建筑与装饰工程工程量计算规范》(GB 50854)或《通用安装工程工程量计算规范》(GB 50856)相关项目编码列项。

图名	园路、园桥工程工程量清单项目设置及工程量计算规则(4)	图号	4-6

驳岸工程工程量清单项目设置及工程量计算规则(1)

驳岸、护岸(编码:050202)

项目编码	项目名称	项目特征	计量单位	工程量计算规则	工程内容
050202001	石(卵石)砌驳岸	1. 石料种类、规格 2. 驳岸截面、长度 3. 勾缝要求 4. 砂浆强度等级、配合比	1. m^3 2. t	1. 以立方米计量,按设计图示尺寸以体积计算 2. 以吨计量,按质量计算	1. 石料加工 2. 砌石(卵石) 3. 勾缝
050202002	原木桩驳岸	1. 木材种类 2. 桩直径 3. 桩单根长度 4. 防护材料种类	1. m 2. 根	1. 以米计量,按设计图示桩长(包括桩尖)计算 2. 以根计量,按设计图示数量计算	1. 木桩加工 2. 打木桩 3. 刷防护材料
050202003	满(散)铺砂卵石护岸(自然护岸)	1. 护岸平均宽度 2. 粗细砂比例 3. 卵石粒径	1. m^2 2. t	1. 以平方米计量,按设计图示尺寸以护岸展开面积计算 2. 以吨计量,按卵石使用质量计算	1. 修边坡 2. 铺卵石

图名	驳岸工程工程量清单项目设置及工程量计算规则(1)	图号	4-7

驳岸工程工程量清单项目设置及工程量计算规则(2)

项目编码	项目名称	项目特征	计量单位	工程量计算规则	工程内容
050202004	点(散)布大卵石	1. 大卵石粒径 2. 数量	1. 块(个) 2. t	1. 以块(个)计量,按设计图示数量计算 2. 以吨计量,按卵石使用质量计算	1. 布石 2. 安砌 3. 成型
050202005	框格花木护岸	1. 展开宽度 2. 护坡材质 3. 框格种类与规格	m^2	按设计图示尺寸展开宽度乘以长度以面积计算	1. 修边坡 2. 安放框格

注:1. 驳岸工程的挖土方、开凿石方、回填等应按现行国家标准《房屋建筑与装饰工程工程量计算规范》(GB 50854)附录 A 相关项目编码列项。

2. 木桩钎(梅花桩)按原木桩驳岸项目单独编码列项。

3. 钢筋混凝土仿木桩驳岸,其钢筋混凝土及表面装饰应按现行国家标准《房屋建筑与装饰工程工程量计算规范》(GB 50854)相关项目编码列项,若表面“塑松皮”按本规范附录 C“园林景观工程”相关项目编码列项。

4. 框格花木护岸的铺草皮、撒草籽等应按本规范附录 A“绿化工程”相关项目编码列项。

图名	驳岸工程工程量清单项目设置及工程量计算规则(2)	图号	4-7

园路、园桥工程工程量清单计价编制实例(1)

【例1】 某公园步行木桥，桥面长6m、宽1.5m，桥板厚25mm，满铺平口对缝，采用木桩基础；原木梢径ϕ80、长5m，共16根；横梁原木梢径ϕ80、长1.8m，共9根；纵梁原木梢径ϕ100、长5.6m，共5根。栏杆、栏杆柱、扶手、扫地杆、斜撑采用枋木80mm×80mm(刨光)，栏杆高900mm，试计算业主和投标人分别计算其工程量。

【解】

(1)经业主根据施工图计算步行木桥工程量为9.00m^2。

(2)投标人计算：

1)原木桩工程量(查原木材积表)为0.64m^3。

①人工费：25元/工日×5.12工日=128.00元

②材料费：原木800元/m^3×0.64m^3=512.00元

③合计：640.00元

2)原木横、纵梁工程量(查原木材积表)为0.472m^3。

①人工费：25元/工日×3.42工日=85.50元

②材料费：原木800元/m^3×0.472m^3=377.60元

扒钉3.20元/kg×15.5kg=49.60元

小计：427.20元

③合计：512.70元

3)桥板工程量3.142m^3。

①人工费：25元/工日×22.94工日=573.50元

②材料费：板材1200元/m^3×3.142m^3=3770.40元

铁钉2.5元/kg×21kg=52.50元

小计：3822.90元

③合计：4396.40元

4)栏杆、扶手、扫地杆、斜撑工程量0.24m^3。

①人工费：25元/工日×3.08工日=77.00元

②材料费：枋材1200元/m^3×0.24m^3=288.00元

铁材3.2元/kg×6.4kg=20.48元

小计：308.48元

图名	园路、园桥工程工程量清单计价编制实例(1)	图号	4-8

园路、园桥工程工程量清单计价编制实例(2)

③合计:385.48 元

5)综合。

①人工费、材料费用合计:5934.58 元

②管理费:①×25%=5934.58 元×25%=1483.65 元

③利润:①×8%=5934.58 元×8%=474.77 元

④总计:7893 元

⑤综合单价:877 元

以上分部分项工程工程量清单计价及综合单价计价见表 1、表 2。

分部分项工程和单价措施项目清单与计划表　　**表 1**

工程名称:某公园步行木桥　　标段:　　第　页　共　页

序号	项目编码	项目名称	项目特征描述	计量单位	工程数量	金额(元)		
						综合单价	合价	其中 暂估价
1	050201014001	木制步桥	桥面长 6m、宽 1.5m、桥板厚 0.025m 原木桩基础、梢径 ϕ80、长 5m、16 根 原木横梁,梢径 ϕ80、长 1.8m、9 根 原木纵梁,梢径 ϕ100、长 5.6m、5 根 栏杆、扶手、扫地杆、斜撑枋木 80mm×80mm(刨光),栏高 900mm 全部采用杉木	m^2	9	877.00	7893.00	
合计							7893.00	

注:为计取规费等使用,可在表中增设其中:“定额人工费”。

图名	园路、园桥工程工程量清单计价编制实例(2)	图号	4-8

园路、园桥工程工程量清单计价编制实例(3)

综合单价分析表

工程名称:某公园步行木桥　　　标段:　　　第 页 共 页

项目编码	050201014001	项目名称	木制步桥	计量单位	m^2	工程量	9			
清单综合单价组成明细										
定额编号	定额项目名称	定额单位	数量	单价				合价		
				人工费	材料费	机械费	管理费和利润	人工费	材料费	机械费	管理费和利润
	原木桩基础	m^3	0.0711	200.00	800.00	—	330.00	14.22	56.89	—	23.47
	原木梁	m^3	0.0524	181.14	905.08	—	358.62	9.49	47.43	—	18.79
	桥板	m^2	0.3491	182.53	1216.71	—	461.75	63.72	424.75	—	161.20
	栏杆、扶手、斜撑	m^3	0.0267	320.83	1285.33	—	530.03	8.56	34.28	—	14.13
人工单价		小计						95.99	563.35	—	217.59
元/工日		未计价材料费									
清单项目综合单价								876.93			

材料费明细	主要材料名称、规格、型号	单位	数量	单价(元)	合价(元)	暂估单价(元)	暂估合价(元)
	原木	m^3	0.1236	800.00	98.80		
	扒钉	kg	1.722	3.20	5.51		
	板材	m^3	0.3491	1200.00	418.93		
	铁钉	kg	2.333	2.50	5.83		
	枋材	m^3	0.0267	1200.00	32.00		
	铁材	kg	0.7111	3.20	2.28		
	其他材料费			—	—	—	
	材料费小计			—	563.35	—	

注:1. 如不使用省级或行业建设主管部门发布的计价依据,可不填定额编号、名称等。
2. 招标文件提供了暂估单价的材料,按暂估的单价填入表内“暂估单价”栏及“暂估合价”栏。

图名	园路、园桥工程工程量清单计价编制实例(3)	图号	4-8

园路、园桥工程工程量清单计价编制实例(4)

【例 2】 ××公园木桥、架空栈道工程工程量清单计价

××公园木桥、架空栈道　工程

招标工程量清单

招　标　人：××
（单位盖章）

造价咨询人：××
（单位盖章）

年　月　日

图名	园路、园桥工程工程量清单计价编制实例(4)	图号	4-8

园路、园桥工程工程量清单计价编制实例(5)

××公园木桥、架空栈道　　　　工程

招标工程量清单

招　标　人：××公司
（单位盖章）

造价咨询人：××工程造价咨询
（单位资质专用章）

法定代表人
或其授权人：××
（签字或盖章）

法定代表人
或其授权人：××
（签字或盖章）

编　制　人：××
（造价人员签字盖专用章）

复　核　人：××
（造价工程师签字盖专用章）

编制时间：××年××月××日

复核时间：××年××月××日

图名	园路、园桥工程工程量清单计价编制实例(5)	图号	4-8

园路、园桥工程工程量清单计价编制实例(6)

总 说 明

工程名称：××公园木桥、架空栈道工程　　　　第　页共　页

1　工程批准文号
2　建设规模
3　计划工期
4　资金来源
5　施工现场特点
6　主要技术特征和参数
7　工程量清单编制依据
8　其他

图名	园路、园桥工程工程量清单计价编制实例(6)	图号	4-8

园路、园桥工程工程量清单计价编制实例(7)

分部分项工程和单价措施项目清单与计价表

工程名称:××公园木桥、架空栈道工程　　标段:　　第　页共　页

序号	项目编码	项目名称	项目特征描述	计量单位	工程量	金额(元)		
						综合单价	合价	其中
								暂估价
		0101　土石方工程						
1	010101002001	挖一般土方	原土打夯机夯实	m^3	429.00			
2	010101001001	平整场地	木桥平整场地	m^2	71.00			
		(其他略)						
		分部小计						
		0105　混凝土及钢筋混凝土工程						
3	010501003001	独立基础	C20 钢筋混凝土独立柱基础 现场搅拌	m^3	2.00			
4	010516001001	螺栓		t	0.16			
5	010516002001	预埋铁件		t	0.20			
		(其他略)						
		分部小计						

图名	园路、园桥工程工程量清单计价编制实例(7)	图号	4-8

园路、园桥工程工程量清单计价编制实例(8)

序号	项目编码	项目名称	项目特征描述	计量单位	工程量	金额(元)		
						综合单价	合价	其中
								暂估价
			0106 金属结构工程					
6	010602002001	钢托架	木桥钢托架14#槽钢	t	625.00			
7	010603003001	钢管柱		t	0.058			
			分部小计					
			0107 木结构工程					
8	010702001001	木柱	木柱200mm直径	m^3	0.31			
			分部小计					
			0111 楼地面装饰工程					
9	011104002001	竹、木（复合）地板	木质桥面板150mm×150mm美国南方松木板	m^2	1425.45			
			分部小计					
			0112 墙、柱面装饰与隔断、幕墙工程					
10	011202001001	柱面一般抹灰		m^2	212.80			
			分部小计					

图名	园路、园桥工程工程量清单计价编制实例(8)	图号	4-8

园路、园桥工程工程量清单计价编制实例(9)

序号	项目编码	项目名称	项目特征描述	计量单位	工程量	金额(元)		
						综合单价	合价	其中 暂估价
		0114 油漆、涂料、裱糊工程						
11	011405001001	金属面油漆		m^2	755.82			
		分部小计						
		0115 其他装饰工程						
12	011503002001	硬木扶手、栏杆、栏板	硬木扶手带栏杆、栏板	m	663.00			
		分部小计						
		0502 园路、园桥工程						
13	050201014001	木制步桥	木质美国南方松木桥面板 150mm×50mm	m^2	0.56			
		分部小计						
		0117 措施项目						
14	011702001001	基础	混凝土、钢筋混凝土模板及支架矩形板,支模高度为 2m	m^2	102.23			
		(其他略)						
		分部小计						
		合计						

注:为计取规费等使用,可在表中增设其中:“定额人工费”。

图名	园路、园桥工程工程量清单计价编制实例(9)	图号	4-8

园路、园桥工程工程量清单计价编制实例(10)

总价措施项目清单与计价表

工程名称：××公园木桥、架空栈道工程　　标段：　　第　页　共　页

序号	项目编码	项目名称	计算基础	费率(%)	金额(元)	调整费率(%)	调整后金额(元)	备注
1	050405001001	安全文明施工费	定额人工费					
2	050405002001	夜间施工费	定额人工费					
3	050405004001	二次搬运费	定额人工费					
4	050405005001	冬雨季施工增加费						
5	050405008001	已完工程及设备保护费						
合　计								

编制人(造价人员)：　　复核人(造价工程师)：

注：1. “计算基础”中安全文明施工费可为“定额基价”、“定额人工费”或“定额人工费＋定额机械费”，其他项目可为“定额人工费”或“定额人工费＋定额机械费”。

2. 按施工方案计算的措施费，若无“计算基础”和“费率”的数值，也可只填“金额”数值，但应在备注栏说明施工方案出处或计算方法。

图名	园路、园桥工程工程量清单计价编制实例(10)	图号	4-8

园路、园桥工程工程量清单计价编制实例(11)

其他项目清单与计价汇总表

工程名称:××公园木桥、架空栈道工程　　标段:　　第　页　共　页

序　号	项目名称	金额(元)	结算金额(元)	备　注
1	暂列金额	50000.00		明细详见表—12—1
2	暂估价			
2.1	材料(工程设备)暂估价/结算价	—		明细详见表—12—2
2.2	专业工程暂估价/结算价			明细详见表—12—3
3	计日工			明细详见表—12—4
4	总承包服务费			明细详见表—12—5
5	索赔与现场签证	—		明细详见表—12—6
合　计		50000.00		—

注:材料(工程设备)"暂估单价"计入清单项目综合单价,此处不汇总。

图名	园路、园桥工程工程量清单计价编制实例(11)	图号	4-8

园路、园桥工程工程量清单计价编制实例(12)

暂列金额明细表

工程名称:××公园木桥、架空栈道工程　　标段:　　第　页　共　页

序号	项目名称	计量单位	暂列金额(元)	备注
1	政策性调整和材料价格风险	项	45000.00	
2	其他	项	5000.00	
合　计			50000.00	—

注:此表由招标人填写,如不能详列,也可只列"暂定金额"总额,投标人应将上述"暂列金额"计入投标总价中。

图名	园路、园桥工程工程量清单计价编制实例(12)	图号	4-8

园路、园桥工程工程量清单计价编制实例(13)

材料(工程设备)暂估单价及调整表

工程名称:××公园木桥、架空栈道工程　　标段:　　第　页　共　页

序号	材料(工程设备)名称、规格、型号	计量单位	数量		暂估(元)		确认(元)		差额±(元)		备注
			暂估	确认	单价	合价	单价	合价	单价	合价	
1	美国南方松木板	m^2	1425.00		98.00	139650.00					用于竹、木(复合)地板
2	美国南方松木板	m^2	10.50		98.00	1029.00					用于木制步桥项目
合计						140679.00					

注:此表由招标人填写“暂估单价”,并在备注栏说明暂估单价的材料、工程设备拟用在哪些清单项目上,投标人应将上述材料、工程设备暂估单价计入工程量清单综合单价报价中。

图名	园路、园桥工程工程量清单计价编制实例(13)	图号	4-8

园路、园桥工程工程量清单计价编制实例(14)

计日工表

工程名称:××公园木桥、架空栈道工程　　标段:　　第　页　共　页

编号	项目名称	单位	暂定数量	实际数量	综合单价(元)	合价(元)	
						暂定	实际
一	人工						
1	技工	工日	15.00				
人工小计							
二	材料						
1	32.5 级普通水泥	t	13.00				
材料小计							
三	施工机械						
1	汽车起重机 20t	台班	4.00				
施工机械小计							
四、企业管理费和利润							
总计							

注:此表"项目名称"、"暂定数量"由招标人填写,编制招标控制价时,综合单价由招标人按有关规定确定;投标时,综合单价由投标人自主报价,按暂定数量计算合价计入投标总价中;结算时,按发承包双方确定的实际数量计算合价。

图名	园路、园桥工程工程量清单计价编制实例(14)	图号	4-8

园路、园桥工程工程量清单计价编制实例(15)

规费、税金项目计价表

工程名称：××公园木桥、架空栈道工程　　标段：　　第　页　共　页

序号	项目名称	计算基础	计算基数	计算费率(%)	金额(元)
1	规费	定额人工费			
1.1	社会保险费	定额人工费			
(1)	养老保险费	定额人工费			
(2)	失业保险费	定额人工费			
(3)	医疗保险费	定额人工费			
(4)	工伤保险费	定额人工费			
(5)	生育保险费	定额人工费			
1.2	住房公积金	定额人工费			
1.3	工程排污费	按工程所在地环境保护部门收取标准，按实计入			
2	税金	分部分项工程费＋措施项目费＋其他项目费＋规费－按规定不计税的工程设备金额			
合计					

编制人(造价人员)：　　复核人(造价工程师)：

图名	园路、园桥工程工程量清单计价编制实例(15)	图号	4-8

园路、园桥工程工程量清单计价编制实例(16)

______________工程

投标总价

招　标　人：______________

(单位盖章)

年　　月　　日

图名	园路、园桥工程工程量清单计价编制实例(16)	图号	4-8

园路、园桥工程工程量清单计价编制实例(17)

投标总价

招　标　人：××××

工 程 名 称：××公园木桥、架空栈道工程

投标总价(小写)：1110263.98

(大写)：壹佰壹拾壹万零贰佰陆拾叁元玖角捌分

投　标　人：××××
(单位盖章)

法定代表人
或其授权人：××××
(签字或盖章)

编　制　人：××××
(造价人员签字盖专用章)

编制时间：　年　月　日

图名	园路、园桥工程工程量清单计价编制实例(17)	图号	4-8

园路、园桥工程工程量清单计价编制实例(18)

总　说　明

工程名称:××公园木桥、架空栈道工程　　　　第　页　共　页

1　编制依据

1.1　建设方提供的工程施工图、《××公园木桥、架空栈道工程投标邀请书》、《投标须知》、《××公园木桥、架空栈道工程招标答疑》等一系列招标文件。

1.2　××市建设工程造价管理站××××年第×期发布的材料价格,并参照市场价格。

2　报价需要说明的问题

2.1　该工程因无特殊要求,故采用一般施工方法。

2.2　因考虑到市场材料价格近期波动不大,故主要材料价格在××市建设工程造价管理站××××年第×期发布的材料价格基础上下浮3%。

3　综合公司经济现状及竞争力,公司所报费率如下:(略)

4　税金按3.413%计取

图名	园路、园桥工程工程量清单计价编制实例(18)	图号	4-8

园路、园桥工程工程量清单计价编制实例(19)

建设项目/投标报价汇总表

工程名称:××公园木桥、架空栈道工程　　　　第　页　共　页

序号	单项工程名称	金额(元)	其中:(元)		
			暂估价	安全文明施工费	规费
1	××公园木桥、架空栈道工程	1110263.98	140679.00	54471.41	206991.35
合　计		1110263.98	140679.00	54471.41	206991.35

注:本表适用于建设项目招标控制价或投标报价的汇总。

图名	园路、园桥工程工程量清单计价编制实例(19)	图号	4-8

园路、园桥工程工程量清单计价编制实例(20)

单项工程/投标报价汇总表

工程名称:××公园木桥、架空栈道工程　　标段:　　第 页 共 页

序号	单位工程名称	金额(元)	其中:(元)		
			暂估价	安全文明施工费	规费
1	××公园木桥、架空栈道工程	1110263.98	140679.00	54471.41	206991.35
合计		1110263.98	140679.00	54471.41	206991.35

注:本表适用于单项工程招标控制价或投标报价的汇总。暂估价包括分部分项工程中的暂估价和专业工程暂估价。

图名	园路、园桥工程工程量清单计价编制实例(20)	图号	4-8

园路、园桥工程工程量清单计价编制实例(21)

单位工程/投标报价汇总表

工程名称:××公园木桥、架空栈道工程 标段: 第 页 共 页

序号	汇总内容	金额(元)	其中:暂估价(元)
1	分部分项工程	678209.41	140679.00
1.1	0101 土石方工程	26492.23	
1.2	0105 混凝土及钢筋混凝土工程	137828.87	
1.3	0106 金属结构工程	107912.26	
1.4	0107 木结构工程	651.02	
1.5	0111 楼地面装饰工程	268555.50	139650.00
1.6	0112 墙、柱面装饰与隔断、幕墙工程	2364.21	
1.7	0114 油漆、涂料、裱糊工程	8094.83	
1.8	0115 其他装饰工程	53742.78	
1.9	0502 园路、园桥工程	72567.71	1029.00
2	措施项目	128771.53	—
2.1	其中:安全文明施工费	54471.41	—
3	其他项目	59649.00	—
3.1	其中:暂列金额	50000.00	—
3.2	其中:计日工	9649.00	—
3.3	其中:总承包服务费		—
4	规费	206991.35	—
5	税金	36642.69	—
招标控制价合计=1+2+3+4+5		1110263.98	140679.00

注:本表适用于单位工程招标控制价或投标报价的汇总,如无单位工程划分,单项工程也使用本表汇总。

图名	园路、园桥工程工程量清单计价编制实例(21)	图号	4-8

园路、园桥工程工程量清单计价编制实例(22)

分部分项工程和单价措施项目清单与计划表

工程名称：××公园木桥、架空栈道工程　　　标段：　　　第　页共　页

序号	项目编码	项目名称	项目特征描述	计量单位	工程量	金额(元)		
						综合单价	合价	其中 暂估价
		0101 土石方工程						
1	010101002001	挖一般土方	原土打夯机夯实	m^3	429.00	16.15	6929.97	
2	010101001001	平整场地	木桥平整场地	m^2	71.00	2.20	156.42	
		(其他略)						
		分部小计					26492.23	
		0105 混凝土及钢筋混凝土工程						
3	010501003001	独立基础	C20 钢筋混凝土独立柱基础 现场搅拌	m^3	2.00	197.72	336.12	
4	010516001001	螺栓		t	0.16	5779.62	924.74	
5	010516002001	预埋铁件		t	0.20	5651.54	1130.31	
		(其他略)						
		分部小计					137828.87	

图名	园路、园桥工程工程量清单计价编制实例(22)	图号	4-8

园路、园桥工程工程量清单计价编制实例(23)

序号	项目编码	项目名称	项目特征描述	计量单位	工程量	金额(元)		
						综合单价	合价	其中 暂估价
		0106 金属结构工程						
6	010602002001	钢托架	木桥钢托架 14#槽钢	t	625.00	5241.43	3275.89	
7	010603003001	钢管柱		t	0.058	6626.33	384.33	
		分部小计					107912.26	
		0107 木结构工程						
8	010702001001	木柱	木柱 200mm 直径	m^3	0.31	2100.07	651.02	
		分部小计					651.02	
		0111 楼地面装饰工程						
9	011104002001	竹、木(复合)地板	木质桥面板 150mm×150mm 美国南方松木板	m^2	1425.00	188.46	268555.50	139650.00
		分部小计					268555.50	139650.00
		0112 墙、柱面装饰与隔断、幕墙工程						
10	011202001001	柱面一般抹灰		m^2	212.80	11.11	2364.21	
		分部小计					2364.21	

图名	园路、园桥工程工程量清单计价编制实例(23)	图号	4-8

园路、园桥工程工程量清单计价编制实例(24)

序号	项目编码	项目名称	项目特征描述	计量单位	工程量	金额(元)		
						综合单价	合价	其中 暂估价
		0114 油漆、涂料、裱糊工程						
11	011405001001	金属面油漆		m^2	755.82	10.71	8094.83	
			分部小计				8094.83	
		0115 其他装饰工程						
12	011503002001	硬木扶手、栏杆、栏板	硬木扶手带栏杆、栏板	m	663.00	81.06	53742.78	
			分部小计				53742.78	
		0502 园路、园桥工程						
13	050201014001	木制步桥	木质美国南方松木桥面板 150mm×50mm	m^2	10.50	6911.21	72567.71	1029.00
			分部小计				72567.71	1029.00
		0117 措施项目						
14	011702001001	基础	混凝土、钢筋混凝土模板及支架矩形板,支模高度为 2m	m^2	102.23	18.37	1877.97	
			(其他略)					
			分部小计				62945.85	
			合计				726285.45	140679.00

注:为计取规费等使用,可在表中增设其中:“定额人工费”。

图名	园路、园桥工程工程量清单计价编制实例(24)	图号	4-8

园路、园桥工程工程量清单计价编制实例(25)

综合单价分析表

工程名称:××公园木桥、架空栈道工程　　标段:　　第　页　共　页

项目编码	011202001001	项目名称	柱面一般抹灰	计量单位	m^2	工程量	212.80

清单综合单价组成明细											
定额编号	定额项目名称	定额单位	数量	单价				合价			
				人工费	材料费	机械费	管理费和利润	人工费	材料费	机械费	管理费和利润
AE0508	水泥砂浆抹柱面	m^2	1	0.80	7.44	0.09	2.78	0.80	7.44	0.09	2.78
人工单价		小计						0.80	7.44	0.09	2.78
元/工日		未计价材料费									
清单项目综合单价								11.11			

材料费明细	主要材料名称、规格、型号	单位	数量	单价(元)	合价(元)	暂估单价(元)	暂估合价(元)
	水泥	kg	12.279	0.39	4.79		
	砂子	kg	38.989	0.05	1.95		
	建筑粘接剂	kg	0.065	1.70	0.11		
	其他材料费			—	0.59	—	
	材料费小计			—	7.44	—	

注:1. 如不使用省级或行业建设主管部门发布的计价依据,可不填定额编号、名称等。

2. 招标文件提供了暂估单价的材料,按暂估的单价填入表内“暂估单价”栏及“暂估合价”栏。

图名	园路、园桥工程工程量清单计价编制实例(25)	图号	4-8

园路、园桥工程工程量清单计价编制实例(26)

综合单价分析表

工程名称:××公园木桥、架空栈道工程　　标段:　　第　页共　页

项目编码	010515001001		项目名称		现浇构件钢筋		计量单位		t	工程量	5.87
清单综合单价组成明细											
定额编号	定额项目名称		定额单位	数量	单价				合价		
					人工费	材料费	机械费	管理费和利润	人工费	材料费	机械费	管理费和利润
AD0899	现浇螺纹钢筋制作安装		t	1.00	294.75	5397.70	62.42	102.29	294.75	5397.70	62.42	102.29
人工单价			小计						294.75	5397.70	62.42	102.29
42元/工日			未计价材料费									
清单项目综合单价									5857.16			
材料费明细	主要材料名称、规格、型号			单位		数量			单价(元)	合价(元)	暂估单价(元)	暂估合价(元)
	螺纹钢筋,Q235,ϕ14			t		1.07			5000.00	5350.00		
	焊条			kg		8.64			4.00	34.56		
	其他材料费								—	13.14	—	
	材料费小计								—	5397.70	—	

注:1. 如不使用省级或行业建设主管部门发布的计价依据,可不填定额编号、名称等。

2. 招标文件提供了暂估单价的材料,按暂估的单价填入表内"暂估单价"栏及"暂估合价"栏。

图名	园路、园桥工程工程量清单计价编制实例(26)	图号	4-8

园路、园桥工程工程量清单计价编制实例(27)

综合单价分析表

工程名称:××公园木桥、架空栈道工程　　标段:　　第　页　共　页

项目编码	011104002001		项目名称		竹、木(复合)地板		计量单位		m²		工程量	
清单综合单价组成明细												
定额编号	定额项目名称		定额单位	数量	单价				合价			
					人工费	材料费	机械费	管理费和利润	人工费	材料费	机械费	管理费和利润
AB0287	软木地板		m²	1	13.15	106.13	5.10	64.08	13.15	106.13	5.10	64.08
人工单价			小计						13.15	106.13	5.10	64.08
42元/工日			未计价材料费									
清单项目综合单价									188.46			
材料费明细	主要材料名称、规格、型号				单位	数量			单价(元)	合价(元)	暂估单价(元)	暂估合价(元)
	美国南方松木板				m²	1.0					98.00	98.00
	粘接剂				kg	0.10			10.50	1.05		
	氟化钠防腐剂				kg	0.245			20.00	4.90		
	其他材料费								—	2.18	—	
	材料费小计								—	8.13	—	98.00

注:1. 如不使用省级或行业建设主管部门发布的计价依据,可不填定额编号、名称等。
　　2. 招标文件提供了暂估单价的材料,按暂估的单价填入表内“暂估单价”栏及“暂估合价”栏。

图名	园路、园桥工程工程量清单计价编制实例(27)	图号	4-8

园路、园桥工程工程量清单计价编制实例(28)

总价措施项目清单与计价表

工程名称：××公园木桥、架空栈道工程　　标段：　　第　页　共　页

序号	项目编码	项目名称	计算基础	费率(%)	金额(元)	调整费率(%)	调整后金额(元)	备注
1	050405001001	安全文明施工费	定额人工费	25	54471.41			
2	050405002001	夜间施工增加费	定额人工费	1.5	3268.28			
3	050405004001	二次搬运费	定额人工费	2	4357.71			
4	050405005001	冬雨季施工增加费	定额人工费	1.5	3268.28			
5	050405008001	已完工程及设备保护费			460.00			
合　计					65825.68			

编制人(造价人员)：　　复核人(造价工程师)：

注：1. “计算基础”中安全文明施工费可为“定额基价”、“定额人工费”或“定额人工费＋定额机械费”，其他项目可为“定额人工费”或“定额人工费＋定额机械费”。

2. 按施工方案计算的措施费，若无“计算基础”和“费率”的数值，也可只填“金额”数值，但应在备注栏说明施工方案出处或计算方法。

图名	园路、园桥工程工程量清单计价编制实例(28)	图号	4-8

园路、园桥工程工程量清单计价编制实例(29)

其他项目清单与计价汇总表

工程名称：××公园木桥、架空栈道工程　　标段：　　第　页　共　页

序　号	项目名称	金额(元)	结算金额(元)	备　注
1	暂列金额	50000.00		明细详见表—12—1
2	暂估价			
2.1	材料(工程设备)暂估价/结算价	—		明细详见表—12—2
2.2	专业工程暂估价/结算价			明细详见表—12—3
3	计日工	9649.00		明细详见表—12—4
4	总承包服务费			明细详见表—12—5
5	索赔与现场签证	—		明细详见表—12—6
合　计		59649.00		—

注：材料(工程设备)暂估单价计入清单项目综合单价，此处不汇总。

图名	园路、园桥工程工程量清单计价编制实例(29)	图号	4-8

园路、园桥工程工程量清单计价编制实例(30)

暂列金额明细表

工程名称：××公园木桥、架空栈道工程　　标段：　　第　页　共　页

序号	项目名称	计量单位	暂列金额(元)	备注
1	政策性调整和材料价格风险	项	45000.00	
2	其他	项	5000.00	
合　计			50000.00	—

注：此表由招标人填写，如不能详列，也可只列暂定金额总额，投标人应将上述暂列金额计入投标总价中。

图名	园路、园桥工程工程量清单计价编制实例(30)	图号	4-8

园路、园桥工程工程量清单计价编制实例(31)

材料(工程设备)暂估单价及调整表

工程名称:××公园木桥、架空栈道工程　　标段:　　第　页　共　页

序号	材料(工程设备)名称、规格、型号	计量单位	数量		暂估(元)		确认(元)		差额±(元)		备注
			暂估	确认	单价	合价	单价	合价	单价	合价	
1	美国南方松木板	m^2	1425.00		98.00	139650.00					用于竹、木(复合)地板
2	美国南方松木板	m^2	10.50		98.00	1029.00					用于木制步桥项目
合计						140679.00					

注:此表由招标人填写"暂估单价",并在备注栏说明暂估单价的材料、工程设备拟用在哪些清单项目上,投标人应将上述材料、工程设备暂估单价计入工程量清单综合单价报价中。

图名	园路、园桥工程工程量清单计价编制实例(31)	图号	4-8

园路、园桥工程工程量清单计价编制实例(32)

计日工表

工程名称:××公园木桥、架空栈道工程　　标段:　　第　页　共　页

编号	项目名称	单位	暂定数量	实际数量	综合单价(元)	合价(元)	
						暂定	实际
一	人工						
1	技工	工日	15.00		120.00	1800.00	
人工小计						1800.00	
二	材料						
1	32.5级普通水泥	t	13.00		425.00	5525.00	
材料小计						5525.00	
三	施工机械						
1	汽车起重机20t	台班	4.00		500.00	2000.00	
施工机械小计						2000.00	
四、企业管理费和利润　按人工费18%计						324.00	
总计						9649.00	

注:此表"项目名称"、"暂定数量"由招标人填写,编制招标控制价时,综合单价由招标人按有关规定确定;投标时,综合单价由投标人自主报价,按暂定数量计算合价计入投标总价中;结算时,按发承包双方确定的实际数量计算合价。

图名	园路、园桥工程工程量清单计价编制实例(32)	图号	4-8

园路、园桥工程工程量清单计价编制实例(33)

规费、税金项目计价表

工程名称:××公园木桥、架空栈道工程　　标段:　　第　页　共　页

序号	项目名称	计算基础	计算基数	计算费率(%)	金额(元)
1	规费	定额人工费			206991.35
1.1	社会保险费	定额人工费	(1+)…+(5)		163414.22
(1)	养老保险费	定额人工费		14	101679.96
(2)	失业保险费	定额人工费		2	14525.71
(3)	医疗保险费	定额人工费		6	43577.13
(4)	工伤保险费	定额人工费		0.25	1815.71
(5)	生育保险费	定额人工费		0.25	1815.71
1.2	住房公积金	定额人工费		6	43577.13
1.3	工程排污费	按工程所在地环境保护部门收取标准,按实计入			
2	税金	分部分项工程费+措施项目费+其他项目费+规费−按规定不计税的工程设备金额		3.413	36642.69
合计					243634.04

编制人(造价人员):　　复核人(造价工程师):

图名	园路、园桥工程工程量清单计价编制实例(33)	图号	4-8

5　园林景观工程

水池、花架及小品工程图例

水池、花架及小品工程图例

序号	名称	图例	说明
1	雕塑		仅表示位置，不表示具体形态（下同），也可依据设计形态表示
2	花台		
3	坐凳		
4	花架	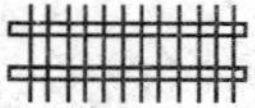	
5	围墙		上图为实砌或漏空围墙； 下图为栅栏或篱笆围墙
6	栏杆	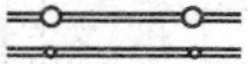	上图为非金属栏杆； 下图为金属栏杆
7	园灯		
8	饮水台		
9	指示牌		

图名	水池、花架及小品工程图例	图号	5-1

喷泉工程图例(1)

喷泉工程图例

序号	名　称	图　例	说　明
1	喷　泉		仅表示位置,不表示具体形态
2	阀门(通用)、截止阀	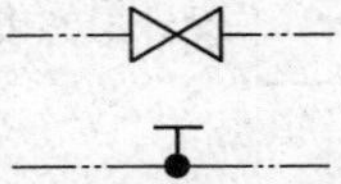	(1)没有说明时,表示螺纹连接。 法兰连接时  焊接时  (2)轴测图画法: 阀杆为垂直 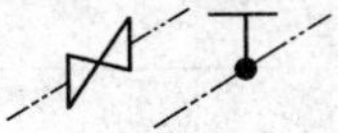 阀杆为水平 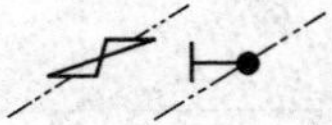
3	闸　阀		
4	手动调节阀		
5	球阀、转心阀		
6	蝶　阀	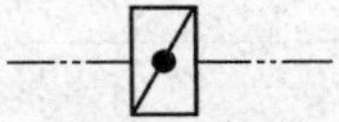	

图名	喷泉工程图例(1)	图号	5-2

喷泉工程图例(2)

序号	名　　称	图　　例	说　　明
7	角　阀	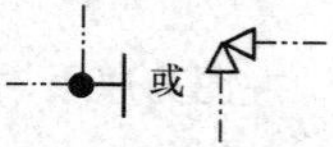	
8	平衡阀		
9	三通阀	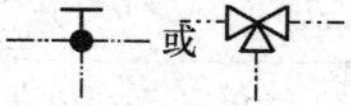	
10	四通阀	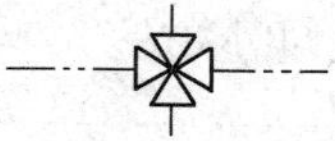	
11	节流阀		
12	膨胀阀	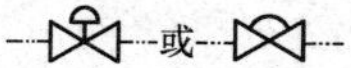	也称“隔膜阀”
13	旋　塞	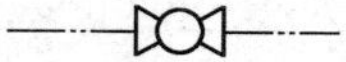	
14	快放阀		也称“快速排污阀”

图名	喷泉工程图例(2)	图号	5-2

喷泉工程图例(3)

序号	名　　称	图　　例	说　　明
15	安全阀		左图为通用，中为弹簧安全阀，右为重锤安全阀
16	止回阀		左、中为通用画法，流法均由空白三角形至非空白三角形；中也代表升降式止回阀；右代表旋启式止回阀
17	减压阀	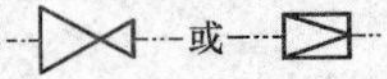	左图小三角为高压端，右图右侧为高压端。其余同阀门类推
18	疏水阀		在不致引起误解时，也可用  表示也称“疏水器”
19	浮球阀	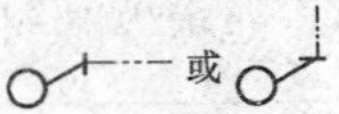	
20	集气罐、排气装置	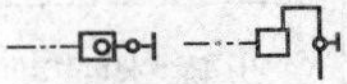	左图为平面图

图名	喷泉工程图例(3)	图号	5-2

喷泉工程图例(4)

序号	名　　称	图　　例	说　　明
21	自动排气阀		
22	除污器(过滤器)	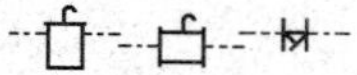	左为立式除污器,中为卧式除污器,右为 Y 型过滤器
23	节流孔板、减压孔板	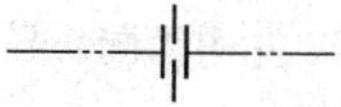	在不致引起误解时,也可用 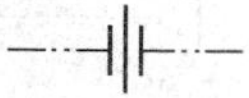 表示
24	补偿器(通用)		也称“伸缩器”
25	矩形补偿器	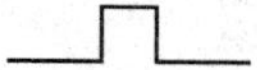	
26	套管补偿器		
27	波纹管补偿器	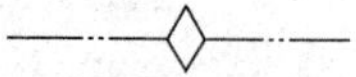	

图名	喷泉工程图例(4)	图号	5-2

喷泉工程图例(5)

序号	名　称	图　例	说　明
28	弧形补偿器		
29	球形补偿器		
30	变径管异径管		左图为同心异径管,右图为偏心异径管
31	活接头	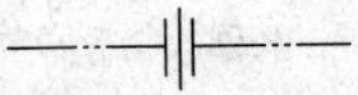	
32	法　兰		
33	法兰盖		

图名	喷泉工程图例(5)	图号	5-2

喷泉工程图例(6)

序号	名称	图例	说明
34	丝堵	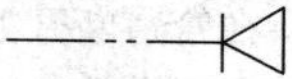	也可表示为：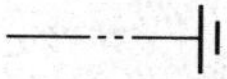
35	可屈挠橡胶软接头		
36	金属软管		也可表示为：
37	绝热管		
38	保护套管		
39	伴热管	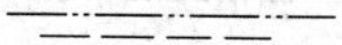	
40	固定支架	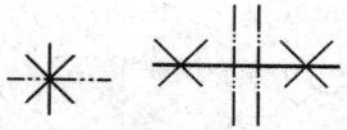	

图名	喷泉工程图例(6)	图号	5-2

喷泉工程图例(7)

序号	名　称	图　例	说　明
41	介质流向	→ 或 ⇨	在管道断开处时，流向符号宜标注在管道中心线上，其余可同管径标注位置
42	坡度及坡向	i=0.003 → 或 → i=0.003	坡度数值不宜与管道起、止点标高同时标注。标注位置同管径标注位置
43	套管伸缩器		
44	方形伸缩器		
45	刚性防水套管	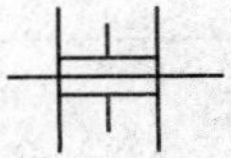	

图名	喷泉工程图例(7)	图号	5-2

喷泉工程图例(8)

序号	名称	图例	说明
46	柔性防水套管	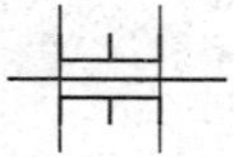	
47	波纹管		
48	可曲挠橡胶接头		
49	管道固定支架		
50	管道滑动支架		

图名	喷泉工程图例(8)	图号	5-2

喷泉工程图例(9)

序号	名　　称	图　　例	说　　明
51	立管检查口	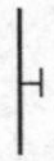	
52	水　泵	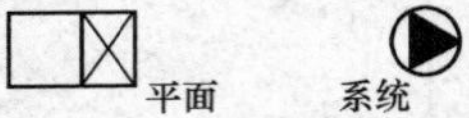	
53	潜水泵	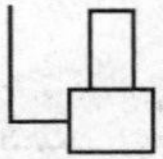	
54	定量泵	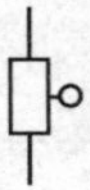	
55	管道泵		

图名	喷泉工程图例(9)	图号	5-2

堆塑假山工程施工简介(1)

序号	项目	说明
1	假山定位与放样	(1)审阅图纸。假山定位放样前要将假山工程设计图的意图看懂摸透，掌握山体形式和基础的结构。为了便于放样，要在平面图上按一定的比例尺寸，依工程大小或平面布置复杂程度，采用2m×2m，或 5m×5m，或 10m×10m的尺寸画出方格网，以其方格与山脚轮廓线的交点作为地面放样的依据。 (2)实地放样。在设计图方格网上，选择一个与地面有参照的可靠固定点，作为放样定位点，然后以此点为基点，按实际尺寸在地面上画出方格网，并对应图纸上的方格和山脚轮廓线的位置，放出地面上的相应的白灰轮廓线。 为了便于基础和土方的施工，应在不影响堆土和施工的范围内，选择便于检查基础尺寸的有关部位，如假山平面的纵横中心线、纵横方向的边端线、主要部位的控制线等位置的两端，设置龙门桩或埋地木桩，以便在挖土或施工时的放样白线被挖掉后，作为测量尺寸或再次放样的基本依据点
2	基础施工	基础的施工应按设计要求进行，通常假山基础有浅基础、深基础、桩基础等。 (1)浅基础施工。浅基础是在原地形上略加整理、符合设计地貌后经夯实后的基础。此类基础可节约山石材料，但为符合设计要求，有的部位需垫高，有的部位需挖深以造成起伏。这样使夯实平整地面工作变得较为琐碎。对于软土、泥泞地段，应进行加固或清淤处理，以免日后基础沉陷，此后，即可对夯实地面铺筑垫层，并砌筑基础

图名	堆塑假山工程施工简介(1)	图号	5-3

堆塑假山工程施工简介(2)

序号	项　目	说　　　明
2	基础施工	(2)深基础施工。深基础是将基础埋入地面以下的基础，应按基础尺寸进行挖土，严格掌握挖土深度和宽度，一般假山基础的挖土深度为50～80cm，基础宽度多为山脚线向外50cm。土方挖完后夯实整平，然后按设计铺筑垫层和砌筑基础。 (3)桩基础施工。桩基础多为短木桩或混凝土桩，打桩位置、打桩深度应按设计要求进行，桩木按梅花形排列，称“梅花桩”。桩木顶端可露出地面或湖底10～30cm，其间用小块石嵌紧嵌平，再用平正的花岗石或其他石材铺一层在顶上，作为桩基的压顶石或用灰土填平夯实。混凝土桩基的做法和木桩桩基一样，也有在桩基顶上设压顶石与设灰土层的两种做法。 基础施工完成后，要进行第二次定位放线。在基础层的顶面重新绘出假山的山脚线，并标出高峰、山岩和其他陪衬山的中心点和山洞洞桩位置
3	假山山脚施工	假山山脚是直接落在基础之上的山体底层，包括拉底、起脚和做脚等施工内容。 (1)拉底。 拉底是指用山石做出假山底层山脚线的石砌层。 1)拉底的方式。拉底的方式有满拉底和线拉底两种。 ①满拉底是将山脚线范围之内用山石铺满一层，这种方式适用于规模较小、山底面积不大的假山，或者有冻胀破坏的北方地区及有振动破坏的地区。 ②线拉底是按山脚线的周边铺砌山石，而内空部分用乱石、碎砖、泥土等填补筑实，这种方式适用于底面积较大的大型假山

图名	堆塑假山工程施工简介(2)	图号	5-3

堆塑假山工程施工简介(3)

序号	项　目	说　　明
3	假山山脚施工	2)拉底的技术要求: ①底层山脚石应选择大小合适、不易风化的山石。 ②每块山脚石必须垫平垫实,不得有丝毫摇动。 ③各山石之间要紧密咬合。 ④拉底的边缘要错落变化,避免做成平直和浑圆形状的脚线。 (2)起脚。 拉底之后,开始砌筑假山山体的首层山石层叫"起脚"。起脚时,定点、摆线要准确。先选到山脚突出点的山石,并将其沿着山脚线先砌筑上,待多数主要的凸出点山石都砌筑好了,再选择和砌筑平直线、凹进线处所用的山石。这样,既保证了山脚线按照设计而成弯曲转折状,避免山脚平直的毛病,又使山脚突出部位具有最佳的形状和最好的皴纹,增加了山脚部分的景观效果。 (3)做脚。 做脚就是用山石砌筑成山脚,它是在假山的上面部分山形山势大体施工完成以后,于紧贴起脚石外缘部分拼叠山脚,以弥补起脚造型不足的一种操作技法。所做的山脚石起脚边线的做法常用的有点脚法、连脚法和块面法。 1)点脚法。即在山脚边线上,用山石每隔不同的距离作墩点,用片块状山石盖于其上,做成透空小洞穴,如图1(a)所示,这种做法多用于空透型假山的山脚。 2)连脚法。即按山脚边线连续摆砌弯弯曲曲、高低起伏的山脚石,形成整体的连线山脚线,如图1(b)所示,这种做法各种山形都可采用

图名	堆塑假山工程施工简介(3)	图号	5-3

堆塑假山工程施工简介(4)

序号	项　目	说　　　明
3	假山山脚施工	3)块面法。即用大块面的山石,连线摆砌成大凸大凹的山脚线,使凸出凹进部分的整体感都很强,如图 1(c)所示,这种做法多用于造型雄伟的大型山体 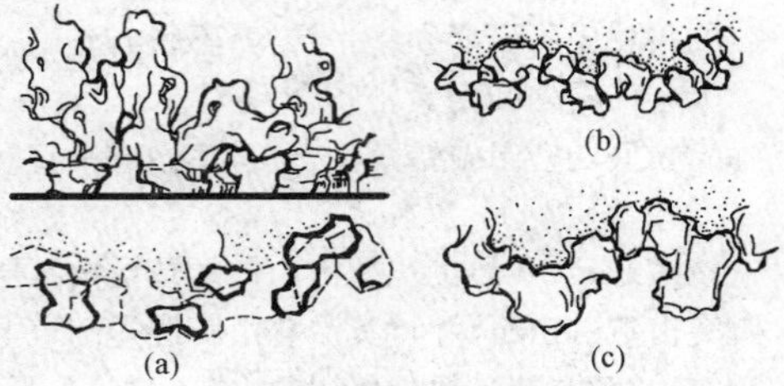 **图 1　做脚的三种方法** (a)点脚法;(b)连脚法;(c)块面法
4	山石勾缝和胶结	古代假山结合材料主要以石灰为主,用石灰作胶结材料时,为了提高石灰的胶合性而加入一些辅助材料,配制成纸筋石灰、明矾石灰、桐油石灰和糯米浆拌石灰等。纸筋石灰凝固后硬度和韧性都有所提高,且造价相对较低。桐油石灰凝固较慢,造价高,但粘结性能良好,凝固后很结实,适宜小型石山的砌筑。明矾石灰和糯米浆石灰的造价较高,凝固后的硬度很大,粘结牢固,是较为理想的胶合材料

图名	堆塑假山工程施工简介(4)	图号	5-3

堆塑假山工程施工简介(5)

序号	项 目	说 明
4	山石勾缝和胶结	现代假山施工基本上全用水泥砂浆或混合砂浆来胶合山石。水泥砂浆的配制，是用普通灰色水泥和粗砂，按1∶1.5～1∶2.5比例加水调制而成，主要用来粘合石材、填充山石缝隙和为假山抹缝。有时，为了增加水泥砂浆的和易性和对山石缝隙的充满度，可以在其中加适量的石灰浆，配成混合砂浆。 湖石勾缝再加青煤，黄石勾缝后刷铁屑盐卤，使缝的颜色与石色相协调。 胶结操作要点如下： (1)胶结用水泥砂浆要现配现用。 (2)待胶合山石石面应事先刷洗干净。 (3)待胶合山石石面应都涂上水泥砂浆(混合砂浆)，并及时互贴合、支撑捆扎固定。 (4)胶合缝应用水泥砂浆(混合砂浆)补平填平填满。 (5)胶合缝与山石颜色相差明显时，应用水泥砂浆(混合砂浆硬化前)对胶合缝撒布同色山石粉或砂子进行变色处理
5	人工塑山石	(1)基架设置。可根据石形和其他条件分别采用砖基架或钢筋混凝土基架。坐落在地面的塑山要有相应的地基处理，坐落在室内的塑山则必须根据楼板的构造和荷载条件做结构设计，包括地梁和钢材梁、柱和支撑设计。基架将自然山形概括为内接的几何形体的桁架，并遍涂防锈漆两遍

图名	堆塑假山工程施工简介(5)	图号	5-3

堆塑假山工程施工简介(6)

序号	项目	说明
5	人工塑山石	(2)铺设钢丝网。砖基架可设或不设钢丝网。一般形体较大者都必须设钢丝网。钢丝网要选易于挂泥的材料。若为钢基架则不宜先做分块钢架,附在形体简单的基架上,变几何形体为凹凸的自然外形,其上再挂钢丝网。钢丝网根据设计模型用木槌和其他工具成型。 (3)挂水泥砂浆以成石脉与皴纹。水泥砂浆中可加纤维性附加料以增加表面抗拉的力量,减少裂缝。以往常用 M7.5 水泥砂浆作初步塑型,用 M15 水泥砂浆罩面作最后成型。现在多以特种混凝土作为塑型成型的材料,其施工工艺简单、塑性良好。常见特种混凝土的配比见表 1

树脂混凝土的配合比(质量比) 表 1

原材料	聚酯混凝土		环氧混凝土	酚醛混凝土	聚氨基甲酸酯混凝土
胶结料	不饱和聚酯树脂 10	不饱和聚酯树脂 11.25	环氧树脂 (含固化剂) 10	酚醛树脂 10	聚氨基甲酸酯 (含固化剂、填料) 20

图名	堆塑假山工程施工简介(6)	图号	5-3

堆塑假山工程施工简介(7)

序号	项目	说明
5	人工塑山石	续表

原材料		聚酯混凝土		环氧混凝土	酚醛混凝土	聚氨基甲酸酯混凝土
填料		碳酸钙 12	碳酸钙 11.25	碳酸钙 10	碳酸钙 10	—
骨料(mm)	细砂	(0.1～0.8)20	(<1.2)38.8	(<1.2)20	(<1.2)20	(<1.2)20
	粗砂	(0.8～4.8)25	(1.2～5)9.6	(1.2～5)15	(1.2～5)15	(1.2～5)15
	石子	(4.5～20)33	(5～20)29.1	(5～20)45	(5～20)45	(5～20)45
其他材料		短玻璃纤维(12.7mm)过氧化物促凝剂	过氧化甲基乙基甲酮	邻苯二甲酸二丁酯	—	—

图名	堆塑假山工程施工简介(7)	图号	5-3

堆塑假山工程施工简介(8)

序号	项　目	说　　明
5	人工塑山石	(4)上色。根据设计对石色的要求,刷涂或喷涂非水溶性颜色,达到其设计效果。由于新材料新工艺不断推出,第三、四步往往合并处理,如将颜料混合于灰浆中,直接抹上加工成型。也有先在工厂制作出一块块仿石料,运到施工现场缚挂或焊挂在基架上,当整体成型达到要求后,对接缝及石脉纹理作进一步加工处理,即可成山。 (5)塑山喷吹新工艺。为了克服钢、砖骨架塑山存在着的施工技术难度大,皴纹很难逼真,材料自重大,易裂和褪色等缺陷,国内外园林科研工作者近年来探索出一种新型的塑山材料——玻璃纤维强化水泥(简称 GRC)。这种工艺在秦皇岛野生动物园、中共中央党校、北京重庆饭店庭园、广东飞龙世界、黑龙江大庆石油管理局体育中心海洋馆等工程中进行了实践,均取得了较好的效果。GRC 材料用于塑山的优点主要表现在以下几个方面: 1)用 GRC 造假山石,石的造型、皴纹逼真,具有岩石坚硬润泽的质感。 2)用 GRC 造假山石,材料自身重量轻,强度高,抗老化且耐水湿,易进行工厂化生产,施工方法简便、快捷、造价低,可在室内外及屋顶花园等处广泛使用。 3)GRC 假山造型设计、施工工艺较好,与植物、水景等配合,可使景观更富于变化和表现力。 4)GRC 造假山可利用计算机进行辅助设计,结束了过去假山工程无法做到的石块定位设计的历史,使假山不仅在制作技术上,而且在设计手段上取得了新突破

图名	堆塑假山工程施工简介(8)	图号	5-3

原木、竹构件工程施工简介

序号	项目	说明
1	构件制作	园林景观工程中需要按要求预先制作的建筑物或构筑物部件称为预制构件。预制构件可分为以下6类： (1)桩类。方桩、空心桩、桩尖。 (2)柱类。矩形桩、异形桩。 (3)梁类。矩形梁、异形梁、过梁、拱形梁、鱼腹式吊车梁、风道梁。 (4)屋架类。屋架(拱、梯形、组合、薄腹、三角形)、门式刚架、天窗架。 (5)板类。F形板、平板、空心板、槽形板、大型屋面板、拱形屋面板、折板、双T板、大楼板、大墙板、大型多孔墙面板等20种。 (6)其他类。檩条、雨篷、阳台、楼梯段、楼梯踏步、楼梯斜梁等近20种
2	构件安装	构件安装是指将原木、竹构件用人工或机械吊装组合成架。架的安装主要包括构件的翻身、就位、加固、安装、校正、垫实结点、焊接或紧固螺栓等，不包括构件连接处的填缝灌浆
3	刷防护材料	原木、竹构件制作安装好之后，应涂刷防护材料，具体操作工艺如下： (1)基层处理。清扫、起钉子、除油污、刮灰土，刮时不要刮出木毛并防止刮坏抹灰面层；铲去脂囊，将脂迹刮净，流松香的节疤挖掉，较大的脂囊应用木纹相同的材料和胶镶嵌；磨砂纸，先磨线角后磨四口平面，顺木纹打磨，有小块翘皮用小刀撕掉，有重皮的地方用小钉子钉牢固；点漆片，在木节疤和油迹处，用酒精漆片点刷。 (2)刷底子油。 1)刷清油一遍。清油用汽油、光油配粉，略加一些红土子(避免漏刷不好区分)。 2)抹腻子。腻子的重量配合比为石膏粉∶熟桐油∶水＝20∶7∶50。待清油干透后，将钉孔、裂缝、节疤以及边棱残缺处，用石膏油腻子刮抹平整，腻子要横抹竖起，将腻子刮入钉孔或裂纹内。 3)磨砂纸。腻子干透后，用1号砂纸打磨，磨法与底层磨砂纸相同，注意不要磨穿油膜并保护好棱角，不留野腻子痕迹。磨完后应打扫干净，并用潮布将磨下粉末擦净。 (3)刷第一遍油漆。 1)刷铅油。将色铅油、光油、清油、汽油、煤油等(冬季可加入适量催干剂)混合在一起搅拌过箩。调配各种所需颜色的铅油涂料，其稠度以达到盖底、不流淌、不显刷痕为准。厚薄要均匀。 2)抹腻子。 3)磨砂纸。 (4)刷第二遍油漆。 (5)刷最后一遍油漆

图名	原木、竹构件工程施工简介	图号	5-4

景亭工程施工简介(1)

序号	项目	说明
1	施工准备	根据施工方案配备好施工技术人员、施工机械及施工工具，按计划购进施工材料。认真分析施工图，对施工现场进行详细踏勘，做好施工准备
2	施工放线	在施工现场引进高程标准点后，用方格网控制出建筑基面界线，然后按照基面界线外边各加1～2mm，放出施工土方开挖线。放线时注意区别桩的标志，如角桩、台阶起点桩、柱桩等
3	地基与基础施工	(1)备料。按要求准备砖石、水泥、细砂、粒料，以配置适当强度的混凝土，还有U形混凝土膨胀剂、加气剂、氯化钙促凝剂、缓凝剂、着色剂等添加剂。 基础用混凝土必须采用42.5级以上的水泥，水灰比≤0.55，骨料直径不大于40mm，吸水率不大于15%。注意按施工图准备好钢筋。 (2)放线。严格根据建筑设计施工图纸定点放线。外沿各边需加宽，用石灰或黄砂放出起挖线，打好边界桩，并标记清楚。为使施工方便，方形地基角度处要校正；圆形地基应先定出中心点，再用线绳以该点为圆心，建筑投影宽的一半为半径，画圆，用石灰标明，即可放出圆形轮廓。 根据现场施工条件确定挖方方法。开挖时一定要注意基础厚度及加宽要求。挖至设计标高后，基底应整平并夯实，再铺上一层碎石为底座。 基底开挖有时会遇到排水问题，一般可采用基坑排水，这种施工方法简单而经济。在土方开挖过程中，沿基坑边挖成临时性的排水沟，相隔一定距离，在底板范围外侧设置集水井，用人工或机械抽水，使地下水位经常处于土表面以下60cm处，如地下水位较高，为降低地下水位应采用深井抽水
4	屋架(亭身)施工	传统亭榭主要是将预制木构件运到现场进行安装。在加工构件时，每一个构件都要标上相应的记号。到现场安装时，要依据记号位置进行架构。安装的次序是先里后外，先下后上。为保证建筑构架的端正稳定固定，需要随时测量、校正。 钢筋混凝土亭榭的浇注则应仔细核对钢筋的配置、混凝土的强度与配比、梁柱板等构件的图纸尺寸，检查模板是否已经固定，混凝土浇筑时要注意是否允许有浇筑缝等

图名	景亭工程施工简介(1)	图号	5-5

景亭工程施工简介(2)

序号	项目	说明
5	屋面(亭顶)施工	传统亭榭屋顶的构架部分属于大木,在屋面施工之前要仔细阅读技术文件,注意各层铺筑的技术要求及屋脊、宝顶的安装要求顺序铺设,保证质量。 现代亭榭的屋顶施工往往是指亭顶的整体制作,因此,要详细了解屋顶和屋身的结构和联系方法,了解安装或浇筑的技术要求,了解施工的顺序和步骤,准备相应的建筑材料,按照设计要求顺序进行。施工中注意安全
6	装饰施工	传统亭榭所说的装修主要指栏杆和挂落,其加工与其他建筑构件一样,并不在施工现场,所以现场的装修工程只是将成型的栏杆、挂落安装就位。 现代亭榭的装修施工除了装修的传统含义外,还包括装饰的内容,例如仿竹亭的装修是将亭顶屋面进行仿竹处理,屋面进行分垅、抹彩色水泥浆,压光出亮,再分竹节、抹竹芽,将亭顶脊梁做成仿竹杆或仿拼装竹片等,仿树皮亭则在亭顶屋面分段,压抹仿树皮色
7	成品保养	施工结束后,还需一段保养期。混凝土亭榭尚未达到一定强度时不得上人踩踏,在此期间主要应注意以下几个方面: (1)施工中不得污染已做完的成品,对已完工程应进行保护。若施工时污染,应及时清理干净。 (2)拆除架子时,注意不要碰坏亭身和亭屋顶。 (3)其他专业的吊挂件不得吊于已安装好的木骨架上。 (4)在运输、保管和施工过程中必须采取措施应避免装饰材料和饰件以及饰面的构件受损和变质。 (5)认真贯彻合理的施工顺序,以避免工序原因污染、损坏已完成的部分成品。 (6)油漆粉刷时不得将油漆喷滴在已完成的饰面砖上。 (7)对刷油漆的亭子,刷前首先清理好周围环境,防止尘土飞扬、影响油漆质量。 (8)油漆完成后应派专人负责看管,禁止摸碰

图名	景亭工程施工简介(2)	图号	5-5

游廊工程施工简介

序号	项　目	说　　明
1	概述	古代的私家园林，占地及亭台楼阁的尺度相应比较小，游廊进深一般仅 1.1m 左右，最窄的只有 950mm。现代公园、绿地的游廊尺度要适当放大，但也须控制在适当的范围内
2	半廊	由于排水的需要，半廊外观靠墙做单坡顶，其内部实际也是两坡，因此结构稍微复杂一点。内、外两柱一高一低，横梁一端插入内柱，另一端架于外柱上，梁上立短柱。外侧横梁端部、短柱之上及内柱顶端架檩条，上架椽，覆望板、屋面。内柱位于横梁之上边一檩条，上架椽子、覆望板，使之形成内部完整的两坡顶
3	空廊	空廊仅为左右两柱，上架横梁，梁上立短柱，短柱之上及横梁两端架檩条联系两榀梁架，最后檩条上架椽，覆望板、屋面即可。如果进深较宽，檐口较高，则梁下可以支斜撑。这既有加固的作用，同时也有装饰游廊空间的作用
4	复廊	复廊较宽，中柱落地，前后中柱间砌墙，两侧廊道做法同半廊相似，也可以同空廊相似
5	爬山廊	爬山廊构造与半廊、空廊完全相同，只是地面与屋面同时作倾斜、转折。跌落式爬山廊的地面与屋面均为水平，低的廊段上檩条一端插在高的一端廊段的柱上，另一端架于柱上，由此形成层层跌落之形。与前空廊、半廊和复廊游廊稍有不同的是，架于柱上的檩条要伸出柱头，使之形成类似悬山的屋顶，为避免檩头遭雨淋而损坏，对伸出部分还需用博风板封护
6	复道廊	复道廊分上、下两层，立柱大多上下贯通，少数上下分开。上层结构与空廊或半廊相同，上层柱高仅为下层的 0.8 倍

图名	游廊工程施工简介	图号	5-6

花架及小品工程施工简介(1)

序号	项 目	说 明
1	花架及小品工程概述	花架是指攀缘植物的棚架，可供人休息、赏景之用。花架造型灵活、轻巧，本身也是观赏对象，有直线式、曲线式、折线式、双臂式、单臂式等，它与亭、廊组合能使空间丰富多变，人们在其中活动，极为自然。花架还具有组织园林空间，划分景区，增加风景深度的作用。布置花架时，一是要格调清新；二是要注意与周围建筑与植物在风格上的统一。我国古典园林应用花架不多，因其与山水风格不尽相同，但在现代园林中因新材料（主要是钢筋混凝土）的广泛应用和各国园林风格的吸收融合，花架这一小品形式被造园者所乐用。 园林建筑小品是指园林中体量小巧、数量多、分布广、功能简明、造型别致，具有较强的装饰性，且富有情趣的精美设施。园林建筑小品的作用主要表现在满足人们休息、娱乐、游览、文化、宣传等活动要求方面，它既有使用功能，又可观赏，美化环境，并且是环境美化的重要因素。园林建筑小品类型很多，可概括为以下2类： (1)传统园林建筑小品。传统园林建筑小品主要有古典亭、廊、台阶、园墙、景门、景窗、水池等。 (2)现代园林建筑小品。现代园林建筑小品主要有花架、现代喷泉水池、花盆、花钵、桌、椅、灯具等。 传统园林建筑小品与现代园林建筑小品在形式、材料、构造等方面既有一定的联系，又有不同之处。在表现形式上，传统园林建筑小品，多以细腻、变化素雅取胜，现代园林建筑多以简洁、明了、抽象而见长
2	模板制作	(1)对预制模板进行刨光，所用的木材，大部分为松木与杉木，松木又分为红松、白松（包括鱼鳞云杉、红皮云杉及臭冷杉等）、落叶松、马尾松等。 (2)配制模板，要考虑木模板的尺寸大小，要满足模板拼装接合的需要，适当地加长或缩短一部分长度

图名	花架及小品工程施工简介(1)	图号	5-7

花架及小品工程施工简介(2)

序号	项　目	说　　明
2	模板制作	(3)拼制木模板,板边要找平,刨直,接缝严密,不漏浆。 木料上有节疤、缺口等疵病的部位,应放在模板反面或者截去。钉子长度一般宜为木板厚度的2～2.5倍。每块板在横挡处至少要钉两个钉子,第二块板的钉子要朝向第一块模板方向斜钉,使拼缝严密
3	构件场内运输	(1)构件场内运输是将构件由堆放场地或加工厂运至施工现场的过程。其运输工程量按构件图示尺寸,以实体积 m^3 计算。 (2)构件安装分为预制混凝土构件安装和金属结构构件安装,其中预制混凝土构件安装包括构件翻身、就位、加固、安装、校正、垫实结点、焊接或紧固螺栓等,但不包括构件连接处填缝灌浆;金属结构构件安装包括构件加固、吊装校正、拧紧螺栓、电焊固定、翻身就位等
4	校正焊接	构件在安装过程中可能会出现误差,如构件大小不合要求、构件结构松散等,必须通过焊接对其进行校正。 (1)焊接有氧乙炔焊和电弧焊,一般适用于不镀锌钢筋,很少用于镀锌钢管,因为焊接时镀锌层易破坏脱落加快锈蚀。 (2)气焊是利用氧气和乙炔气体混合燃烧所产生的高温火焰来熔接构件接头处。 (3)电弧焊是利用电弧把电能转化为热能,使焊条金属和母材熔化形成焊缝的一种焊接方法。电弧焊所用的电焊机分交流电焊机和直流电焊机两种,交流电焊机多用于碳素钢的焊接;直流电焊机多用于不锈耐酸钢和低合金钢的焊接。电弧焊所用的电焊机、电焊条品种规格很多,使用时要根据不同的情况进行适当的选择

图名	花架及小品工程施工简介(2)	图号	5-7

花架及小品工程施工简介(3)

序号	项目	说明
4	校正焊接	(4)此外还有氩弧焊,是用氩气作保护气体的一种焊接方法。在焊接过程中氩气在电弧周围形成气体保护层,使焊接部位、钨极端间和焊丝不与空气接触。由于氩气是惰性气体,它不与金属发生化学作用,因此,在焊接过程中焊件和焊丝中的合金元素不易损坏,又由于氩气熔于金属,因此不产生气孔。由于它的这些特点,采用氩气焊接可以得到高质量的焊缝。 有些钢材焊接难度大,要求质量高,为了防止焊缝脊面产生氧化、穿瘤、气孔等缺陷,在氩弧焊打底焊接的同时,要求在管内充氩气保护
5	氩电联焊	氩电联焊是一个焊缝的底部和上部分别采用两种不同的焊接方法,即焊接缝底部采用氩弧焊打底,焊缝上部采用电弧焊盖面,这种焊接方法既能保证焊缝的质量,又能节省费用,因此,在钢构件的焊接中被广泛使用
6	搭拆架子	有些构件由于结构复杂、杆件较多或加工工艺要求等原因,不能整体制作而必须分件加工制作。在安装前,先将各个杆(构)件组装成符合设计要求的完整构件,而且必须在拼装之前或组装过程中搭好架子,拼装完以后对其进行拆除,最后才是构件的安装
7	砖砌小品	砖砌小品是用砖砌块砌成的具有一定观赏功能、休憩功能的园林构筑物或建筑物,如园椅、园凳等

图名	花架及小品工程施工简介(3)	图号	5-7

喷泉工程施工简介(1)

序号	项目	说明
1	概述	喷泉也称喷水，是由压力水喷出后形成各种喷水姿态，用于观赏的动态水景，起装饰点缀园景的作用，深得人们的喜爱。随着时代的发展，喷泉在现代公园、宾馆、商贸中心、影剧院、广场、写字楼等处，配合雕塑小品，与水下彩灯、音乐共同构成令人朝气蓬勃、欢乐振奋的园林水景。喷泉还能增加空气中的负离子，具有卫生保健之功效，备受青睐
2	喷泉的类型	喷泉是园林理水造景的重要形式之一。喷泉常应用于城市广场、公共建筑庭园、园林广场，或作为园林的小品，广泛应用于室内外空间。喷泉有很多种类，大体可以分为以下几种类型： (1)普通装饰性喷泉。由各种普通的水花图案组成的固定喷水型喷泉。 (2)与雕塑结合的喷泉。喷泉的各种喷水花型与雕塑、水盘、观赏柱等共同组成景观。 (3)水雕塑。用人工或机械塑造出各种抽象的或具象的喷水水形，其水形呈某种艺术性“形体”的造型。 (4)自控喷泉。利用各种电子技术，按设计程序来控制水、光、音、色的变化，从而形成变幻多姿的奇异水景
3	喷头的类型	(1)蒲公英型喷头。这种喷头是在圆球形壳体上，装有很多同心放射状喷管，并在每个管头上装有一个半球形变形喷头。因此，它能喷出像蒲公英一样美丽的球形或半球形水花，它可以单独使用，也可以几个喷头高低错落地布置，显得格外新颖、典雅。 (2)吸力喷头。此种喷头是利用压力水喷出时，在喷嘴的喷口处附近形成负压区，由于压差的作用，它能把空气和水吸入喷嘴外的环套内，与喷嘴内喷出的水混合后一并喷出。这时水柱的体积膨大，同时因为混入大量细小的空气泡，形成白色不透明的水柱，它能充分地反射阳光，因此光彩艳丽。夜晚如有彩色灯光照明则更为光彩夺目。 (3)组合式喷头。由两种或两种以上形态各异的喷嘴，根据水花造型的需要，组合成一个大喷头，叫组合式喷头，它能够形成较复杂的花形

图名	喷泉工程施工简介(1)	图号	5-8

喷泉工程施工简介(2)

序号	项目	说明
4	喷泉管道布置	(1)喷泉管道要根据实际情况布置。装饰性小型喷泉,其管道可直接埋入土中,或用山石、矮灌木遮盖。大型喷泉,分主管和次管,主管要敷设在可通行人的地沟中,为了便于维修应设检查井;次管直接置于水池内。管网布置应排列有序,整齐美观。 (2)环形管道最好采用十字形供水,组合式配水管宜用分水箱供水,其目的是要获得稳定等高的喷流。 (3)为了保持喷水池正常水位,水池要设溢水口。溢水口面积应是进水口面积的 2 倍,要在其外侧配备拦污栅,但不得安装阀门。溢水管要有 3%的顺坡,直接与泄水管连接。 (4)补给水管的作用是启动前的注水及弥补池水蒸发和喷射的损耗,以保证水池正常水位。补给水管与城市供水管相连,并安装阀门控制。 (5)泄水口要设于池底最低处,用于检修和定期换水时的排水。管径 100mm 或 150mm,也可按计算确定,安装单向阀门,和公园水体和城市排水管网连接。 (6)连接喷头的水管不能有急剧变化,要求连接管至少有 20 倍其管径的长度。如果不能满足时,需安装整流器。 (7)喷泉所有的管线都要具有不小于 2%的坡度,便于停止使用时将水排空;所有管道均要进行防腐处理;管道接头要严密,安装必须牢固。 (8)管道安装完毕后,应认真检查并进行水压试验,保证管道安全,一切正常后再安装喷头。为了便于水型的调整,每个喷头都应安装阀门控制
5	喷水池施工	水池由基础、防水层、池底、池壁、压顶等部分组成。 (1)基础。基础是水池的承重部分,由灰土和混凝土层组成。施工时先将基础底部素土夯实(密实度不得小于 85%);灰土层一般厚 30cm(3 份石灰 7 份中性黏土);C10 混凝土垫层厚 10～15cm

图名	喷泉工程施工简介(2)	图号	5-8

喷泉工程施工简介(3)

序号	项　目	说　　明
5	喷水池施工	(2)防水层。水池工程中，防水工程质量的好坏对水池安全使用及其寿命有直接影响，因此正确选择和合理使用防水材料是保证水池质量的关键。 目前，水池防水材料种类较多，如按材料分，主要有沥青类、塑料类、橡胶类、金属类、砂浆、混凝土及有机复合材料等；如按施工方法分，有防水卷材、防水涂料、防水嵌缝油膏和防水薄膜等。 1)沥青材料。主要有建筑石油沥青和专用石油沥青两种。专用石油沥青可在音乐喷泉的电缆防潮防腐中使用。建筑石油沥青与油毡结合形成防水层。 2)防水卷材。品种有油毡、油纸、玻璃纤维毡片、三元乙丙再生胶及603防水卷材等。其中油毡应用最广，三元乙丙再生胶用于大型水池、地下室、屋顶花园做防水层效果较好；603防水卷材是新型防水材料，具有强度高、耐酸碱、防水防潮、不易燃、有弹性、寿命长、抗裂纹等优点，且能在−50～80℃环境中使用。 3)防水涂料。常见的有沥青防水涂料和合成树脂防水涂料两种。 4)防水嵌缝油膏。主要用于水池变形缝防水填缝，种类较多。按施工方法的不同分为冷用嵌缝油膏和热用灌缝胶泥两类：其中上海油膏、马牌油膏、聚氯乙烯胶泥、聚氯酯沥青弹性嵌缝胶等性能较好，质量可靠，使用较广。 5)防水剂和注浆材料。防水剂常用的有硅酸钠防水剂、氯化物金属盐防水剂和金属皂类防水剂。注浆材料主要有水泥砂浆、水泥玻璃浆液和化学浆液三种。 水池防水材料的选用，可根据具体要求确定，一般水池用普通防水材料即可。钢筋混凝土水池也可采用抹5层防水砂浆(水泥加防水粉)做法。临时性水池还可将吹塑纸、塑料布、聚苯板组合起来使用，也有很好的防水效果。 (3)池底。池底直接承受水的竖向压力，要求坚固耐久，多用钢筋混凝土池底，一般厚度大于20cm，如果水池容积大，要配双层钢筋网。施工时，每隔20m选择最小断面处设变形缝(伸缩缝、防震缝)，变形缝用止水带或沥青麻丝填充。每次施工必须由变形缝开始，不得在中间留施工缝，以防漏水

图名	喷泉工程施工简介(3)	图号	5-8

喷泉工程施工简介(4)

序号	项　目	说　　明
5	喷水池施工	(4)池壁。池壁是水池的竖向部分,承受池水的水平压力,水愈深容积愈大,压力也愈大。池壁一般有砖砌池壁、块石池壁和钢筋混凝土池壁 3 种。壁厚视水池大小而定,砖砌池壁一般采用标准砖、M7.5 水泥砂浆砌筑,壁厚不小于 240mm。砖砌池壁虽然具有施工方便的优点,但红砖多孔,砌体接缝多,易渗漏,不耐风化,使用寿命短。块石池壁自然朴素,要求垒砌严密,勾缝紧密。混凝土池壁用于厚度超过 400mm 的水池,C20 混凝土现场浇筑。 (5)压顶。属于池壁最上部分,其作用为保护池壁,防止污水泥沙流入池中,同时也防止池水溅出。对于下沉式水池,压顶至少要高于地面 5～10cm;而当池壁高于地面时,压顶做法必须考虑环境条件,要与景观相协调,可做成平顶、拱顶、挑伸、倾斜等多种形式。压顶材料常用混凝土和块石。 完整的喷水池还必须设有供水管、补给水管、泄水管和溢水管及沉泥池。管道穿过水池时,必须安装止水环,以防漏水。供水管、补给水管安装调节阀;泄水管配单向阀门,防止反向流水污染水池;溢水管无须安装阀门,连接于泄水管单向阀后直接与排水管网连接。沉泥池应设于水池的最低处并加过滤网
6	喷泉电缆	(1)电缆保护管安装。直埋电缆敷设在下列部位处应穿管保护电缆: 1)电缆遇到铁路、公路、城市街道、有行车要求的公园主要道路,应穿钢管或水泥管保护。电缆管的两端宜伸出道路两边各 2m,伸出排水沟 0.5m。 2)直埋电缆进入电缆沟、隧道、人井等时,应穿在管中。 3)电缆需从直埋电缆沟引出地面(如引到电杆上时,为防止机械损伤,在地面上 2m 一段采用金属管加以保护,保护钢管应伸入地面以下 0.1m 以上)。 4)保护管的埋设深度应≥0.7m;在人行道下面敷设时,不应小于 0.5m

图名	喷泉工程施工简介(4)	图号	5-8

喷泉工程施工简介(5)

序号	项　目	说　　　明
6	喷泉电缆	5)直埋电缆保护管引进电缆沟、隧道、人井及建筑物时，管口应加以封堵，以防渗水。管口封堵的方法，可以在管口填以油麻，然后在管口内浇筑沥青，或者用水泥白灰等将管口堵严。 (2)电缆敷设。 1)敷设电缆时应把电缆按其实际长短相互配合，通盘计划，避免浪费。 2)施放电缆应有专人检查、专人领线，在一些重要的转弯处，均应配备具有敷设经验的电缆工，以免影响敷设质量。一根电缆敷设完毕后，应立即沿路进行整理、挂牌，切忌等大批电缆敷设完后，再一次性整理。这样做可保证电缆敷设得整齐美观，挂牌正确，避免差错。 3)在电缆敷设中应特别注意转弯部分，尤其在十字交叉处，最容易造成严重的交叉重叠，因此要力求把分向一边的电缆一次敷设，分向另一边的电缆再作一次敷设，转弯时所有电缆应一致，以求美观。如果由于工程进度需要或其他原因，一个断面内排列的电缆不能一次敷设完毕时，应把暂时不能敷设的电缆的位置空留出来，待以后敷设时仍放原来位置，不可让别的电缆占据该空位，以免造成紊乱。 4)配电盘(柜)下的电缆，在敷设完后，应马上进行整理并加以固定，待制作电缆头时再将电缆卡子松开，以便进行施工
7	喷泉的照明	水上照明，灯具多安装于邻近的水上建筑设备上，此方式可使水面照度分布均匀，但往往使人们眼睛直接或通过水面反射间接地看到光源，使眼睛产生眩光，此时应加以调整。 水下照明，灯具多置于水中，导致照明范围有限。灯具为隐蔽和发光正常，安装于水面以下100～300mm为佳。水下照明可以欣赏水面波纹，并且由于光是由喷水下面照射的，因此，当水花下落时，可以映出闪烁的光

图名	喷泉工程施工简介(5)	图号	5-8

喷泉工程施工简介(6)

序号	项　目	说　　明
7	喷泉的照明	(1)灯具。喷泉常用的灯具,从外观和构造来分类,可以分为灯在水中照明的简易型灯具和密闭型灯具两种。 1)简易型灯具灯的颈部电线进口部分备有防水机构,使用的灯泡限定为反射型灯泡,而且设置地点也只限于人们不能进入的场所。其特点是采用小型灯具,容易安装。 2)密闭型灯具有多种类型的光源,而且每种灯具限定了所使用的灯。例如,有防护式柱形灯、反射型灯、汞灯、金属卤化物灯等光源的照明灯具等。 (2)滤色片。当需要进行色彩照明时,在滤色片的安装方法上有固定在前面玻璃处的和可变换的(滤色片旋转起来,由一盏灯而使光色自动地依次变化),一般使用固定滤色片的方式。 (3)喷水池和瀑布的照明。 1)对喷射的照明。在水流喷射的情况下,将投光灯具装在水池内的喷口后面或装在水流重新落到水池内的落下点下面,或者在这两个地方都装上投光灯具。 水离开喷口处的水流密度最大,当水流通过空气时会产生扩散。由于水和空气有不同的折射率,使投光灯的光在进出水柱时产生二次折射。在"下落点",水已变成细雨一般,投光灯具装在离下落点大约 10cm 的水下,使下落的水珠产生闪闪发光的效果。 2)瀑布的照明。对瀑布进行投光照明的方法如下: ①对于水流和瀑布,灯具应装在水流下落处的底部。 ②输出光通应取决于瀑布的落差和与流量成正比的下落水层的厚度,还取决于流出口的形状所造成水流的散开程度。 ③对于流速比较缓慢,落差比较小的阶梯式水流,每一阶梯底部必须装有照明。线状光源(荧光灯、线状的卤素白炽灯等)最适合于这类情形

图名	喷泉工程施工简介(6)	图号	5-8

喷泉工程施工简介(7)

序号	项　目	说　　明
7	喷泉的照明	④由于下落水的重量与冲击力，可能冲坏投光灯具的调节角度和排列，所以必须牢固地将灯具固定在水槽的墙壁上或加重灯具。 ⑤具有变色程序的动感照明，可以产生一种固定的水流效果，也可以产生变化的水流效果
8	电气控制柜	(1)测量定位。按设计施工图纸所标定位置及坐标方位、尺寸进行测量放线，确定设备安装的底盘线和中心线。同时，应复核预埋件的位置尺寸和标高以及预埋件规格和数量，如出现异常现象应及时调整，确保设备安装质量。 (2)基础型钢安装。 1)预制加工基础型钢架。型钢的型号、规格应符合设计要求。按施工图纸要求进行下料和调查后，组装加工成基础型钢架，并应刷好防锈涂料。 2)基础型钢架安装。按测量放线确定的位置，将已预制好的基础型钢架稳放在预埋铁件上，用水准仪或水平尺找平、找正。找平过程中，需用垫铁垫平，但每组垫铁不得超过3块。然后，将基础型钢架、预埋件、垫铁用电焊焊牢。基础型钢架的顶部应高出地面10mm。 3)基础型钢架与地线连接。将引进室内的地线扁钢，与型钢结构基架的两端焊牢，焊接面为扁钢宽度的两倍，然后，将基础型钢架涂刷两道灰色油性涂料。 (3)柜(盘)就位。 1)运输。通常应清理干净，保证平整畅通。水平运输应由起重工作业、电工配合。应根据设备实体采用合适的运输方法，确保设备安全到位。 2)就位。首先，应严格控制设备的吊点，柜(盘)顶部有吊环者，应充分利用吊环将吊索穿入吊环内。无吊环者，应将吊索挂在四角的主要承重结构处，然后，试吊检查受力吊索力的分布是否均匀一致，以防柜体受力不均产生变形或损坏部件。起吊后必须保证柜体平稳、安全、准确就位

图名	喷泉工程施工简介(7)	图号	5-8

喷泉工程施工简介(8)

序号	项 目	说 明
8	电气控制柜	3)应按施工图纸的布局,按顺序将柜坐落在基础型钢架上。 4)柜(盘)就位,找正、找平后,应将柜体与柜体、柜体与侧挡板均用镀锌螺丝连接。 5)接地。柜(盘)接地,每台柜(盘)应单独与基础型钢架连接。在柜后面的型钢架侧面焊上鼻子,用6mm铜线与柜(盘)上的接地端子连接牢固。 (4)母带安装。 1)柜(盘)骨架上方母带安装,必须符合设计要求。 2)端子安装应牢固,端子排列有序,间隔布局合理,端子规格应与母带截面相匹配。 3)母带与配电柜(盘)骨架上方端子和进户电源线端子连接牢固,应采用镀锌螺栓紧固,并应有防松措施。母带连接固定应排列整齐,间隔适宜,便于维修。 4)母带绝缘电阻必须符合设计要求。橡胶绝缘护套应与母带匹配,严禁松动脱落和破损酿成漏电缺陷。 5)柜上母带应设防护罩,以防止上方坠落金属物而使母带短路的恶性事故。 (5)二次回路结线。 1)按柜(盘)工作原理图逐台检查柜(盘)上的全部电器元件是否相符,其额定电压和控制、操作电压必须一致。 2)控制线校线后,将每根芯线煨成圆形,用镀锌螺丝、垫圈、弹簧垫连接在每个端子板上。并应严格控制端子板上的接线数量,每侧一般一端子压一根线,最多不得超过两根,必须在两根线间加垫圈。多股线应涮锡,严禁产生断股缺陷。 3)二次回路线绝缘测试。用500V摇表测试端子板上每条回路的电阻,其电阻值必须大于0.5MΩ。 4)模拟试验。根据设计规定和技术资料的相关要求,分别模拟试验控制、连锁和操作系统、继电保护和信号动作。应正确无误,灵敏可靠

图名	喷泉工程施工简介(8)	图号	5-8

水池工程施工简介(1)

序号	项 目	说 明
1	刚性材料水池	刚性材料水池一般施工工艺如下： (1)放样。按设计图纸要求放出水池的位置、平面尺寸、池底标高对桩位。 (2)开挖基坑。一般可采用人工开挖，如水面较大也可采用机挖，为确保池底基土不受扰动破坏，机挖必须保留 200mm 厚度，由人工修整。需设置水生植物种植槽的，在放样时应明确，以防超挖而造成浪费。种植槽深度应视设计种植的水生植物特性决定。 (3)做池底基层。一般硬土层上只需用 C10 素混凝土找平约 100mm 厚，然后在找平层上浇捣刚性池底；如土质较松软，则必须经结构计算后设置块石垫层、碎石垫层、素混凝土找平层后，方可进行池底浇捣。 (4)池底、壁结构施工。按设计要求，用钢筋混凝土作结构主体的，必须先支模板，然后扎池底、壁钢筋；两层钢筋间需采用专用钢筋撑脚支撑，已完成的钢筋严禁踩踏或堆压重物。 浇捣混凝土需先底板、后池壁；如基底土质不均匀，为防止不均匀沉降造成水池开裂，可采用橡胶止水带分段浇捣；如水池面积过大，可能造成混凝土收缩裂缝的，则可采用后浇带法解决。 如要采用砖、石作为水池结构主体的，必须采用 M7.5～M10 水泥砂浆砌筑底，灌浆饱满密实，在炎热天要及时洒水养护砌筑体。 (5)水池粉刷。为保证水池防水可靠，在做装饰前，首先应做好蓄水试验，在灌满水 24h 后未有明显水位下降后，即可对池底、壁结构层采用防水砂浆粉刷，粉刷前要将池水放干清洗，不得有积水、污渍，粉刷层应密实牢固，不得出现空鼓现象

图名	水池工程施工简介(1)	图号	5-9

水池工程施工简介(2)

序号	项目	说明
2	柔性材料水池	柔性材料水池一般施工工序如下： (1)放样、开挖基坑要求与刚性水池相同。 (2)池底基层施工。在地基土条件极差(如淤泥层很深，难以全部清除)的条件下，才有必要考虑采用刚性水池基层的做法。 不做刚性基层时，可将原土夯实整平，然后在原土上回填300～500mm的黏性黄土压实，即可在其上铺设柔性防水材料。 (3)水池柔性材料的铺设。铺设时应从最低标高开始向高标高位置铺设。在基层面应先按照卷材宽度及搭接长度要求弹线，然后逐幅分割铺贴，搭接也要用专用胶粘剂涂满后压紧，防止出现毛细缝。卷材底空气必须排出，最后在每个搭接边再用专用自粘式封口条封闭。一般搭接边长边不得小于80mm，短边不得小于150mm。 如采用膨润土复合防水垫，铺设方法和一般卷材类似，但卷材搭接处需满足搭接200mm以上，且搭接处按0.4kg/m铺设膨润土粉压边，防止渗漏产生。 (4)柔性水池完成后，为保护卷材不受冲刷破坏，一般需在面上铺压卵石或粗砂作保护
3	水池的给排水系统	(1)给水系统。水池的给排水系统主要有直流给水系统、陆上水泵循环给水系统、潜水泵循环给水系统和盘式水景循环给水系统等4种形式。 (2)排水系统。为维持水池水位和进行表面排污，保持水面清洁，水池应有溢流口。常用的溢流形式有堰口式、漏斗式、管口式和连通管式等，如图1所示。大型水池宜设多个溢流口，均匀布置在水池中间或周边。溢流口的设置不能影响美观，并要便于清除积污和疏通管道，为防止漂浮物堵塞管道，溢流口要设置格栅，格栅间隙应不大于管径的1/4

图名	水池工程施工简介(2)	图号	5-9

水池工程施工简介(3)

序号	项　目	说　　明
3	水池的给排水系统	为便于清洗、检修和防止水池停用时水质腐败或池水结冰，影响水池结构，池底应有0.01的坡度，坡向泄水口。若采用重力泄水有困难时，在设置循环水泵的系统中，也可利用循环水泵泄水，并在水泵吸水口上设置格栅，以防水泵装置和吸水管堵塞，一般栅条间隙不大于管道直径的1/4

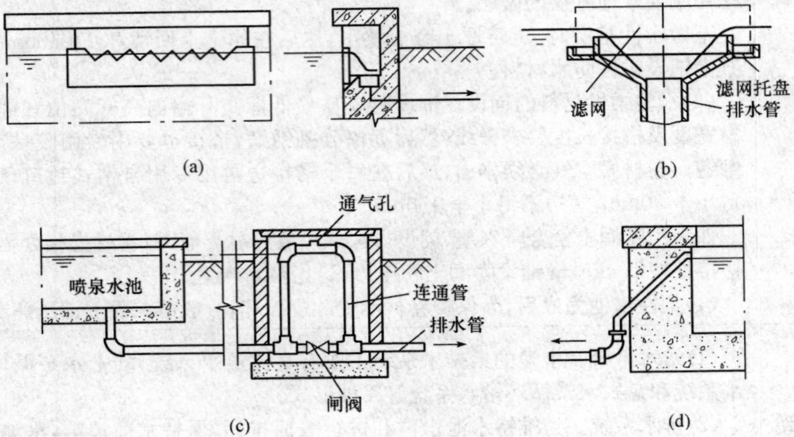

图1　水池各种溢流口

(a)堰口式；(b)漏斗式；(c)连通管式；(d)管口式

水池工程施工简介(4)

序号	项目	说明
4	室外水池防冻	在我国北方冰冻期较长，对于室外园林地下水池的防冻处理，就显得十分重要了。若为小型水池，一般是将池水排空，这样池壁处于受力状态使池壁顶部为自由端，池壁底部铰接(如砖墙池壁)或固接(如钢筋混凝土池壁)。空水池壁外侧受土层冻胀影响，池壁承受较大的冻胀推力，严重时会造成水池池壁产生水平裂缝或断裂。 冬季池壁防冻，可在池壁外侧采用排水性能较好的轻骨料如矿渣、焦渣或砂石等，并应解决地面排水，使池壁外回填土不发生冻胀情况，如图 2 所示，池底花管可解决池壁外积水(沿纵向将积水排除)。 在冬季，大型水池为了防止冻胀推裂池壁，可采取冬季池水不撤空，池中水面与池外地坪持平，使池水对池壁压力与冻胀推力相抵消。因此，为了防止池面结冰，胀裂池壁，在寒冬季节，应将池边冰层破开，使池子四周为不结冰的水面 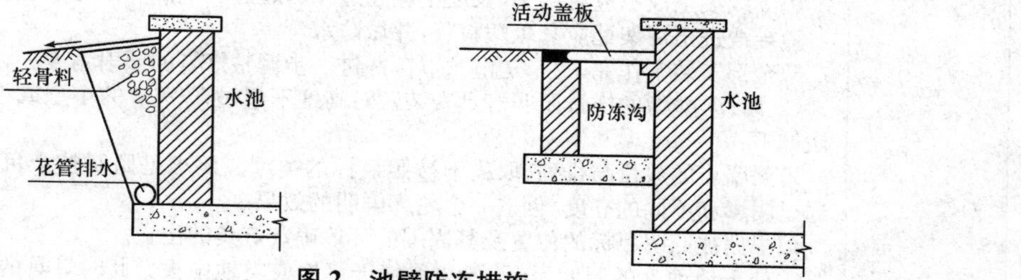 图 2　池壁防冻措施

图名	水池工程施工简介(4)	图号	5-9

园林其他工程施工简介(1)

序号	项　目	说　　明
1	石灯安装	(1)园灯安装。园灯在功能上一方面是保证园路夜间交通安全;另一方面园灯也可结合造景安装,尤其对于夜景,园灯是重要的造景要素。 1)按设计要求测出灯具(灯架)安装高度,在电杆上画出标记。 2)将灯架、灯具吊上电杆(较重的灯架、灯具可使用滑轮、大绳吊上电杆),穿好抱箍或螺栓,按设计要求找好照射角度,调好平整度后,将灯架紧固好。 3)成排安装的灯具其仰角应保持一致,排列整齐。 4)将针式绝缘子固定在灯架上,将导线的一端在绝缘子上绑好回头,并分别与灯头线、熔断器进行连接。将接头用橡胶布和黑胶布半幅重叠各包扎一层。然后,将导线的另一端拉紧,并与路灯干线背扣后进行缠绕连接。 每套灯具的相线应装有熔断器,且相线应接螺口灯头的中心端子。 引下线与路灯干线连接点距杆中心应为400～600mm,且两侧对称一致。 引下线凌空段不应有接头,长度不应超过4m,超过时应加装固定点或使用钢管引线。 5)导线进出灯架处应套软塑料管,并做防水弯。 6)全部安装工作完毕后,送电、试灯,并进一步调整灯具的照射角度。 (2)雕塑、雕像的饰景照明灯具安装。对高度不超过5～6m的小型或中型雕塑,其饰景照明的方法如下: 1)照明点的数量与排列,取决于被照目标的类型。要求是照明整个目标,但不要均匀,其目的是通过阴影和不同的亮度,创造一个轮廓鲜明的效果。 2)根据被照明目标的位置及其周围的环境确定灯具的位置。 ①处于地面上的照明目标,孤立地位于草地或空地中央。此时灯具的安装,尽可能与地面平齐,以保持周围的外观不受影响和减少眩光的危险,也可装在植物或围墙后的地面上

图名	园林其他工程施工简介(1)	图号	5-10

园林其他工程施工简介(2)

序号	项 目	说 明
1	石灯安装	②坐落在基座上的照明目标，孤立地位于草地或空地中央。为了控制基座的亮度，灯具必须放在更远一些的地方。基座的边不能在被照明目标的底部产生阴影，也是非常重要的。 ③坐落在基座上的照明目标，位于行人可接近的地方。通常不能围着基座安装灯具，因为从透视上说距离太近。只能将灯具固定在公共照明杆上或装在附近建筑的立面上，但必须注意避免眩光。 3)对于塑像，通常照明脸部的主体部分以及像的正面。背部照明要求低得多，或在某些情况下，一点都不需要照明。 4)虽然从下往上的照明是最容易做到的，但要注意，凡是可能在塑像脸部产生不愉快阴影的方向都不能施加照明。 5)对某些塑像，材料的颜色是一个重要的要素。一般说，用白炽灯照明有好的显色性。通过使用适当的灯泡——汞灯、金属卤化物灯、钠灯，可以增加材料的颜色。采用彩色照明最好能做一下光色试验。 (3)旗帜的照明灯具安装。 1)由于旗帜会随风飘动，应该始终采用直接向上的照明，以避免眩光。 2)对于装在大楼顶上的一面独立的旗帜，在屋顶上布置一圈投光灯具，圈的大小是旗帜能达到的极限位置。将灯具向上瞄准，并略微向旗帜倾斜。根据旗帜的大小及旗杆的高度，可以用 3～8 只宽光束投光灯照明。 3)当旗帜插在一个斜的旗杆上时，从旗杆两边低于旗帜最低点的平面上分别安装两只投光灯具，这个最低点是在无风情况下来确定的。 4)当只有一面旗帜装在旗杆上，也可以在旗杆上装一圈 PAR 密封型光束灯具。为了减少眩光，这种灯组成的圆环离地至少 2.5m 高，并为了避免烧坏旗帜布料，在无风时，圆环离垂挂的旗帜下面至少有 40cm。 5)对于多面旗帜分别升在旗杆顶上的情况，可以用密封光束灯分别装在地面上进行照明。为了照亮所有的旗帜，不论旗帜飘向哪一方向，灯具的数量和安装位置取决于所有旗帜覆盖的空间

图名	园林其他工程施工简介(2)	图号	5-10

园林其他工程施工简介(3)

序号	项　目	说　　明
2	花坛铁艺栏杆安装	(1)铁栏杆安装。铁栏杆在安装时应注意做好防腐措施,防止铁受到空气、水分、矿物质等的腐蚀在铁栏杆安装时,经过清洗除锈后,应在上面涂刷一层油漆,同时铁栏杆要固定结实,防止脱落。固定连接方式一般采用焊接。浇筑基础时预埋软件,安装时金属栏杆焊在预埋铁件上。也可在基础内预留孔洞,将金属栏杆插入洞内,再浇筑细石混凝土。 (2)涂防护材料。 1)防锈漆。防锈漆是防止金属件锈蚀的一种油漆,主要有油漆和树脂防锈漆两大类。 2)调和漆。调和漆是工程建设中使用最广泛的一种油漆,它是以干性油为主要成膜物质,加入着色颜料、体质颜料、溶剂、催干剂等加工而成。成膜物质中可以有树脂,也可以不含树脂。前者为“磁性调和漆”,后者为“油性调和漆”。油性调和漆具有价格便宜、附着力好、耐候性及漆膜弹性较高等特点。但干燥缓慢、光泽较差
3	标志牌	(1)标志牌制作、安装。标志牌设计上展示小品的尺寸要合理,体量适宜,大小高低应与环境协调。一般小型展面的画面中心离地面高度为1.4～1.6m。面向要以有利于使用或引起游人注意为主。在造型上应注意处理好其观赏价值和内容的关系,片面注意哪一方面均会影响其功能。还应考虑夜间的照明要求,方便游人夜间使用,并且要有防雨措施或耐风吹雨淋的特点,以免损坏。 (2)标志的处理。不同材料制作的标志,处理方法不同。石木标志,一般采用工种方法修饰加工,如雕刻文字、浮雕文字、改变文字和底牌的处理方法(例如粗琢底牌,喷燃文字等)、嵌砌金属等方法。 (3)雕刻。应先把需用工具准备好,并放在手边专用箱内。再检查砖的干燥程度,凡比较潮湿的砖,不易雕刻,雕刻时容易松酥掉块,必须干燥充分。刻字及浮雕比较简单容易。浅雕及深雕必须认真细致,应先凿后刻,先直后斜,再铲、剔、刮平,用刀之手要放低,并以无名指接触砖面掌握力度。锤子下敲时要轻,用力要均匀,先画线凿出一条刀路之后,刀子方可放斜再边凿边铲。根据不同部位用不同工具。雕琢工作是细致的艺术工作,切忌操之过急,应一层层一片片地由浅入深进行,若急于求成,反会弄巧成拙,欲速则不达

图名	园林其他工程施工简介(3)	图号	5-10

堆塑假山工程工程量清单项目设置及工程量计算规则(1)

堆塑假山(编码:050301)

项目编码	项目名称	项目特征	计量单位	工程量计算规则	工作内容
050301001	堆筑土山丘	1. 土丘高度 2. 土丘坡度要求 3. 土丘底外接矩形面积	m^3	按设计图示山丘水平投影外接矩形面积乘以高度的1/3以体积计算	1. 取土、运土 2. 堆砌、夯实 3. 修整
050301002	堆砌石假山	1. 堆砌高度 2. 石料种类、单块重量 3. 混凝土强度等级 4. 砂浆强度等级、配合比	t	按设计图示尺寸以质量计算	1. 选料 2. 起重机搭、拆 3. 堆砌、修整
050301003	塑假山	1. 假山高度 2. 骨架材料种类、规格 3. 山皮料种类 4. 混凝土强度等级 5. 砂浆强度等级、配合比 6. 防护材料种类	m^2	按设计图示尺寸以展开面积计算	1. 骨架制作 2. 假山胎模制作 3. 塑假山 4. 山皮料安装 5. 刷防护材料
050301004	石笋	1. 石笋高度 2. 石笋材料种类 3. 砂浆强度等级、配合比	支	1. 以块(支、个)计量,按设计图示数量计算 2. 以吨计量,按设计图示石料质量计算	1. 选石料 2. 石笋安装
050301005	点风景石	1. 石料种类 2. 石料规格、重量 3. 砂浆配合比	1. 块 2. t		1. 选石料 2. 起重架搭、拆 3. 点石

图名	堆塑假山工程工程量清单项目设置及工程量计算规则(1)	图号	5-11

堆塑假山工程工程量清单项目设置及工程量计算规则(2)

项目编码	项目名称	项目特征	计量单位	工程量计算规则	工作内容
050301006	池、盆景置石	1. 底盘种类 2. 山石高度 3. 山石种类 4. 混凝土砂浆强度等级 5. 砂浆强度等级、配合比	1. 座 2. 个	1. 以块(支、个)计量,按设计图示数量计算 2. 以吨计量,按设计图示石料质量计算	1. 底盘制作、安装 2. 池、盆景山石安装、砌筑
050301007	山(卵)石护角	1. 石料种类、规格 2. 砂浆配合比	m^3	按设计图示尺寸以体积计算	1. 石料加工 2. 砌石
050301008	山坡(卵)石台阶	1. 石料种类、规格 2. 台阶坡度 3. 砂浆强度等级	m^2	按设计图示尺寸以水平投影面积计算	1. 选石料 2. 台阶砌筑

注:1. 假山(堆筑土山丘除外)工程的挖土方、开凿石方、回填等应按现行国家标准《房屋建筑与装饰工程工程量计算规范》(GB 50854)相关项目编码列项。

2. 如遇某些构配件使用钢筋混凝土或金属构件时,应按现行国家标准《房屋建筑与装饰工程工程量计算规范》(GB 50854)或《市政工程工程量计算规范》(GB 50857)相关项目编码列项。

3. 散铺河滩石按点风景石项目单独编码列项。

4. 堆筑土山丘,适用于夯填、堆筑而成。

图名	堆塑假山工程工程量清单项目设置及工程量计算规则(2)	图号	5-11

原木、竹构件工程工程量清单项目设置及工程量计算规则

原木、竹构件(编码:050302)

项目编码	项目名称	项目特征	计量单位	工程量计算规则	工作内容
050302001	原木(带树皮)柱、梁、檩、椽	1. 原木种类 2. 原木直(梢)径(不含树皮厚度) 3. 墙龙骨材料种类、规格 4. 墙底层材料种类、规格 5. 构件联结方式 6. 防护材料种类	m	按设计图示尺寸以长度计算(包括榫长)	1. 构件制作 2. 构件安装 3. 刷防护材料
050302002	原木(带树皮)墙		m^2	按设计图示尺寸以面积计算(不包括柱、梁)	
050302003	树枝吊挂楣子			按设计图示尺寸以框外围面积计算	
050302004	竹柱、梁、檩、椽	1. 竹种类 2. 竹直(梢)径 3. 连接方式 4. 防护材料种类	m	按设计图示尺寸以长度计算	1. 构件制作 2. 构件安装 3. 刷防护材料
050302005	竹编墙	1. 竹种类 2. 墙龙骨材料种类、规格 3. 墙底层材料种类、规格 4. 防护材料种类	m^2	按设计图示尺寸以面积计算(不包括柱、梁)	
050302006	竹吊挂楣子	1. 竹种类 2. 竹梢径 3. 防护材料种类		按设计图示尺寸以框外围面积计算	

注:1. 木构件连接方式应包括开榫连接、铁件连接、扒钉连接、铁钉连接

2. 竹构件连接方式应包括竹钉固定、竹篾绑扎、铁丝连接。

图名	原木、竹构件工程工程量清单项目设置及工程量计算规则	图号	5-12

亭廊屋面工程工程量清单项目设置及工程量计算规则(1)

亭廊屋面(编码:050303)

项目编码	项目名称	项目特征	计量单位	工程量计算规则	工作内容
050303001	草屋面	1. 屋面坡度 2. 铺草种类 3. 竹材种类 4. 防护材料种类	m^2	按设计图示尺寸以斜面计算	1. 整理、选料 2. 屋面铺设 3. 刷防护材料
050303002	竹屋面			按设计图示尺寸以实铺面积计算(不包括柱、梁)	
050303003	树皮屋面			按设计图示尺寸以屋面结构外围面积计算	
050303004	油毡瓦屋面	1. 冷底子油品种 2. 冷底子油涂刷遍数 3. 油毡瓦颜色规格		按设计图示尺寸以斜面计算	1. 清理基层 2. 材料裁接 3. 刷油 4. 铺设
050303005	预制混凝土穹顶	1. 穹顶弧长、直径 2. 肋截面尺寸 3. 板厚 4. 混凝土强度等级 5. 拉杆材质、规格	m^3	按设计图示尺寸以体积计算。混凝土脊和穹顶的肋、基梁并入屋面体积	1. 模板制作、运输、安装、拆除、保养 2. 混凝土制作、运输、浇筑、振捣、养护 3. 构件运输、安装 4. 砂浆制作、运输 5. 接头灌缝、养护

图名	亭廊屋面工程工程量清单项目设置及工程量计算规则(1)	图号	5-13

亭廊屋面工程工程量清单项目设置及工程量计算规则(2)

项目编码	项目名称	项目特征	计量单位	工程量计算规则	工作内容
050303006	彩色压型钢板(夹芯板)攒尖亭屋面板	1. 屋面坡度 2. 穹顶弧长、直径 3. 彩色压型钢(夹芯)板品种、规格 4. 拉杆材质、规格 5. 嵌缝材料种类 6. 防护材料种类	m^2	按设计图示尺寸以实铺面积计算	1. 压型板安装 2. 护角、包角、泛水安装 3. 嵌缝 4. 刷防护材料
050303007	彩色压型钢板(夹芯板)穹顶				
050303008	玻璃屋面	1. 屋面坡度 2. 龙骨材质、规格 3. 玻璃材质、规格 4. 防护材料种类			1. 制作 2. 运输 3. 安装
050303009	木(防腐木)屋面	1. 木(防腐木)种类 2. 防护层处理			1. 制作 2. 运输 3. 安装

注:1. 柱顶石(磉蹬石)、钢筋混凝土屋面板、钢筋混凝土亭屋面板、木柱、木屋架、钢柱、钢屋架、屋面木基层和防水层等,应按现行国家标准《房屋建筑与装饰工程工程量计算规范》(GB 50854)中相关项目编码列项。

2. 膜结构的亭、廊,应按现行国家标准《仿古建筑工程工程量计算规范》(GB 50855)及《房屋建筑与装饰工程工程量计算规范》(GB 50854)中相关项目编码列项。

3. 竹构件连接方式应包括:竹钉固定、竹篾绑扎、铁丝连接。

图名	亭廊屋面工程工程量清单项目设置及工程量计算规则(2)	图号	5-13

花架工程工程量清单项目设置及工程量计算规则(1)

花架(编码:050304)

项目编码	项目名称	项目特征	计量单位	工程量计算规则	工作内容
050304001	现浇混凝土花架柱、梁	1. 柱截面、高度、根数 2. 盖梁截面、高度、根数 3. 连系梁截面、高度、根数 4. 混凝土强度等级	m^3	按设计图示尺寸以体积计算	1. 模板制作、运输、安装、拆除、保养 2. 混凝土制作、运输、浇筑、振捣、养护
050304002	预制混凝土花架柱、梁	1. 柱截面、高度、根数 2. 盖梁截面、高度、根数 3. 连系梁截面、高度、根数 4. 混凝土强度等级 5. 砂浆配合比			1. 模板制作、运输、安装、拆除、保养 2. 混凝土制作、运输、浇筑、振捣、养护 3. 构件运输、安装 4. 砂浆制作、运输 5. 接头灌缝、养护
050304003	金属花架柱、梁	1. 钢材品种、规格 2. 柱、梁截面 3. 油漆品种、刷漆遍数	t	按设计图示尺寸以质量计算	1. 制作、运输 2. 安装 3. 油漆

图名	花架工程工程量清单项目设置及工程量计算规则(1)	图号	5-14

花架工程工程量清单项目设置及工程量计算规则(2)

项目编码	项目名称	项目特征	计量单位	工程量计算规则	工作内容
050304004	木花架柱、梁	1. 木材种类 2. 柱、梁截面 3. 连接方式 4. 防护材料种类	m^3	按设计图示截面乘长度(包括榫长)以体积计算	1. 构件制作、运输、安装 2. 刷防护材料、油漆
050304005	竹花架柱、梁	1. 竹种类 2. 竹胸径 3. 油漆品种、刷漆遍数	1. m 2. 根	1. 以长度计量,按设计图示花架构件尺寸以延长米计算 2. 以根计量,按设计图示花架柱、梁数量计算	1. 制作 2. 运输 3. 安装 4. 油漆

注:花架基础、玻璃天棚、表面装饰及涂料项目应按现行国家标准《房屋建筑与装饰工程工程量计算规范》(GB 50854)中相关项目编码列项。

图名	花架工程工程量清单项目设置及工程量计算规则(2)	图号	5-14

园林桌椅工程工程量清单项目设置及工程量计算规则(1)

园林桌椅(编码:050305)

项目编码	项目名称	项目特征	计量单位	工程量计算规则	工作内容
050305001	预制钢筋混凝土飞来椅	1. 座凳面厚度、宽度 2. 靠背扶手截面 3. 靠背截面 4. 座凳楣子形状、尺寸 5. 混凝土强度等级 6. 砂浆配合比	m	按设计图示尺寸以座凳面中心线长度计算	1. 模板制作、运输、安装、拆除、保养 2. 混凝土制作、运输、浇筑、振捣、养护 3. 构件运输、安装 4. 砂浆制作、运输、抹面、养护 5. 接头灌缝、养护
050305002	水磨石飞来椅	1. 座凳面厚度、宽度 2. 靠背扶手截面 3. 靠背截面 4. 座凳楣子形状、尺寸 5. 砂浆配合比			1. 砂浆制作、运输 2. 制作 3. 运输 4. 安装
050305003	竹制飞来椅	1. 竹材种类 2. 座凳面厚度、宽度 3. 靠背扶手截面 4. 靠背截面 5. 座凳楣子形状 6. 铁件尺寸、厚度 7. 防护材料种类			1. 座凳面、靠背扶手、靠背、楣子制作、安装 2. 铁件安装 3. 刷防护材料

图名	园林桌椅工程工程量清单项目设置及工程量计算规则(1)	图号	5-15

园林桌椅工程工程量清单项目设置及工程量计算规则(2)

项目编码	项目名称	项目特征	计量单位	工程量计算规则	工作内容
050305004	现浇混凝土桌凳	1. 桌凳形状 2. 基础尺寸、埋设深度 3. 桌面尺寸、支墩高度 4. 凳面尺寸、支墩高度 5. 混凝土强度等级、砂浆配合比	个	按设计图示数量计算	1. 模板制作、运输、安装、拆除、保养 2. 混凝土制作、运输、浇筑、振捣、养护 3. 砂浆制作、运输
050305005	预制混凝土桌凳	1. 桌凳形状 2. 基础形状、尺寸、埋设深度 3. 桌面形状、尺寸、支墩高度 4. 凳面尺寸、支墩高度 5. 混凝土强度等级			1. 模板制作、运输、安装、拆除、保养 2. 混凝土制作、运输、浇筑、振捣、养护 3. 构件运输、安装 4. 砂浆制作、运输 5. 接头灌缝、养护 6. 砂浆配合比
050305006	石桌石凳	1. 石材种类 2. 基础形状、尺寸、埋设深度 3. 桌面形状、尺寸、支墩高度 4. 凳面尺寸、支墩高度 5. 混凝土强度等级 6. 砂浆配合比			1. 土方挖运 2. 桌凳制作 3. 桌凳运输 4. 桌凳安装 5. 砂浆制作、运输

图名	园林桌椅工程工程量清单项目设置及工程量计算规则(2)	图号	5-15

园林桌椅工程工程量清单项目设置及工程量计算规则(3)

项目编码	项目名称	项目特征	计量单位	工程量计算规则	工作内容
050305007	水磨石桌凳	1. 基础形状、尺寸、埋设深度 2. 桌面形状、尺寸、支墩高度 3. 凳面尺寸、支墩高度 4. 混凝土强度等级 5. 砂浆配合比	个	按设计图示数量计算	1. 桌凳制作 2. 桌凳运输 3. 桌凳安装 4. 砂浆制作、运输
050305008	塑树根桌凳	1. 桌凳直径 2. 桌凳高度 3. 砖石种类 4. 砂浆强度等级、配合比 5. 颜料品种、颜色			1. 砂浆制作、运输 2. 砖石砌筑 3. 塑树皮 4. 绘制木纹
050305009	塑树节椅				
050305010	塑料、铁艺、金属椅	1. 木座板面截面 2. 座椅规格、颜色 3. 混凝土强度等级 4. 防护材料种类			1. 制作 2. 安装 3. 刷防护材料

注：木制飞来椅按现行国家标准《仿古建筑工程工程量计算规范》(GB 50855)相关项目编码列项。

图名	园林桌椅工程工程量清单项目设置及工程量计算规则(3)	图号	5-15

喷泉安装工程工程量清单项目设置及工程量计算规则

喷泉安装(编码:050306)

项目编码	项目名称	项目特征	计量单位	工程量计算规则	工作内容
050306001	喷泉管道	1. 管材、管件、阀门喷头品种 2. 管道固定方式 3. 防护材料种类	m	按设计图示管道中心线长度以延长米计算,不扣除检查(阀门)井、阀门、管件及附件所占的长度	1. 土(石)方挖运 2. 管材、管件、阀门、喷头安装 3. 刷防护材料 4. 回填
050306002	喷泉电缆	1. 保护管品种、规格 2. 电缆品种、规格	m	按设计图示单根电缆长度以延长米计算	1. 土(石)方挖运 2. 电缆保护管安装 3. 电缆敷设 4. 回填
050306003	水下艺术装饰灯具	1. 灯具品种、规格 2. 灯光颜色	套	按设计图示数量计算	1. 灯具安装 2. 支架制作、运输、安装
050306004	电气控制柜	1. 规格、型号 2. 安装方式	台	按设计图示数量计算	1. 电气控制柜(箱)安装 2. 系统调试
050306005	喷泉设备	1. 设备品种 2. 设备规格、型号 3. 防护网品种、规格	台	按设计图示数量计算	1. 设备安装 2. 系统调试 3. 防护网安装

注:1. 喷泉水池应按现行国家标准《房屋建筑与装饰工程工程量计算规范》(GB 50854)中相关项目编码列项。
2. 管架项目应按现行国家标准《房屋建筑与装饰工程工程量计算规范》(GB 50854)中钢支架项目单独编码列项。

图名	喷泉安装工程工程量清单项目设置及工程量计算规则	图号	5-16

杂项工程工程量清单项目设置及工程量计算规则(1)

杂项(编码:050307)

项目编码	项目名称	项目特征	计量单位	工程量计算规则	工作内容
050307001	石灯	1. 石料种类 2. 石灯最大截面 3. 石灯高度 4. 砂浆配合比	个	按设计图示数量计算	1. 制作 2. 安装
050307002	石球	1. 石料种类 2. 球体直径 3. 砂浆配合比			
050307003	塑仿石音箱	1. 音箱石内空尺寸 2. 铁丝型号 3. 砂浆配合比 4. 水泥漆颜色			1. 胎模制作、安装 2. 铁丝网制作、安装 3. 砂浆制作、运输 4. 喷水泥漆 5. 埋置仿石音箱
050307004	塑树皮梁、柱	1. 塑树种类 2. 塑竹种类 3. 砂浆配合比 4. 喷字规格、颜色 5. 油漆品种、颜色	1. m^2 2. m	1. 以平方米计量,按设计图示尺寸以梁柱外表面积计算 2. 以米计量,按设计图示尺寸以构件长度计算	1. 灰塑 2. 刷涂颜料
050307005	塑竹梁、柱				

图名	杂项工程工程量清单项目设置及工程量计算规则(1)	图号	5-17

杂项工程工程量清单项目设置及工程量计算规则(2)

项目编码	项目名称	项目特征	计量单位	工程量计算规则	工作内容
050307006	铁艺栏杆	1. 铁艺栏杆高度 2. 铁艺栏杆单位长度重量 3. 防护材料种类	m	按设计图示尺寸以长度计算	1. 铁艺栏杆安装 2. 刷防护材料
050307007	塑料栏杆	1. 栏杆高度 2. 塑料种类			1. 下料 2. 安装 3. 校正
050307008	钢筋混凝土艺术围栏	1. 围栏高度 2. 混凝土强度等级 3. 表面涂敷材料种类	1. m^2 2. m	1. 以平方米计量,按设计图示尺寸以面积计算 2. 以米计量,按设计图示尺寸以延长米计算	1. 制作 2. 运输 3. 安装 4. 砂浆制作、运输 5. 接头灌缝、养护
050307009	标志牌	1. 材料种类、规格 2. 镌字规格、种类 3. 喷字规格、颜色 4. 油漆品种、颜色	个	按设计图示数量计算	1. 选料 2. 标志牌制作 3. 雕凿 4. 镌字、喷字 5. 运输、安装 6. 刷油漆

图名	杂项工程工程量清单项目设置及工程量计算规则(2)	图号	5-17

杂项工程工程量清单项目设置及工程量计算规则(3)

项目编码	项目名称	项目特征	计量单位	工程量计算规则	工作内容
050307010	景墙	1. 土质类别 2. 垫层材料种类 3. 基础材料种类、规格 4. 墙体材料种类、规格 5. 墙体厚度 6. 混凝土、砂浆强度等级、配合比 7. 饰面材料种类	1. m^3 2. 段	1. 以立方米计量，按设计图示尺寸以体积计算 2. 以段计量，按设计图示尺寸以数量计算	1. 土(石)方挖运 2. 垫层、基础铺设 3. 墙体砌筑 4. 面层铺贴
050307011	景窗	1. 景窗材料品种、规格 2. 混凝土强度等级 3. 砂浆强度等级、配合比 4. 涂刷材料品种	m^2	按设计图示尺寸以面积计算	1. 制作 2. 运输 3. 砌筑安放 4. 勾缝 5. 表面涂刷
050307012	花饰	1. 花饰材料品种、规格 2. 砂浆配合比 3. 涂刷材料品种			

图名	杂项工程工程量清单项目设置及工程量计算规则(3)	图号	5-17

杂项工程工程量清单项目设置及工程量计算规则(4)

项目编码	项目名称	项目特征	计量单位	工程量计算规则	工作内容
050307013	博古架	1. 博古架材料品种、规格 2. 混凝土强度等级 3. 砂浆配合比 4. 涂刷材料品种	1. m^2 2. m 3. 个	1. 以平方米计量，按设计图示尺寸以面积计算 2. 以米计量，按设计图示尺寸以延长米计算 3. 以个计量，按设计图示数量计算	1. 制作 2. 运输 3. 砌筑安放 4. 勾缝 5. 表面涂刷
050307014	花盆(坛、箱)	1. 花盆(坛)的材质及类型 2. 规格尺寸 3. 混凝土强度等级 4. 砂浆配合比	个	按设计图示尺寸以数量计算	1. 制作 2. 运输 3. 安放
050307015	摆花	1. 花盆(钵)的材质及类型 2. 花卉品种与规格	1. m^2 2. 个	1. 以平方米计量，按设计图示尺寸以水平投影面积计算 2. 以个计量，按设计图示数量计算	1. 搬运 2. 安放 3. 养护 4. 撤收

图名	杂项工程工程量清单项目设置及工程量计算规则(4)	图号	5-17

杂项工程工程量清单项目设置及工程量计算规则(5)

项目编码	项目名称	项目特征	计量单位	工程量计算规则	工作内容
050307016	花池	1. 土质类别 2. 池壁材料种类、规格 3. 混凝土、砂浆强度等级、配合比 4. 饰面材料种类	1. m^3 2. m 3. 个	1. 以立方米计量,按设计图示尺寸以体积计算 2. 以米计量,按设计图示尺寸以池壁中心线处延长米计算 3. 以个计量,按设计图示数量计算	1. 垫层铺设 2. 基础砌(浇)筑 3. 墙体砌(浇)筑 4. 面层铺贴
050307017	垃圾箱	1. 垃圾箱材质 2. 规格尺寸 3. 混凝土强度等级 4. 砂浆配合比	个	按设计图示尺寸以数量计算	1. 制作 2. 运输 3. 安放
050307018	砖石砌小摆设	1. 砖种类、规格 2. 石种类、规格 3. 砂浆强度等级、配合比 4. 石表面加工要求 5. 勾缝要求	1. m^3 2. 个	1. 以立方米计量,按设计图示尺寸以体积计算 2. 以个计量,按设计图示尺寸以数量计算	1. 砂浆制作、运输 2. 砌砖、石 3. 抹面、养护 4. 勾缝 5. 石表面加工
050307019	其他景观小摆设	1. 名称及材质 2. 规格尺寸	个	按设计图示尺寸以数量计算	1. 制作 2. 运输 3. 安装
050307020	柔性水池	1. 水池深度 2. 防水(漏)材料品种	m^2	按设计图示尺寸以水平投影面积计算	1. 清理基层 2. 材料裁接 3. 铺设

注:砌筑果皮箱,放置盆景的须弥座等,应按砖石砌小摆设项目编码列项。

图名	杂项工程工程量清单项目设置及工程量计算规则(5)	图号	5-17

园林景观工程工程量计算常用资料(1)

序号	项目	说明
1	假山工程工程量计算	假山工程量计算公式如下： $$W = AHRK_n$$ 式中 W——石料重量(t)； A——假山平面轮廓的水平投影面积(m^2)； H——假山着地点至最高顶点的垂直距离(m)； R——石料比重，黄(杂)石 2.6t/m^3、湖石 2.2t/m^3； K_n——折算系数，高度在2m以内 $K_n=0.65$，高度在4m以内 $K_n=0.56$。 峰石、景石、散点、踏步等工程量的计算公式： $$W_{单} = L_{均} B_{均} H_{均} R$$ 式中 $W_{单}$——山石单体重量(t)； $L_{均}$——长度方向的平均值(m)； $B_{均}$——宽度方向的平均值(m)； $H_{均}$——高度方向的平均值(m)； R——石料比重(同前式)
2	喷泉安装工程量计算	1. 喷头流量计算。 喷头流量计算公式如下： $$Q=\mu f\sqrt{2gH_{嘴}}$$ 式中 Q——单个喷头流量(L/s)； μ——流量系数(一般在0.62～0.94之间)； f——喷嘴断面积(mm^2)； g——重力加速度(m/s^2)； $H_{嘴}$——喷头入口水压(m水柱)

图名	园林景观工程工程量计算常用资料(1)	图号	5-18

园林景观工程工程量计算常用资料(2)

序号	项　目	说　　明
2	喷泉安装工程	根据单个喷头的喷水量计算一个喷泉喷水的总流量 Q，即为同时工作的各个喷头流量之和的最大值。 2. 管径计算。 管径计算公式如下： $$D=\sqrt{\frac{4Q}{\pi v}}$$ 式中 D——管径(mm)； Q——管段流量(L/s)； π——圆周率，取 3.1416； v——流速(常用 0.5～0.6m/s 来确定)。 3. 水泵扬程计算。 水泵扬程计算公式如下： 总扬程＝实际扬程＋水头损失 实际扬程＝工作压力＋吸水高度 工作压力是指水泵中线至喷水量高点的垂直高度，喷泉最大喷水高度确定后，压力可确定，例如喷 15m 的喷头，工作压力为 150kPa(15m 水柱)。吸水高度，也称水泵允许吸上真空高度(泵牌上有注明)，是水泵安装的主要技术参数。 水头损失是管道系统中损失的扬程。由于水头损失计算较为复杂，实际中可粗略取实际扬程的 10％～30％作为水头损失

图名	园林景观工程工程量计算常用资料(2)	图号	5-18

园林砌筑工程工程量计算实例(1)

【例 1】 设一砖墙基础，长 120m，厚 365mm($1\frac{1}{2}$砖)，每隔 10m 设有附墙砖垛，墙垛断面尺寸为突出墙面 250mm，宽 490mm，砖基础高度 1.85m，墙基础等高放脚 5 层，最底层放脚高度为二皮砖，试计算砖墙基础工程量。

【解】

(1)条形墙基工程量

按公式及查表，大放脚增加断面面积为 0.2363m^2，则

$$墙基体积=120\times(0.365\times1.85+0.2363)=109.386m^3$$

(2)垛基工程量

按题意，垛数 $n=13$ 个，$d=0.25$m，则

$$垛基体积=(0.49\times1.85+0.2363)\times0.25\times13=3.714m^3$$

或查表计算垛基工程量$=(0.1225\times1.85+0.059)\times13=3.713m^3$

(3)砖墙基础工程量

$$V=109.386+3.714=113.1m^3$$

【例 2】 如图 1 所示，某挡土墙工程用 M2.5 混合砂浆砌筑毛石，用原浆勾缝，长度 200m，求其工程量。

【解】

(1)毛石挡土墙的工程数量计算公式：

$$V=按设计图示尺寸以体积计算$$

则 M2.5 混合砂浆砌筑毛石，原浆勾缝毛石挡土墙工程数量计算如下：

$$V=(0.5+1.2)\times3\div2\times200=510.00m^3$$

图名	园林砌筑工程工程量计算实例(1)	图号	5-19

园林砌筑工程工程量计算实例(2)

(2)挡土墙毛石基础的工程数量计算公式：

$$V=\text{按设计图示尺寸以体积计算}$$

则 M2.5 混合砂浆砌筑毛石挡土墙基础工程数量计算如下：

$$V=0.4\times2.2\times200=176.00\text{m}^3$$

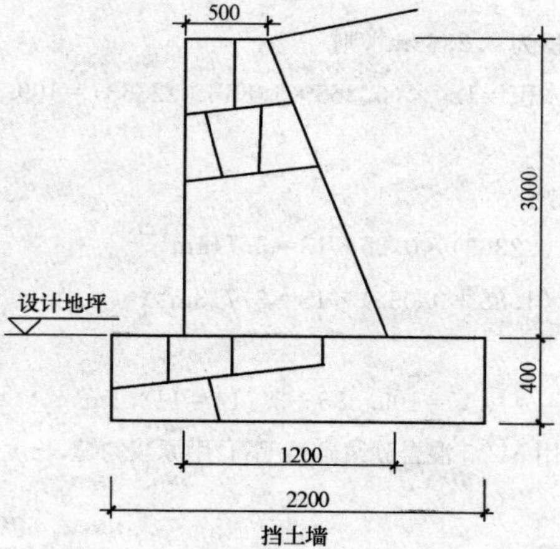

图 1　毛石挡土墙

注：挡土墙与基础的划分，以较低一侧的设计地坪为界，以下为基础，以上为墙身

图名	园林砌筑工程工程量计算实例(2)	图号	5-19

园林木结构工程工程量计算实例(1)

【例 1】 求图 1 圆木简支檩(不刨光)工程量。

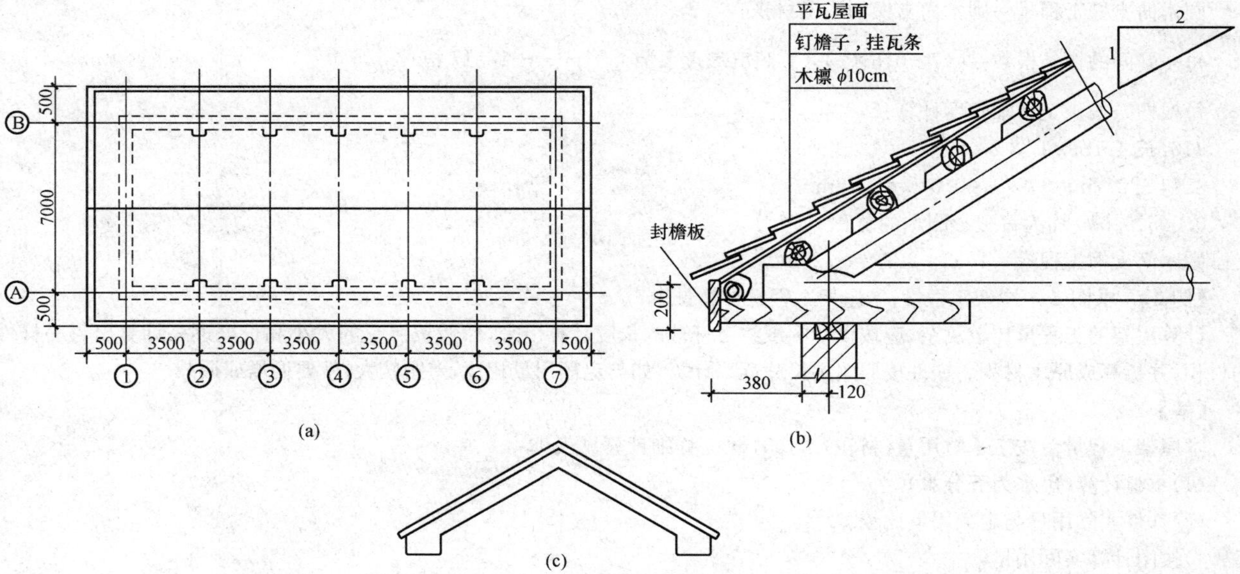

图 1 圆木简支檩

(a)屋顶平面；(b)檐口节点大样；(c)风檐板

图名	园林木结构工程工程量计算实例(1)	图号	5-20

园林木结构工程工程量计算实例(2)

【解】

圆木简支檩工程量＝圆木简支檩的竣工材积

每一开间的檩条根数＝[(7＋0.5×2)×1.118(坡度系数)]×$\frac{1}{0.56}$＋1＝17 根

每根檩条按规定增加长度计算：

ϕ10，长 4.1m＝17×2×0.045＝1.53m^3

ϕ10，长 3.7m＝17×4×0.040＝2.72m^3

0.045、0.040 均为每根杉圆木的材积。

圆木简支檩工程量＝1.53＋2.72＝4.25m^3

【例 2】 求图 2 木屋架工程量，木屋架工程量计算见表 1。

计算屋架的工程量比较复杂，应按设计图纸将各杆件的长度计算出来，然后按照它的大小和长度逐一计算出每一杆件的材积，并折算成原木材积。铁件按照图示尺寸逐一计算，如与定额用量相比，差距较大，就要调增或调减。

【解】

木屋架工程量＝竣工木材用量(材积)＝1.31m^2。详细计算见表 1。

(1)木材计算(出水为五分水)。

(2)铁件实际用量与定额用量比较。

1)按图计算实际用量：

吊线螺栓 ϕ25　L＝7×0.5＋0.45(垫木、螺帽等)＝3.95m

重量＝3.95×3.85＋2.846(垫板)×2＋0.12(螺帽)×2＝21.36kg

图名	园林木结构工程工程量计算实例(2)	图号	5-20

园林木结构工程工程量计算实例(3)

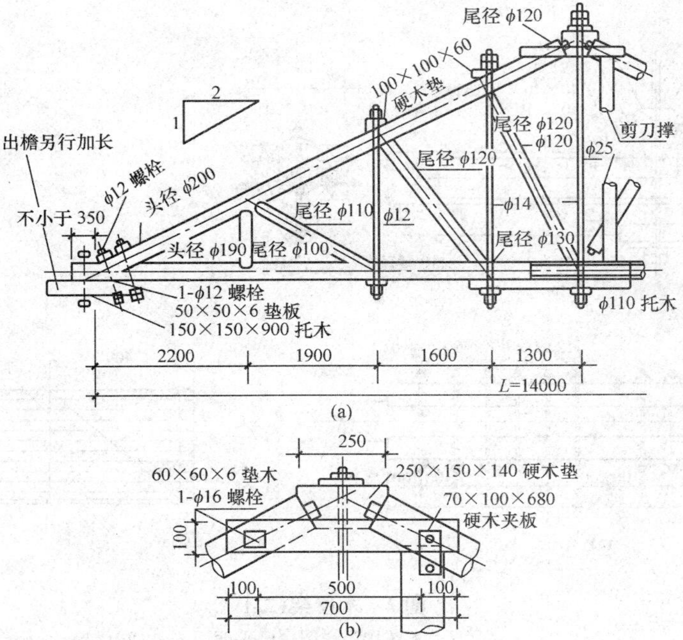

图 2 木屋架(一)

(a)屋架详图;(b)顶节点详图

图名	园林木结构工程工程量计算实例(3)	图号	5-20

园林木结构工程工程量计算实例(4)

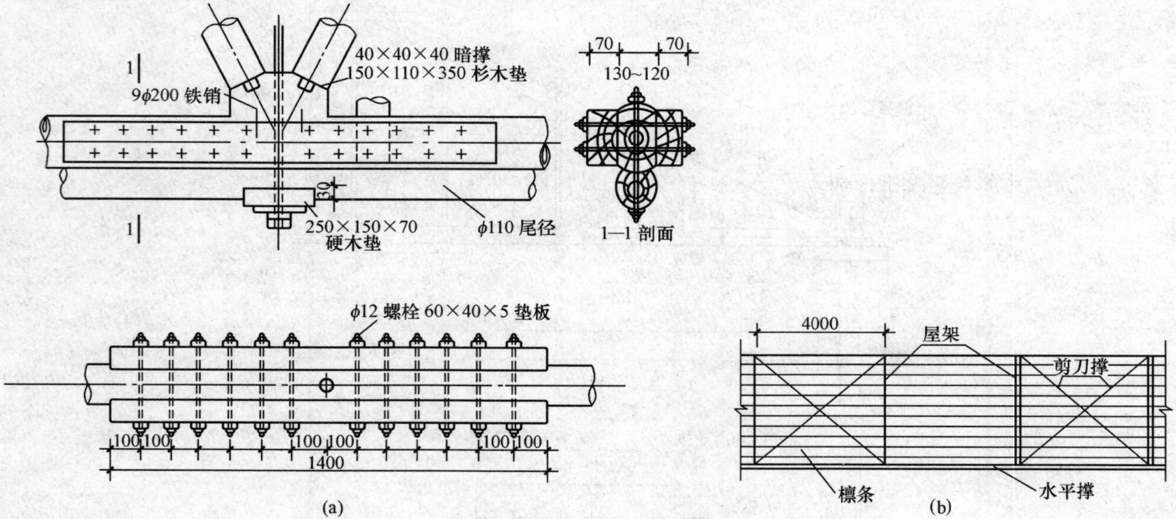

图 2　木屋架(二)

(a)下弦接头详图;(b)平面

图名	园林木结构工程工程量计算实例(4)	图号	5-20

园林木结构工程工程量计算实例(5)

木材计算表 表1

杆件名称	尾径(cm)	长度(m)	单根材积(根)	杆件根数(根)	材积(m^3)	备注
下弦	φ13	7+0.35=7.35	0.184	2	0.368	按最低长度计算
上弦	φ12	7×1.118=7.826	0.151	2	0.302	
竖杆	φ10	7×0.13=0.91	0.008	2	0.016	
斜杆1	φ12	7×0.45=3.15	0.043	2	0.086	
斜杆2	φ12	7×0.36=2.52	0.035	2	0.070	
斜杆3	φ11	7×0.28=1.96	0.027	2	0.054	
水平撑	φ11	4.2	0.065	2	0.130	
剪刀撑	φ11	$\sqrt{4^2+3.5^2}=5.315$	0.086	2	0.172	
托木	φ11	3.0	0.043	1	0.043	
方托木		0.9×0.15×0.15×2×1.7			0.069	
合计					1.31	

注:杉木原木材体积按国家标准《原木材积表》(GB 4814-84)计算,如有新的材积规定,按新材积标准调整,下同。

吊线螺栓 φ14　$L=7\times0.38+0.45=3.11$m

重量=(1.21×3.11+0.298×2+0.044×2)×2=8.89kg

吊线螺栓 φ12　$L=7\times0.25+0.35=2.1$m

重量=(0.888×2.1+0.191×2+0.031×2)×2=4.62kg

顶节点保险栓 φ16　$L=0.4$m

重量=[0.756+0.058(螺帽)+0.163(垫板)×2]×2=2.28kg

图名	园林木结构工程工程量计算实例(5)	图号	5-20

园林木结构工程工程量计算实例(6)

下弦节点保险栓 ϕ12　L=0.4m

重量=(0.421+0.031+0.095×2)×24=15.41kg

剪刀撑螺栓 ϕ12　L=0.15m

重量=2×(0.888×0.15+0.191×2+0.031×2)=1.14kg

剪刀撑螺栓 ϕ12　L=0.25m

重量=0.5×(0.888×0.25+0.191×2+0.031×2)=0.33kg

水平撑螺栓 ϕ12　L=0.3m

重量=2×(0.888×0.3+0.191×2+0.031×2)=1.42kg

端节点保险栓 ϕ12　L=0.5m

重量=(0.509+0.031+0.114×2)×2=1.54kg

端节点保险栓 ϕ12　L=0.65m

重量=(0.643+0.031+0.191×2)×4=4.22kg

蚂蟥钉 36 个　重量=0.32×36=11.52kg

铁件实际用量(加损耗 1%)=74.15×1.01=74.89kg

2)按定额计算铁件含量=1.31×144.43(每 m^3 竣工木料定额中铁件含量,见定额 7—328=189.2kg)

3)189.2−74.89=114.31kg(即每榀屋架少于定额用量的数值)

在定额中每 1m^3 竣工木料的铁件含量为 144.43kg。而实际铁件用量只有 57.17kg,因此,每 1m^3 的木屋架竣工木料应调减铁件 87.26kg,乘以相应的单价,即得应调减的工程费用

图名	园林木结构工程工程量计算实例(6)	图号	5-20

园林屋面及防水工程工程量计算实例(1)

【例 1】 某工程如图 1 所示，屋面板上铺水泥大瓦，计算工程量。

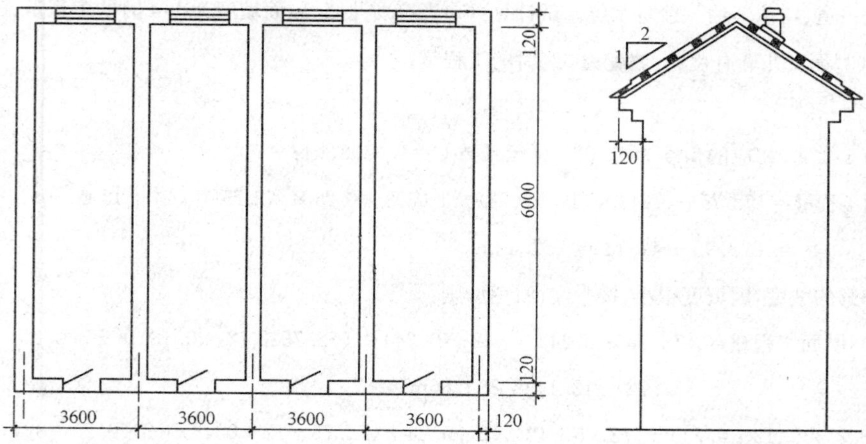

图 1 某房屋建筑尺寸

【解】

瓦屋面工程量计算如下：

计算公式：两坡屋面工程量＝(房屋总宽度＋外檐宽度×2)×外檐总长度×延尺系数

瓦屋面工程量＝(0.60＋0.24＋0.12×2)×(3.6×4＋0.24)×1.118＝106.06m^2

图名	园林屋面及防水工程工程量计算实例(1)	图号	5-21

园林屋面及防水工程工程量计算实例(2)

【例 2】 有一两坡水二毡三油卷材屋面,尺寸如图 2 所示。屋面防水层构造层次为预制钢筋混凝土空心板、1∶2 水泥砂浆找平层、冷底子油一道、二毡三油一砂防水层。试计算:(1)当有女儿墙,屋面坡度为 1∶4 时的工程量;(2)当有女儿墙坡度为 3%时的工程量;(3)无女儿墙有挑檐,坡度为 3%时的工程量。

【解】

(1)屋面坡度为 1∶4 时,相应的角度为 14°02′,延尺系数 C=1.0308,则:

$$屋面工程量=(72.75-0.24)\times(12-0.24)\times1.0308+0.25\times(72.75-0.24+12.0-0.24)\times2$$
$$=878.98+42.14=921.12\text{m}^2$$

(2)有女儿墙,3%的坡度,因坡度很小,按平屋面计算,则:

$$屋面工程量=(72.75-0.24)\times(12-0.24)+(72.75+12-0.48)\times2\times0.25$$
$$=852.72+42.14=894.86\text{m}^2$$

或　$(72.75+0.24)\times(12+0.24)-(72.75+12)\times2\times0.24+(72.75+12-0.48)\times2\times0.25=894.85\text{m}^2$

(3)无女儿墙有挑檐平屋面(坡度 3%),按图 2(a)及(c)及下式计算屋面工程量:

$$屋面工程量=外墙外围水平面积+(L_{外}+4\times檐宽)\times檐宽$$

代入数据得:

$$屋面工程量=(72.75+0.24)\times(12+0.24)+[(72.75+12+0.48)\times2+4\times0.5]\times0.5$$
$$=979.63\text{m}^2$$

图名	园林屋面及防水工程工程量计算实例(2)	图号	5-21

园林屋面及防水工程工程量计算实例(3)

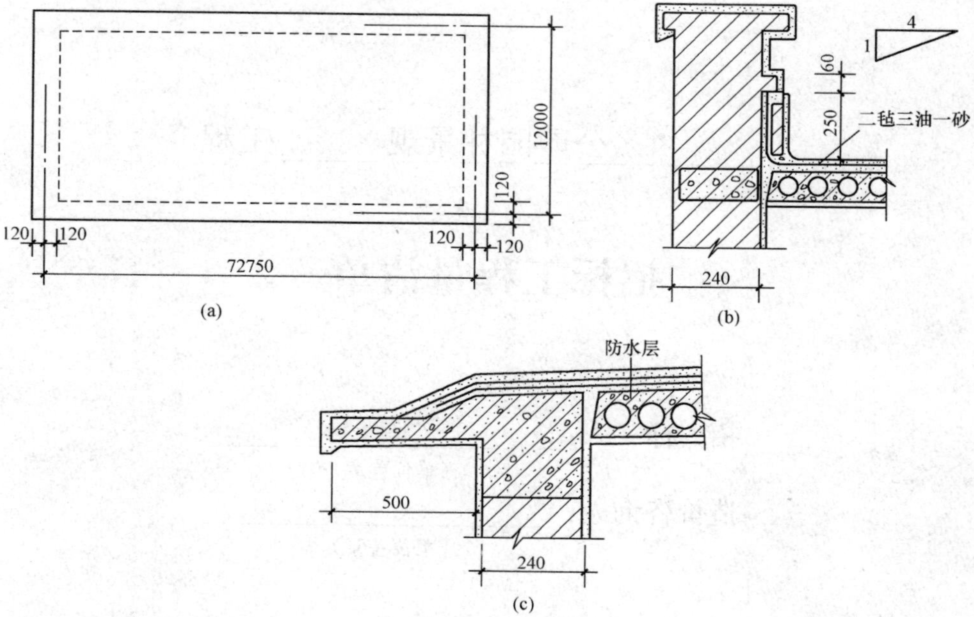

图 2　某卷材防水屋面

(a)平面；(b)女儿墙；(c)挑檐

图名	园林屋面及防水工程工程量计算实例(3)	图号	5-21

园林景观工程工程量清单计价编制实例(1)

××公园园林景观　　　　工程

招标工程量清单

招　标　人：　××
(单位盖章)

造价咨询人：　××
(单位盖章)

年　月　日

图名	园林景观工程工程量清单计价编制实例(1)	图号	5-22

园林景观工程工程量清单计价编制实例(2)

×××公园园林景观____工程

招标工程量清单

招　标　人：　××××
（单位盖章）

造价咨询人：　××××
（单位资质专用章）

法定代表人
或其授权人：　××××
（签字或盖章）

法定代表人
或其授权人：　××××
（签字或盖章）

编　制　人：　××
（造价人员签字盖专用章）

复　核　人：　××
（造价工程师签字盖专用章）

编制时间：××年××月××日

复核时间：××年××月××日

图名	园林景观工程工程量清单计价编制实例(2)	图号	5-22

园林景观工程工程量清单计价编制实例(3)

总　说　明

工程名称：××公园园林景观工程　　　　第　页　共　页

1　工程批准文号
2　建设规模
3　计划工期
4　资金来源
5　施工现场特点
6　主要技术特征和参数
7　工程量清单编制依据
8　其他

图名	园林景观工程工程量清单计价编制实例(3)	图号	5-22

园林景观工程工程量清单计价编制实例(4)

分部分项工程和单价措施项目清单与计划表

工程名称:××公园园林景观工程　　　　标段:　　　　第　页　共　页

序号	项目编码	项目名称	项目特征描述	计量单位	工程量	金额(元)		
						综合单价	合价	其中 暂估价
			0101　土石方工程					
1	010101001001	平整场地	遮雨廊平整场地	m^2	141.00			
2	010101001002	平整场地	架空平台平整场地	m^2	577.40			
3	010101001003	平整场地	小卖部、休息平廊平整场地	m^2	367.29			
4	010101001004	平整场地	景观廊平整场地	m^2	48.00			
5	010101001005	平整场地	公园后门平整场地	m^2	198.90			
6	010101001006	平整场地	眺望台平整场地	m^2	94.99			
7	010101002001	挖一般土方	遮雨廊人工挖基础土方	m^3	28.730			
8	010101002002	挖一般土方	基础挖土方	m^3	242.04			
9	010101002003	挖一般土方	出入口招牌挖基础土方	m^3	6.60			
			分部小计					

图名	园林景观工程工程量清单计价编制实例(4)	图号	5-22

园林景观工程工程量清单计价编制实例(5)

序号	项目编码	项目名称	项目特征描述	计量单位	工程量	金额(元)		
						综合单价	合　价	其中 暂估价
		0104　砌筑工程						
10	010401003001	实心砖墙	3/4 砖实心砖外墙	m^3	51.71			
11	010401003002	实心砖墙	1/2 砖实心砖外墙	m^3	3.45			
12	010401003003	实心砖墙	1/2 砖实心砖内墙	m^3	1.99			
13	010401003004	实心砖墙	一砖墙	m^3	6.64			
14	010401014001	砖地沟、明沟		座	1			
15	010401012001	零星砌砖		m^3	2.20			
		分部小计						
		0105　混凝土及钢筋混凝土工程						
16	010501003001	独立基础	C20 现场搅拌	m^3	50.290			
17	010501003002	独立基础	架空平台独立基础	m^3	89.16			
18	010501002001	带形基础	C20 砾 40,C10 混凝土垫层	m^3	1.80			
19	010502001001	矩形柱	200mm×200mm 矩形柱	m^3	24.32			

图名	园林景观工程工程量清单计价编制实例(5)	图号	5-22

园林景观工程工程量清单计价编制实例(6)

序号	项目编码	项目名称	项目特征描述	计量单位	工程量	金额(元)		
						综合单价	合　价	其中
								暂估价
20	010502002002	构造柱	30m×0.30m, $H=11.03\sim13.31$m,C25 砾 40	m^3	0.56			
21	010503002001	矩形梁	100mm×100mm 矩形梁	m^3	67.69			
22	010503001001	基础梁	截面尺寸:0.24m×0.24m	m^3	17.69			
23	010503003001	异形梁	C25 砾 30	m^3	2.36			
24	010503002002	屋面梁	截面尺寸:0.30m×0.30m	m^3	8.11			
25	010503006001	弧形梁	C20 砾 40	m^3	20.35			
26	010505001001	有梁板	C25 砾 20	m^3	44.17			
27	010506001001	直形楼梯	C20 砾 40	m^3	5.40			
28	010515001001	现浇构件钢筋	ϕ10 以内	t	33.74			
		分部小计						
		0108　门窗工程						
29	010803001001	金属卷帘(闸)门		樘	2			

图名	园林景观工程工程量清单计价编制实例(6)	图号	5-22

园林景观工程工程量清单计价编制实例(7)

序号	项目编码	项目名称	项目特征描述	计量单位	工程量	金额(元)		
						综合单价	合　价	其中
								暂估价
30	010801001001	木质门	仓库实木门	樘	1			
31	010801001002	木质门	实木装饰门	樘	3			
32	010801001003	木质门	工具房胶合板门	樘	2			
33	010805004001	电动伸缩门		樘	1			
34	010807001001	金属(塑钢、断桥)窗		樘	7			
35	010802001001	金属(塑钢)门	不锈钢金属平开门	樘	4			
36	010802004001	防盗门		樘	2			
37	010801001004	木质门		樘	1			
38	010801001005	木质门	木质塑料门	樘	2			
39	010801001006	木质门	木质塑料门	樘	2			
40	010807001002	金属(塑钢、断桥)窗	木纹推拉窗	樘	12			

图名	园林景观工程工程量清单计价编制实例(7)	图号	5-22

园林景观工程工程量清单计价编制实例(8)

序号	项目编码	项目名称	项目特征描述	计量单位	工程量	金额(元)		
						综合单价	合价	其中
								暂估价
41	010808005001	石材门窗套	石材门饰面，花岗石饰线	m	18			
			分部小计					
		0110	屋面及防水工程					
42	010901001001	瓦屋面	青石板文化石片屋面	m^2	114.78			
43	010901001002	瓦屋面	六角亭琉璃瓦屋面	m^2	55.00			
44	010901001003	瓦屋面	青石瓦屋面	m^2	60.00			
45	010901001004	瓦屋面	青石片屋面	m^2	162.28			
			分部小计					
		0111	楼地面装饰工程					
46	011102001001	石材楼地面	300mm×300mm 锈板文化石地面	m^2	181.00			
47	011102001002	石材楼地面	平台灰色花岗岩	m^2	176.27			

图名	园林景观工程工程量清单计价编制实例(8)	图号	5-22

园林景观工程工程量清单计价编制实例(9)

序号	项目编码	项目名称	项目特征描述	计量单位	工程量	金额(元)		
						综合单价	合　价	其中 暂估价
48	011102001003	石材楼地面	凹缝密拼 100mm×115mm×40mm 光面连州青花岗岩石板	m^2	97.92			
49	011101001001	水泥砂浆	楼地面平台碎石地面，美国南方松圆木分割	m^2	389.88			
50	011102001004	石材楼地面	50mm 厚粗面花岗岩冰裂文化石嵌草缝	m^2	89.24			
51	011102001005	石材楼地面	休息平台黄石纹石材地面	m^2	70.66			
52	011102003001	块料楼地面	300mm×300mm 仿石砖	m^2	22.00			
53	011108001001	石材地面镶边		m^2	17.16			
54	011102003002	块料楼地面	生态平台地面铺绣石文化石冰裂纹夹草缝	m^2	94.20			
55	011102003003	块料楼地面	地面 600mm×600mm 抛光耐磨砖	m^2	55.24			

图名	园林景观工程工程量清单计价编制实例(9)	图号	5-22

园林景观工程工程量清单计价编制实例(10)

序号	项目编码	项目名称	项目特征描述	计量单位	工程量	金额(元)		
						综合单价	合价	其中 暂估价
56	011102003004	块料楼地面	300mm×300mm 防滑砖	m^2	10.42			
57	011102003005	块料楼地面	阳台楼梯 400mm × 400mm 仿古砖	m^2	50.28			
58	011102003006	块料楼地面	600mm×300mm 仿石砖	m^2	338.47			
59	011102003007	块料楼地面	600mm×300mm 粗面白麻石	m^2	44.18			
		分部小计						
		0112 墙、柱面装饰与隔断、幕墙工程						
60	011201001001	梁面一般抹灰		m^2	848.49			
61	011201001002	墙面一般抹灰		m^2	271.30			
62	011201002001	墙面装饰抹灰	墙面煽灰油乳胶漆	m^2	163.86			
63	011201002002	墙面装饰抹灰	墙面抹灰、煽灰、乳胶漆	m^2	69.17			
64	011205001001	块料柱面	45mm×195mm 米黄色仿石砖块料柱面	m^2	52.00			

图名	园林景观工程工程量清单计价编制实例(10)	图号	5-22

园林景观工程工程量清单计价编制实例(11)

序号	项目编码	项目名称	项目特征描述	计量单位	工程量	金额(元)		
						综合单价	合价	其中
								暂估价
65	011204003001	块料墙面	米黄色仿石砖墙面	m^2	35.93			
66	011204003002	块料墙面	块料墙面,仿青砖	m^2	135.65			
67	011204003003	块料墙面	200mm×300mm 瓷片	m^2	65.38			
68	011204003004	块料墙面	厨房200mm×300mm瓷片块	m^2	38.05			
69	011204003005	块料墙面	墙面浅绿色文化石	m^2	42.07			
70	011204003006	块料墙面	青石板	m^2	146.72			
71	011204003007	块料墙面	木纹文化石	m^2	16.07			
72	011204003008	块料墙面	仿青砖	m^2	135.65			
73	011206002001	块料零星项目	墙裙青石板蘑菇形文化砖	m^2	13.34			
74	011207001001	墙面装饰板	木方板墙面饰面,美国南方松	m^2	75.58			
75	011205001002	块料柱面	100mm×300mm 木纹文化砖	m^2	79.20			
			分部小计					

图名	园林景观工程工程量清单计价编制实例(11)	图号	5-22

园林景观工程工程量清单计价编制实例(12)

序号	项目编码	项目名称	项目特征描述	计量单位	工程量	金额(元)		
						综合单价	合　价	其中 暂估价
		0113　天棚工程						
76	011301001001	天棚抹灰		m²	235.47			
77	011301001002	天棚抹灰	乳胶漆	m²	57.84			
		分部小计						
		0115　其他装饰工程						
78	011505010001	镜面玻璃		m²	2.00			
79	011501001001	洗漱台		m²	2.00			
		分部小计						
		0402　道路工程						
80	040204004001	安砌侧（平、缘)石	池壁不等边粗麻石 100mm 厚	m²	6.81			
		分部小计						

图名	园林景观工程工程量清单计价编制实例(12)	图号	5-22

园林景观工程工程量清单计价编制实例(13)

序号	项目编码	项目名称	项目特征描述	计量单位	工程量	金额(元)		
						综合单价	合价	其中 暂估价
			0502　园路、园桥工程					
81	050201011001	石桥面铺装	C15 豆石混凝土 12cm 厚	m^2	78.00			
82	050201015001	栈道		m^2	29.96			
83	050201012001	石桥面檐板	文化石桥面檐板 ϕ12 膨胀螺栓固定	m^2	831.60			
			分部小计					
			0503　园林景观工程					
84	050305003001	竹制飞来椅	竹制飞来椅	m	16.00			
85	050305001001	预制钢筋混凝土飞来椅	混凝土飞来椅	m	3.00			
86	050305006001	石桌石凳		个	18.00			
87	050302001001	原木柱、梁、檩、椽	美国南方松木木柱	m	0.66			

图名	园林景观工程工程量清单计价编制实例(13)	图号	5-22

园林景观工程工程量清单计价编制实例(14)

序号	项目编码	项目名称	项目特征描述	计量单位	工程量	金额(元)		
						综合单价	合价	其中 暂估价
88	050302001002	原木柱、梁、檩、椽	美国南方松木梁,制作安装	m	0.96			
		分部小计						
		0117 措施项目						
89	011702001001	基础	混凝土、钢筋混凝土模板及支架矩形板,支模高度为2m	m^2	102.23			
		(其他略)						
		分部小计						
		合计						

注:为计取规费等使用,可在表中增设其中:“定额人工费”。

图名	园林景观工程工程量清单计价编制实例(14)	图号	5-22

园林景观工程工程量清单计价编制实例(15)

总价措施项目清单与计价表

工程名称：××公园园林景观工程　　标段：　　第　页　共　页

序号	项目编码	项目名称	计算基础	费率(%)	金额(元)	调整费率(%)	调整后金额(元)	备注
1	050405001001	安全文明施工费						
2	050405002001	夜间施工增加费						
3	050405004001	二次搬运费						
4	050405005001	冬雨季施工费						
5	050405008001	已完工程及设备保护费						
	合　计							

编制人(造价人员)：　　复核人(造价工程师)：

1. “计算基础”中安全文明施工费可为“定额基价”、“定额人工费”或“定额人工费＋定额机械费”，其他项目可为“定额人工费”或“定额人工费＋定额机械费”。
2. 按施工方案计算的措施费，若无“计算基础”和“费率”的数值，也可只填“金额”数值，但应在备注栏说明施工方案出处或计算方法。

图名	园林景观工程工程量清单计价编制实例(15)	图号	5-22

园林景观工程工程量清单计价编制实例(16)

其他项目清单与计价汇总表

工程名称：××公园园林景观工程　　标段：　　第　页　共　页

序　号	项目名称	金额(元)	结算金额(元)	备　注
1	暂列金额	50000.00		明细详见表—12—1
2	暂估价			
2.1	材料(工程设备)暂估价/结算价	—		明细详见表—12—2
2.2	专业工程暂估价/结算价			明细详见表—12—3
3	计日工			明细详见表—12—4
4	总承包服务费			明细详见表—12—5
5	索赔与现场签证	—		明细详见表—12—6
合　计		50000.00		—

注：材料(工程设备)暂估单价计入清单项目综合单价，此处不汇总。

图名	园林景观工程工程量清单计价编制实例(16)	图号	5-22

园林景观工程工程量清单计价编制实例(17)

暂列金额明细表

工程名称:××公园园林景观工程　　标段:　　第　页　共　页

序号	项目名称	计量单位	暂列金额(元)	备注
1	政策性调整和材料价格风险	项	45000.00	
2	其他	项	5000.00	
合　计			50000.00	—

注:此表由招标人填写,如不能详列,也可只列暂定金额总额,投标人应将上述暂列金额计入投标总价中。

图名	园林景观工程工程量清单计价编制实例(17)	图号	5-22

园林景观工程工程量清单计价编制实例(18)

材料(工程设备)暂估单价及调整表

工程名称:××公园园林景观工程　　　　标段:　　　　第　页　共　页

序号	材料(工程设备)名称、规格、型号	计量单位	数量		暂估(元)		确认(元)		差额±(元)		备注
			暂估	确认	单价	合价	单价	合价	单价	合价	
1	钢筋 ϕ10 以内	t	34		5000.00	170000.00					用于现浇构件钢筋项目
合　计						170000.00					

注:此表由招标人填写"暂估单价",并在备注栏说明暂估单价的材料、工程设备拟用在哪些清单项目上,投标人应将上述材料、工程设备暂估单价计入工程量清单综合单价报价中。

图名	园林景观工程工程量清单计价编制实例(18)	图号	5-22

园林景观工程工程量清单计价编制实例(19)

计日工表

工程名称:××公园园林景观工程　　标段:　　第　页　共　页

编号	项目名称	单位	暂定数量	实际数量	综合单价(元)	合价(元)	
						暂定	实际
一	人工						
1	技工	工日	20				
人工小计							
二	材料						
1	32.5 级普通水泥	t	25				
材料小计							
三	施工机械						
1	汽车起重机 20t	台班	10				
施工机械小计							
四、企业管理费和利润							
总计							

注:此表项目名称、暂定数量由招标人填写,编制招标控制价时,单价由招标人按有关规定确定;投标时,单价由投标人自主报价,按暂定数量计算合价计入投标总价中;结算时,按发承包双方确定的实际数量计算合价。

图名	园林景观工程工程量清单计价编制实例(19)	图号	5-22

园林景观工程工程量清单计价编制实例(20)

规费、税金项目计价表

工程名称:××公园园林景观工程　　　　标段:　　　　第　页　共　页

序号	项目名称	计算基础	计算基数	计算费率(%)	金额(元)
1	规费	定额人工费			
1.1	社会保险费	定额人工费			
(1)	养老保险费	定额人工费			
(2)	失业保险费	定额人工费			
(3)	医疗保险费	定额人工费			
(4)	工伤保险费	定额人工费			
(5)	生育保险费	定额人工费			
1.2	住房公积金	定额人工费			
1.3	工程排污费	按工程所在地环境保护部门收取标准,按实计入			
2	税金	分部分项工程费+措施项目费+其他项目费+规费−按规定不计税的工程设备金额			
合计					

编制人(造价人员):　　　　复核人(造价工程师):

图名	园林景观工程工程量清单计价编制实例(20)	图号	5-22

园林景观工程工程量清单计价编制实例(21)

××公园园林景观工程

投标总价

投　标　人：××

（单位盖章）

××年××月××日

图名	园林景观工程工程量清单计价编制实例(21)	图号	5-22

园林景观工程工程量清单计价编制实例(22)

投 标 总 价

招　　标　　人：××××

工　程　名　称：××公园园林景观工程

投标总价(小写)：1762588.13元

(大写)：壹佰柒拾陆万贰仟伍佰捌拾捌元壹角叁分

投　标　人：××××
(单位盖章)

法定代表人
或其授权人：××××
(签字或盖章)

编　制　人：××××
(造价人员签字盖专用章)

编 制 时 间：　年　月　日

图名	园林景观工程工程量清单计价编制实例(22)	图号	5-22

园林景观工程工程量清单计价编制实例(23)

总　说　明

工程名称:××公园园林景观工程　　　　第　页　共　页

1　编制依据

1.1　建设方提供的工程施工图、《××公园园林景观工程投标邀请书》、《投标须知》、《××公园园林景观工程招标答疑》等一系列招标文件。

1.2　××市建设工程造价管理站××××年第×期发布的材料价格,并参照市场价格。

2　报价需要说明的问题

2.1　该工程因无特殊要求,故采用一般施工方法。

2.2　因考虑到市场材料价格近期波动不大,故主要材料价格在××市建设工程造价管理站××××年第×期发布的材料价格基础上下浮 3%。

3　综合公司经济现状及竞争力,公司所报费率如下:(略)

4　税金按 3.413%计取

图名	园林景观工程工程量清单计价编制实例(23)	图号	5-22

园林景观工程工程量清单计价编制实例(24)

建设项目招标控制价/投标报价汇总表

工程名称:××公园园林景观工程　　　　标段:　　　　第　页　共　页

序号	单项工程名称	金额(元)	其中:(元)		
			暂估价	安全文明施工费	规费
1	××公园园林景观工程	1762588.13	170000.00	98545.94	112342.39
合　计		1762588.13	170000.00	98545.94	112342.39

注:本表适用于建设项目招标控制价或投标报价的汇总。

图名	园林景观工程工程量清单计价编制实例(24)	图号	5-22

园林景观工程工程量清单计价编制实例(25)

单项工程招标控制价/投标报价汇总表

工程名称:××公园园林景观工程　　　　标段:　　　　第　页　共　页

序号	单项工程名称	金额(元)	其中:(元)		
			暂估价	安全文明施工费	规费
1	××公园园林景观工程	1762588.13	170000.00	98545.94	112342.39
合　计		1762588.13	170000.00	98545.94	112342.39

注:本表适用于单项工程招标控制价或投标报价的汇总。暂估价包括分部分项工程中的暂估价和专业工程暂估价。

图名	园林景观工程工程量清单计价编制实例(25)	图号	5-22

园林景观工程工程量清单计价编制实例(26)

单位工程招标控制价/投标报价汇总表

工程名称:××公园园林景观工程　　　　标段:　　　　第　页　共　页

序号	汇总内容	金额(元)	其中:暂估价(元)
1	分部分项工程	1315468.77	170000.00
1.1	0101　土石方工程	7699.93	
1.2	0104　砌筑工程	15502.55	
1.3	0105　混凝土及钢筋混凝土工程	292139.02	170000.00
1.4	0108　门窗工程	30319.65	
1.5	0110　屋面及防水工程	44238.65	
1.6	0111　楼地面装饰工程	326211.99	
1.7	0112　墙、柱面装饰与隔断、幕墙工程	93016.27	
1.8	0113　天棚工程	3660.14	
1.9	0115　其他装饰工程	1556.71	
1.10	0402　道路工程	889.32	
1.11	0502　园路、园桥工程	443072.56	

图名	园林景观工程工程量清单计价编制实例(26)	图号	5-22

园林景观工程工程量清单计价编制实例(27)

序号	汇总内容	金额(元)	其中:暂估价(元)
1.12	0503　园林景观工程	57161.98	
2	措施项目	208065.24	—
2.1	其中:安全文明施工费	98545.94	—
3	其他项目	68540.00	—
3.1	其中:暂列金额	50000.00	—
3.2	其中:计日工	18540.00	—
3.3	其中:总承包服务费	—	—
4	规费	112342.39	—
5	税金	58171.73	—
招标控制价合计=1+2+3+4+5		1762588.13	170000.00

注:本表适用于单位工程招标控制价或投标报价的汇总,如无单位工程划分,单项工程也使用本表汇总。

图名	园林景观工程工程量清单计价编制实例(27)	图号	5-22

园林景观工程工程量清单计价编制实例(28)

分部分项工程和单价措施项目清单与计划表

工程名称:××公园园林景观工程　　　　标段:　　　　第　页　共　页

序号	项目编码	项目名称	项目特征描述	计量单位	工程量	金额(元)		
						综合单价	合价	其中 暂估价
		0101　土石方工程						
1	010101001001	平整场地	遮雨廊平整场地	m^2	141.00	2.21	311.611	
2	010101001002	平整场地	架空平台平整场地	m^2	577.40	4.29	2477.05	
3	010101001003	平整场地	小卖部、休息平廊平整场地	m^2	367.29	2.21	811.71	
4	010101001004	平整场地	景观廊平整场地	m^2	48.00	2.21	106.08	
5	010101001005	平整场地	公园后门平整场地	m^2	198.90	2.21	439.57	
6	010101001006	平整场地	眺望台平整场地	m^2	94.99	5.33	506.30	
7	010101002001	挖一般土方	遮雨廊人工挖基础土方	m^3	28.730	6.31	181.29	
8	010101002002	挖一般土方	基础挖土方	m^3	242.04	11.67	2824.61	
9	010101002003	挖一般土方	出入口招牌挖基础土方	m^3	6.60	6.32	41.71	
		分部小计					7699.93	

图名	园林景观工程工程量清单计价编制实例(28)	图号	5-22

园林景观工程工程量清单计价编制实例(29)

序号	项目编码	项目名称	项目特征描述	计量单位	工程量	金额(元)		
						综合单价	合价	其中 暂估价
		0104 砌筑工程						
10	010401003001	实心砖墙	3/4 砖实心砖外墙	m^3	51.71	184.15	9522.40	
11	010401003002	实心砖墙	1/2 砖实心砖外墙	m^3	3.45	189.12	652.46	
12	010401003003	实心砖墙	1/2 砖实心砖内墙	m^3	1.99	190.55	379.19	
13	010401003004	实心砖墙	一砖墙	m^3	6.64	337.67	2242.13	
14	010401014001	砖地沟、明沟		座	1	2674.56	2674.56	
15	010401012001	零星砌砖		m^3	2.20	14.46	31.81	
		分部小计					15502.55	
		0105 混凝土及钢筋混凝土工程						
16	010501003001	独立基础	C20 现场搅拌	m^3	50.290	348.28	17515.00	
17	010501003002	独立基础	架空平台独立基础	m^3	89.16	387.84	34579.81	
18	010501002001	带形基础	C20 砾 40,C10 混凝土垫层	m^3	1.80	361.47	650.65	
19	010502001001	矩形柱	200mm×200mm 矩形柱	m^3	24.32	213.81	5199.86	

图名	园林景观工程工程量清单计价编制实例(29)	图号	5-22

园林景观工程工程量清单计价编制实例(30)

序号	项目编码	项目名称	项目特征描述	计量单位	工程量	金额(元)		
						综合单价	合价	其中 暂估价
20	010502002002	构造柱	30m×0.30m，$H=11.03\sim13.31$m，C25砾40	m^3	0.56	245.86	137.68	
21	010503002001	矩形梁	100mm×100mm矩形梁	m^3	67.69	204.27	13827.04	
22	010503001001	基础梁	截面尺寸：0.24m×0.24m	m^3	17.69	205.59	3636.89	
23	010503003001	异形梁	C25砾30	m^3	2.36	213.81	504.59	
24	010503002002	屋梁面	截面尺寸：0.30m×0.30m	m^3	8.11	238.74	1936.18	
25	010503006001	弧形梁	C20砾40	m^3	20.35	221.89	4515.46	
26	010505001001	有梁板	C25砾20	m^3	44.17	207.32	9157.32	
27	010506001001	直形楼梯	C20砾40	m^3	5.40	247.24	1335.10	
28	010515001001	现浇构件钢筋	ϕ10以内	t	34.00	5857.16	199143.44	170000.00
			分部小计				292139.02	170000.00
			0108 门窗工程					
29	010803001001	金属卷帘(闸)门		樘	2.00	1296.00	2592.00	

图名	园林景观工程工程量清单计价编制实例(30)	图号	5-22

园林景观工程工程量清单计价编制实例(31)

序号	项目编码	项目名称	项目特征描述	计量单位	工程量	金额(元)		
						综合单价	合价	其中
								暂估价
30	010801001001	木质门	仓库实木门	樘	1	940.28	940.28	
31	010801001002	木质门	实木装饰门	樘	3	746.21	2238.63	
32	010801001003	木质门	工具房胶合板门	樘	2	243.37	486.74	
33	010805004001	电动伸缩门		樘	1	1721.68	1721.68	
34	010807001001	金属(塑钢、断桥)窗		樘	7	207.39	1451.73	
35	010802001001	金属(塑钢)门	不锈钢金属平开门	樘	4	2209.04	8836.16	
36	010802004001	防盗门		樘	2	2291.92	4583.84	
37	010801001004	木质门		樘	1	293.41	293.41	
38	010801001005	木质门	木质塑料门	樘	2	128.74	257.48	
39	010801001006	木质门	木质塑料门	樘	2	1342.29	2684.58	
40	010807001002	金属(塑钢、断桥)窗	木纹推拉窗	樘	12	190.22	2282.62	

图名	园林景观工程工程量清单计价编制实例(31)	图号	5-22

园林景观工程工程量清单计价编制实例(32)

序号	项目编码	项目名称	项目特征描述	计量单位	工程量	金额(元)		
						综合单价	合价	其中 暂估价
41	010808005001	石材门窗套	石材门饰面,花岗石饰线	m	18.00	108.63	1950.48	
			分部小计				30319.65	
		0110	屋面及防水工程					
42	010901001001	瓦屋面	青石板文化石片屋面	m^2	114.78	109.14	12527.09	
43	010901001002	瓦屋面	六角亭琉璃瓦屋面	m^2	55.00	118.82	6535.10	
44	010901001003	瓦屋面	青石瓦屋面	m^2	60.00	108.83	6529.80	
45	010901001004	瓦屋面	青石片屋面	m^2	162.28	114.57	18592.42	
			分部小计				44238.65	
		0111	楼地面装饰工程					
46	011102001001	石材楼地面	300mm×300mm 锈板文化石地面	m^2	181.00	88.94	16098.14	
47	011102001002	石材楼地面	平台灰色花岗岩	m^2	176.27	181.05	31913.68	

图名	园林景观工程工程量清单计价编制实例(32)	图号	5-22

园林景观工程工程量清单计价编制实例(33)

序号	项目编码	项目名称	项目特征描述	计量单位	工程量	金额(元)		
						综合单价	合价	其中 暂估价
48	011102001003	石材楼地面	凹缝密拼 100mm×115mm×40mm 光面连州青花岗岩石板	m^2	97.92	202.39	19818.03	
49	011101001001	水泥砂浆	楼地面平台碎石地面,美国南方松圆木分割	m^2	389.88	529.50	206441.46	
50	011102001004	石材楼地面	50mm 厚粗面花岗岩冰裂文化石嵌草缝	m^2	89.24	183.36	16363.05	
51	011102001005	石材楼地面	休息平台黄石纹石材地面	m^2	70.66	57.95	4094.75	
52	011102003001	块料楼地面	300mm×300mm 仿石砖	m^2	22.00	99.94	2198.68	
53	011108001001	石材地面镶边		m^2	17.16	111.48	1912.99	
54	011102003002	块料楼地面	生态平台地面铺绣石文化石冰裂纹夹草缝	m^2	94.20	101.71	9581.08	
55	011102003003	块料楼地面	地面 600mm×600mm 抛光耐磨砖	m^2	55.24	116.95	6460.32	

图名	园林景观工程工程量清单计价编制实例(33)	图号	5-22

园林景观工程工程量清单计价编制实例(34)

序号	项目编码	项目名称	项目特征描述	计量单位	工程量	金额(元)		
						综合单价	合价	其中 暂估价
56	011102003004	块料楼地面	300mm×300mm 防滑砖	m²	10.42	58.38	608.32	
57	011102003005	块料楼地面	阳台楼梯 400mm×400mm 仿古砖	m²	50.28	92.51	4679.16	
58	011102003006	块料楼地面	600mm×300mm 仿石砖	m²	338.47	64.25	2471.70	
59	011102003007	块料楼地面	600mm×300mm 粗面白麻石	m²	44.18	80.82	3570.63	
		分部小计					326211.99	
		0112 墙、柱面装饰与隔断、幕墙工程						
60	011201001001	梁面一般抹灰		m²	848.49	9.11	7729.74	
61	011201001002	墙面一般抹灰		m²	271.30	8.61	2335.59	
62	011201002001	墙面装饰抹灰	墙面煽灰油乳胶漆	m²	163.86	15.60	2556.22	
63	011201002002	墙面装饰抹灰	墙面抹灰、煽灰、乳胶漆	m²	69.17	8.66	599.01	
64	011205001001	块料柱面	45mm×195mm 米黄色仿石砖块料柱面	m²	52.00	73.98	3846.96	

图名	园林景观工程工程量清单计价编制实例(34)	图号	5-22

园林景观工程工程量清单计价编制实例(35)

序号	项目编码	项目名称	项目特征描述	计量单位	工程量	金额(元)		
						综合单价	合 价	其中 暂估价
65	011204003001	块料墙面	米黄色仿石砖墙面	m^2	35.93	67.30	2418.09	
66	011204003002	块料墙面	块料墙面,仿青砖	m^2	135.65	84.72	11492.27	
67	011204003003	块料墙面	200mm×300mm 瓷片	m^2	65.38	57.63	3767.85	
68	011204003004	块料墙面	厨房 200mm×300mm 瓷片块	m^2	38.05	44.81	1705.02	
69	011204003005	块料墙面	墙面浅绿色文化石	m^2	42.07	104.43	4393.37	
70	011204003006	块料墙面	青石板	m^2	146.72	103.63	15204.59	
71	011204003007	块料墙面	木纹文化石	m^2	16.07	95.41	1533.24	
72	011204003008	块料墙面	仿青砖	m^2	135.65	84.72	11492.27	
73	011206002001	块料零星项目	墙裙青石板蘑菇形文化砖	m^2	13.34	100.61	1342.14	
74	011207001001	墙面装饰板	木方板墙面饰面,美国南方松	m^2	75.58	303.11	22909.05	
75	011205001002	块料柱面	100mm×300mm 木纹文化砖	m^2	79.20	102.85	8145.72	
		分部小计					93016.27	

图名	园林景观工程工程量清单计价编制实例(35)	图号	5-22

园林景观工程工程量清单计价编制实例(36)

序号	项目编码	项目名称	项目特征描述	计量单位	工程量	金额(元)		
						综合单价	合价	其中 暂估价
		0113 天棚工程						
76	011301001001	天棚抹灰		m^2	235.47	16.36	3852.29	
77	011301001002	天棚抹灰	乳胶漆	m^2	57.84	14.53	840.42	
		分部小计					3660.14	
		0115 其他装饰工程						
78	011505010001	镜面玻璃		m^2	2.00	150.68	333.00	
79	011501001001	洗漱台		m^2	2.00	582.72	1223.71	
		分部小计					1556.71	
		0402 道路工程						
80	040204004001	安砌侧(平、缘)石	池壁不等边粗麻石 100mm 厚	m^2	6.81	130.59	889.32	
		分部小计					889.32	

图名	园林景观工程工程量清单计价编制实例(36)	图号	5-22

园林景观工程工程量清单计价编制实例(37)

序号	项目编码	项目名称	项目特征描述	计量单位	工程量	金额(元)		
						综合单价	合　价	其中 暂估价
		0502　园路、园桥工程						
81	050201011001	石桥面铺装	C15 豆石混凝土 12cm 厚	m^2	78.00	141.62	11046.36	
82	050201015001	栈道		m^2	29.96	203.17	46720.97	
83	050201012001	石桥面檐板	文化石桥面檐板 ϕ12 膨胀螺栓固定	m^2	831.60	463.33	385305.23	
			分部小计				443072.56	
		0503　园林景观工程						
84	050305003001	竹制飞来椅	竹制飞来椅	m	16.00	1041.25	166660.00	
85	050305001001	预制钢筋混凝土飞来椅	混凝土飞来椅	m	3.00	408.81	9402.63	
86	050305006001	石桌石凳		个	18.00	1656.39	29815.02	
87	050302001001	原木柱、梁、檩、椽	美国南方松木木柱	m	0.66	1122.58	740.90	

图名	园林景观工程工程量清单计价编制实例(37)	图号	5-22

园林景观工程工程量清单计价编制实例(38)

序号	项目编码	项目名称	项目特征描述	计量单位	工程量	金额(元)		
						综合单价	合　价	其中 暂估价
88	050302001002	原木柱、梁、檩、椽	美国南方松木梁,制作安装	m	0.96	566.07	543.43	
			分部小计				57161.98	
			0117　措施项目					
89	011702001001	基础	混凝土、钢筋混凝土模板及支架矩形板,支模高度为 2m	m^2	102.23	18.37	1877.97	
			(其他略)					
			分部小计				95799.60	
			合计				1411268.37	170000.00

注:为计取规费等使用,可在表中增设其中:“定额人工费”。

图名	园林景观工程工程量清单计价编制实例(38)	图号	5-22

园林景观工程工程量清单计价编制实例(39)

综合单价分析表

工程名称：××公园园林景观工程　　　　标段：　　　　第　页　共　页

项目编码	010515001001	项目名称	现浇构件钢筋	计量单位	t	工程量	34.00

清单综合单价组成明细											
定额编号	定额项目名称	定额单位	数量	单价				合价			
				人工费	材料费	机械费	管理费和利润	人工费	材料费	机械费	管理费和利润
08—99	现浇螺纹钢筋制作安装	t	1.00	294.75	5397.70	62.42	102.29	294.75	5397.70	62.42	102.29
人工单价		小计						294.75	5397.70	62.42	102.29
42元/工日		未计价材料费									
清单项目综合单价								5857.16			

材料费明细	主要材料名称、规格、型号	单位	数量	单价(元)	合价(元)	暂估单价(元)	暂估合价(元)
	螺纹钢筋，Q235，ϕ14	t	1.07			5000.00	5350.00
	焊条	kg	8.64	4.00	34.56		
	其他材料费			—	13.14	—	
	材料费小计			—	47.70	—	5350.00

注：1. 如不使用省级或行业建设主管部门发布的计价依据，可不填定额编号、名称等。

2. 招标文件提供了暂估单价的材料，按暂估的单价填入表内“暂估单价”栏及“暂估合价”栏。

图名	园林景观工程工程量清单计价编制实例(39)	图号	5-22

园林景观工程工程量清单计价编制实例(40)

综合单价分析表

工程名称:××公园园林景观工程　　标段:　　第　页　共　页

项目编码	011204003003		项目名称	块料墙面		计量单位	m²	工程量	65.38	
清单综合单价组成明细										
定额编号	定额项目名称	定额单位	数量	单价				合价		
				人工费	材料费	机械费	管理费和利润	人工费	材料费	机械费	管理费和利润
08—154	釉面砖	m²	1.00	11.08	24.64	2.32	19.59	11.08	24.64	2.32	19.59
人工单价		小计						11.08	24.64	2.32	19.59
42元/工日		未计价材料费									
清单项目综合单价								57.63			
材料费明细	主要材料名称、规格、型号			单位	数量			单价(元)	合价(元)	暂估单价(元)	暂估合价(元)
	釉面砖			m²	1.03			19.20	19.78		
	水泥			kg	6.567			0.37	2.40		
	白水泥			kg	0.15			0.55	0.08		
	白灰			kg	1.20			0.097	0.12		
	粘结剂			kg	0.042			1.60	0.07		
	其他材料费							—	2.19	—	
	材料费小计							—	24.64	—	

注:1. 如不使用省级或行业建设主管部门发布的计价依据,可不填定额编号、名称等。
2. 招标文件提供了暂估单价的材料,按暂估的单价填入表内"暂估单价"栏及"暂估合价"栏。

图名	园林景观工程工程量清单计价编制实例(40)	图号	5-22

园林景观工程工程量清单计价编制实例(41)

综合单价分析表

工程名称:××公园园林景观工程　　标段:　　第　页　共　页

项目编码	011102003001		项目名称	块料楼地面		计量单位	m²		工程量		
清单综合单价组成明细											
定额编号	定额项目名称	定额单位	数量	单价				合价			
				人工费	材料费	机械费	管理费和利润	人工费	材料费	机械费	管理费和利润
08—52	抛光耐磨砖	m²	1.00	28.19	78.23	3.83	6.70	28.19	78.23	3.83	6.70
人工单价		小计						28.19	78.23	3.83	6.70
42元/工日		未计价材料费									
清单项目综合单价								116.95			

	主要材料名称、规格、型号	单位	数量	单价(元)	合价(元)	暂估单价(元)	暂估合价(元)
材料费明细	抛光耐磨砖	m²	1.015	60.40	61.30		
	水泥	kg	9.58	1.20	11.49		
	白水泥	kg	0.20	1.80	0.36		
	白灰	kg	32.18	0.12	3.86		
	粘结剂	kg	0.052	5.56	0.29		
	其他材料费			—	0.92	—	
	材料费小计			—	78.23	—	

注:1. 如不使用省级或行业建设主管部门发布的计价依据,可不填定额编号、名称等。

2. 招标文件提供了暂估单价的材料,按暂估的单价填入表内“暂估单价”栏及“暂估合价”栏。

图名	园林景观工程工程量清单计价编制实例(41)	图号	5-22

园林景观工程工程量清单计价编制实例(42)

总价措施项目清单与计价表

工程名称:××公园园林景观工程　　标段:　　第 页 共 页

序号	项目编码	项目名称	计算基础	费率(%)	金额(元)	调整费率(%)	调整后金额(元)	备注
1	050405001001	安全文明施工费	定额人工费	25	98545.94			
2	050405002001	夜间施工增加费	定额人工费	1.5	5912.76			
3	050405004001	二次搬运费	定额人工费	1	3941.84			
4	050405005001	冬雨季施工费	定额人工费	0.6	2365.10			
5	050405008001	已完工程及设备保护费			1500.00			
合计					112265.64			

编制人(造价人员):　　复核人(造价工程师):

注:1. “计算基础”中安全文明施工费可为“定额基价”、“定额人工费”或“定额人工费+定额机械费”,其他项目可为“定额人工费”或“定额人工费+定额机械费”。

2. 按施工方案计算的措施费,若无“计算基础”和“费率”的数值,也可只填“金额”数值,但应在备注栏说明施工方案出处或计算方法。

图名	园林景观工程工程量清单计价编制实例(42)	图号	5-22

园林景观工程工程量清单计价编制实例(43)

其他项目清单与计价汇总表

工程名称:××公园园林景观工程　　标段:　　第　页　共　页

序　号	项目名称	金额(元)	结算金额(元)	备　注
1	暂列金额	50000.00		明细详见表—12—1
2	暂估价			
2.1	材料(工程设备)暂估价/结算价	—		明细详见表—12—2
2.2	专业工程暂估价/结算价			明细详见表—12—3
3	计日工	18540.00		明细详见表—12—4
4	总承包服务费			明细详见表—12—5
5	索赔与现场签证	—		明细详见表—12—6
合　计		68540.00		—

注:材料(工程设备)暂估单价计入清单项目综合单价,此处不汇总。

图名	园林景观工程工程量清单计价编制实例(43)	图号	5-22

园林景观工程工程量清单计价编制实例(44)

暂列金额明细表

工程名称:××公园园林景观工程　　标段:　　第　页　共　页

序号	项目名称	计量单位	暂列金额(元)	备注
1	政策性调整和材料价格风险	项	45000.00	
2	其他	项	5000.00	
3				
4				
5				
6				
合　计			50000.00	—

注:此表由招标人填写,如不能详列,也可只列暂定金额总额,投标人应将上述“暂列金额”计入投标总价中。

图名	园林景观工程工程量清单计价编制实例(44)	图号	5-22

园林景观工程工程量清单计价编制实例(45)

计日工表

工程名称：××公园园林景观工程　　标段：　　第　页　共　页

编号	项目名称	单位	暂定数量	实际数量	综合单价(元)	合价(元)	
						暂定	实际
一	人工						
1	技工	工日	20.00		150.00	3000.00	
人工小计						3000.00	
二	材料						
1	32.5级普通水泥	t	25.00		420.00	10500.00	
材料小计						10500.00	
三	施工机械						
1	汽车起重机20t	台班	10.00		450.00	4500.00	
施工机械小计						4500.00	
四、企业管理费和利润　按人工费的18%计算						540.00	
总计						18540.00	

注：此表项目名称、暂定数量由招标人填写，编制招标控制价时，单价由招标人按有关规定确定；投标时，单价由投标人自主报价，按暂定数量计算合价计入投标总价中；结算时，按发承包双方确定的实际数量计算合价。

图名	园林景观工程工程量清单计价编制实例(45)	图号	5-22

园林景观工程工程量清单计价编制实例(46)

规费、税金项目计价表

工程名称：××公园园林景观工程　　标段：　　第　页　共　页

序号	项目名称	计算基础	计算基数	计算费率(%)	金额(元)
1	规费	定额人工费			112342.39
1.1	社会保险费	定额人工费	(1)+…+(5)		88691.36
(1)	养老保险费	定额人工费		14	55185.73
(2)	失业保险费	定额人工费		2	7883.68
(3)	医疗保险费	定额人工费		6	23651.03
(4)	工伤保险费	定额人工费		0.25	985.46
(5)	生育保险费	定额人工费		0.25	985.46
1.2	住房公积金	定额人工费		6	23651.03
1.3	工程排污费	按工程所在地环境保护部门收取标准，按实计入			
2	税金	分部分项工程费＋措施项目费＋其他项目费＋规费－按规定不计税的工程设备金额		3.413	58171.73
合计					133289.10

编制人(造价人员)：　　复核人(造价工程师)：

图名	园林景观工程工程量清单计价编制实例(46)	图号	5-22

6　措施项目

脚手架工程工程量清单项目设置及工程量计算规则(1)

脚手架工程(编码:050401)

项目编码	项目名称	项目特征	计量单位	工程量计算规则	工作内容
050401001	砌筑脚手架	1. 搭设方式 2. 墙体高度	m^2	按墙的长度乘墙的高度以面积计算(硬山建筑山墙高算至山尖)。独立砖石柱高度在3.6m以内时,以柱结构周长乘以柱高计算,独立砖石柱高度在3.6m以上时,以柱结构周长加3.6m乘以柱高计算 凡砌筑高度在1.5m及以上的砌体,应计算脚手架	1. 场内、场外材料搬运 2. 搭、拆脚手架、斜道、上料平台 3. 铺设安全网 4. 拆除脚手架后材料分类堆放
050401002	抹灰脚手架	1. 搭设方式 2. 墙体高度		按抹灰墙面的长度乘高度以面积计算(硬山建筑山墙高算至山尖)。独立砖石柱高度在3.6m以内时,以柱结构周长乘以柱高计算,独立砖石柱高度在3.6m以上时,以柱结构周长加3.6m乘以柱高计算	

图名	脚手架工程工程量清单项目设置及工程量计算规则(1)	图号	6-1

脚手架工程工程量清单项目设置及工程量计算规则(2)

项目编码	项目名称	项目特征	计量单位	工程量计算规则	工作内容
050401003	亭脚手架	1. 搭设方式 2. 檐口高度	1. 座 2. m^2	1. 以座计量，按设计图示数量计算 2. 以平方米计量，按建筑面积计算	1. 场内、场外材料搬运 2. 搭、拆脚手架、斜道、上料平台 3. 铺设安全网 4. 拆除脚手架后材料分类堆放
050401004	满堂脚手架	1. 搭设方式 2. 施工面高度	m^2	按搭设的地面主墙间尺寸以面积计算	
050401005	堆砌(塑)假山脚手架	1. 搭设方式 2. 假山高度		按外围水平投影最大矩形面积计算	
050401006	桥身脚手架	1. 搭设方式 2. 桥身高度		按桥基础底面至桥面平均高度乘以河道两侧宽度以面积计算	
050401007	斜道	斜道高度	座	按搭设数量计算	

图名	脚手架工程工程量清单项目设置及工程量计算规则(2)	图号	6-1

模板工程工程量清单项目设置及工程量计算规则

模板工程(编码:050402)

项目编码	项目名称	项目特征	计量单位	工程量计算规则	工作内容
050402001	现浇混凝土垫层	厚度	m^2	按混凝土与模板的接触面积计算	1. 制作 2. 安装 3. 拆除 4. 清理 5. 刷隔离剂 6. 材料运输
050402002	现浇混凝土路面				
050402003	现浇混凝土路牙、树池围牙	高度			
050402004	现浇混凝土花架柱	断面尺寸			
050402005	现浇混凝土花架梁	1. 断面尺寸 2. 梁底高度			
050402006	现浇混凝土花池	池壁断面尺寸			
050402007	现浇混凝土桌凳	1. 桌凳形状 2. 基础尺寸、埋设深度 3. 桌面尺寸、支墩高度 4. 凳面尺寸、支墩高度	1. m^3 2. 个	1. 以立方米计量,按设计图示混凝土体积计算 2. 以个计量,按设计图示数量计算	
050402008	石桥拱券石、石券脸胎架	1. 胎架面高度 2. 矢高、弦长	m^2	按拱券石、石券脸弧形底面展开尺寸以面积计算	

图名	模板工程工程量清单项目设置及工程量计算规则	图号	6-2

树木支撑架、草绳绕树干、搭设遮阴(防寒)棚工程工程量清单项目设置及工程量计算规则

树木支撑架、草绳绕树干、搭设遮阴(防寒)棚工程(编码:050403)

项目编码	项目名称	项目特征	计量单位	工程量计算规则	工作内容
050403001	树木支撑架	1. 支撑类型、材质 2. 支撑材料规格 3. 单株支撑材料数量	株	按设计图示数量计算	1. 制作 2. 运输 3. 安装 4. 维护
050403002	草绳绕树干	1. 胸径(干径) 2. 草绳所绕树干高度			1. 搬运 2. 绕杆 3. 余料清理 4. 养护期后清除
050403003	搭设遮阴(防寒)棚	1. 搭设高度 2. 搭设材料种类、规格	1. m^2 2. 株	1. 以平方米计量,按遮阴(防寒)棚外围覆盖层的展开尺寸以面积计算 2. 以株计量,按设计图示数量计算	1. 制作 2. 运输 3. 搭设、维护 4. 养护期后清除

图名	树木支撑架、草绳绕树干、搭设遮阴(防寒)棚工程工程量清单项目设置及工程量计算规则	图号	6-3

围堰、排水工程工程量清单项目设置及工程量计算规则

围堰、排水工程(编码:050404)

项目编码	项目名称	项目特征	计量单位	工程量计算规则	工作内容
050404001	围堰	1. 围堰断面尺寸 2. 围堰长度 3. 围堰材料及灌装袋材料品种、规格	1. m^3 2. m	1. 以立方米计量,按围堰断面面积乘以堤顶中心线长度以体积计算 2. 以米计量,按围堰堤顶中心线长度以延长米计算	1. 取土、装土 2. 堆筑围堰 3. 拆除、清理围堰 4. 材料运输
050404002	排水	1. 种类及管径 2. 数量 3. 排水长度	1. m^3 2. 天 3. 台班	1. 以立方米计量,按需要排水量以体积计算,围堰排水按堰内水面面积乘以平均水深计算 2. 以天计量,按需要排水日历天计算 3. 以台班计算,按水泵排水工作台班计算	1. 安装 2. 使用、维护 3. 拆除水泵 4. 清理

图名	围堰、排水工程工程量清单项目设置及工程量计算规则	图号	6-4

安全文明施工及其他措施项目工程量清单项目设置及工程量计算规则(1)

安全文明施工及其他(编码:050405)

序号	项　目	工作内容及包含范围
050405001	安全文明施工	1. 环境保护:现场施工机械设备降低噪声、防扰民措施;水泥、种植土和其他易飞扬细颗粒建筑材料密闭存放或采取覆盖措施等;工程防扬尘洒水;土石方、杂草、种植遗弃物及建渣外运车辆防护措施等;现场污染源的控制、生活垃圾清理外运、场地排水排污措施;其他环境保护措施 2. 文明施工:"五牌一图";现场围挡的墙面美化(包括内外粉刷、刷白、标语等)、压顶装饰;现场厕所便槽刷白、贴面砖,水泥砂浆地面或地砖,建筑物内临时便溺设施;其他施工现场临时设施的装饰装修、美化措施;现场生活卫生设施;符合卫生要求的饮水设备、淋浴、消毒等设施;生活用洁净燃料;防煤气中毒、防蚊虫叮咬等措施;施工现场操作场地的硬化;现场绿化、治安综合治理;现场配备医药保健器材、物品和急救人员培训;用于现场工人的防暑降温、电风扇、空调等设备及用电;其他文明施工措施 3. 安全施工:安全资料、特殊作业专项方案的编制,安全施工标志的购置及安全宣传;"三宝"(安全帽、安全带、安全网)、"四口"(楼梯口、管井口、通道口、预留洞口)、"五临边"(园桥围边、驳岸围边、跌水围边、槽坑围边、卸料平台两侧),水平防护架、垂直防护架、外架封闭等防护;施工安全用电,包括配电箱三级配电、两级保护装置要求、外电防护措施;起重设备(含起重机、井架、门架)的安全防护措施(含警示标志)及卸料平台的临边防护、层间安全门、防护棚等设施;园林工地起重机械的检验检测;施工机具防护棚及其围栏的安全保护设施;施工安全防护通道;工人的安全防护用品、用具购置;消防设施与消防器材的配置;电气保护、安全照明设施;其他安全防护措施

图名	安全文明施工及其他措施项目工程量清单项目设置及工程量计算规则(1)	图号	6-5

安全文明施工及其他措施项目工程量清单项目设置及工程量计算规则(2)

序号	项　目	工作内容及包含范围
050405001	安全文明施工	4. 临时设施:施工现场采用彩色、定型钢板,砖、混凝土砌块等围挡的安砌、维修、拆除;施工现场临时建筑物、构筑物的搭设、维修、拆除,如临时宿舍、办公室、食堂、厨房、厕所、诊疗所、临时文化福利用房、临时仓库、加工场、搅拌台、临时简易水塔、水池等;施工现场临时设施的搭设、维修、拆除,如临时供水管道、临时供电管线、小型临时设施等;施工现场规定范围内临时简易道路铺设,临时排水沟、排水设施安砌、维修、拆除;其他临时设施搭设、维修、拆除
050405002	夜间施工	1. 夜间固定照明灯具和临时可移动照明灯具的设置、拆除 2. 夜间施工时施工现场交通标志、安全标牌、警示灯等的设置、移动、拆除 3. 夜间照明设备及照明用电、施工人员夜班补助、夜间施工劳动效率降低等
050405003	非夜间施工照明	为保证工程施工正常进行,在如假山石洞等特殊施工部位施工时所采用的照明设备的安拆、维护及照明用电等
050405004	二次搬运	由于施工场地条件限制而发生的材料、植物、成品、半成品等一次运输不能到达堆放地点,必须进行的二次或多次搬运

图名	安全文明施工及其他措施项目工程量清单项目设置及工程量计算规则(2)	图号	6-5

安全文明施工及其他措施项目工程量清单项目设置及工程量计算规则(3)

序号	项　目	工作内容及包含范围
050405005	冬雨季施工	1. 冬雨(风)季施工时增加的临时设施(防寒保温、防雨、防风设施)的搭设、拆除 2. 冬雨(风)季施工时对植物、砌体、混凝土等采用的特殊加温、保温和养护措施 3. 冬雨(风)季施工时施工现场的防滑处理,对影响施工的雨雪的清除 4. 冬雨(风)季施工时增加的临时设施、施工人员的劳动保护用品、冬雨(风)季施工劳动效率降低等
050405006	反季节栽植影响措施	因反季节栽植在增加材料、人工、防护、养护、管理等方面采取的种植措施及保证成活率措施
050405007	地上、地下设施的临时保护设施	在工程施工过程中,对已建成的地上、地下设施和植物进行的遮盖、封闭、隔离等必要的保护措施
050405008	已完工程及设备保护	对已完工程及设备采取的覆盖、包裹、封闭、隔离等必要的保护措施

注:本表所列项目应根据工程实际情况计算措施项目费用,需分摊的应合理计算摊销费用。

图名	安全文明施工及其他措施项目工程量清单项目设置及工程量计算规则(3)	图号	6-5

参考文献

[1] 国家标准. GB 50500—2013 建设工程工程量清单计价规范[S]. 北京：中国计划出版社，2013.
[2] 国家标准. GB 50858—2013 园林绿化工程工程量清单计算规范[S]. 北京：中国计划出版社，2013.
[3] 规范编制组. 2013 建设工程计价计量规范辅导[M]. 北京：中国计划出版社，2013.
[4] 刘新燕. 园林工程建设图纸的绘制与识别[M]. 北京：化学工业出版社，2005.
[5] 马月吉. 怎样编制与审核工程预算[M]. 2 版. 北京：中国建筑工业出版社，1996.
[6] 荣先林，姚中华. 园林绿化工程[M]. 北京：机械工业出版社，2004.
[7] 徐涛，卢鹏. 园林绿化工程预算知识问答[M]. 北京：机械工业出版社，2004.
[8] 许焕兴. 新编市政与园林工程预算[M]. 北京：中国建材工业出版社，2005.
[9] 袁建新，迟晓明. 施工图预算与工程造价控制[M]. 北京：中国建筑工业出版社，2001.
[10] 朱维益，杨生福. 市政与园林工程预决算[M]. 北京：中国建材工业出版社，2000.

中国建材工业出版社
China Building Materials Press

我们提供

图书出版、图书广告宣传、企业/个人定向出版、设计业务、企业内刊等外包、代选代购图书、团体用书、会议、培训，其他深度合作等优质高效服务。

编辑部 010-68343948
图书广告 010-68361706
出版咨询 010-68343948
图书销售 010-68001605
设计业务 010-88376510转1008

邮箱：jccbs-zbs@163.com　　网址：www.jccbs.com.cn

发展出版传媒　服务经济建设
传播科技进步　满足社会需求

（版权专有，盗版必究。未经出版者预先书面许可，不得以任何方式复制或抄袭本书的任何部分。举报电话：010-68343948）